全民环境教育系列读本

生态文明简明知识读本

黄承梁　主编

中国环境科学出版社·北京

图书在版编目（CIP）数据

生态文明简明知识读本/黄承梁主编. —北京：中国环境科学出版社，2010.7

（全民环境教育系列读本）

ISBN 978-7-5111-0305-5

Ⅰ. ①生… Ⅱ. ①黄… Ⅲ. ①生态环境—环境教育—中国 Ⅳ. ①X321.2

中国版本图书馆 CIP 数据核字（2010）第 115153 号

丛书总策划： 刘友宾
本 辑 策 划： 靳永新　徐于红　胡勘平

责任编辑　靳永新
责任校对　扣志红
封面设计　龙文视觉

出版发行　中国环境科学出版社
（100062　北京崇文区广渠门内大街 16 号）
网　　址：http://www.cesp.com.cn
联系电话：010-67112765（总编室）
发行热线：010-67125803
印　　刷　北京市联华印刷厂
经　　销　各地新华书店
版　　次　2010 年 7 月第 1 版
印　　次　2010 年 7 月第 1 次印刷
开　　本　880×1230　1/32
印　　张　11.25
字　　数　260 千字
定　　价　26.00 元

《生态文明简明知识读本》

指导单位：环境保护部自然生态保护司

编 委 会：余谋昌　杨通进　卢　风　陈寿朋
郭振西　赵广发　刘晓光　王修智
赵承凤　王　良　王立亭

主　　编：黄承梁

编 写 组：郇庆治　蒋高明　苏树伟　王嘉振
李　平　陈启祥　黄彩霞　李　鸣
周　芳　孙　蕾　黄祖欢

出版前言

胡锦涛总书记在党的十七大报告中提出“建设生态文明”，使“主要污染物排放得到有效控制，生态环境质量明显改善。生态文明观念在全社会牢固树立”。十七大会议还决定将“建设资源节约型、环境友好型社会”写入《中国共产党章程（修正案）》。这一切充分表明环境保护作为基本国策真正进入了国家经济社会生活的主干线、主战场和大舞台，中国环保事业迎来了空前难得的历史机遇。

盛世环保，教育先行。只有全民环境保护意识普遍提高，社会各界都来关心支持和广泛参与环保事业，困扰人们的环境问题才能得到有效解决。作为国内唯一一家环境保护专业出版社，向广大读者传播生态文明理念、普及环保知识、促进公众参与是我们义不容辞的职责。在广泛调研的基础上，中国环境科学出版社从 2009 年开始全面启动了《全民环境教育系列读本》编写工作，并将其列为全社重点开发的六大产品线之一。《全民环境教育系列读本》力求内容上紧密结合公众了解环保知识的需求，形式上充分照顾普通读者的阅读习惯，简明易懂，清晰活泼，以期对促进生态文明观念在全社会牢固树立发挥积极作用。

经过一年多的努力，这套系列读本终于和读者见面了。系列读本包括《生态文明简明知识读本》、《环境形势与政策读本 2010》、《企业环境保护知识读本》、《农村环境保护知识读本》、《公民环境保护知识读本》和《党政干部环境保护知识读本》共六册。这些读物在内容上与新时期环保中心工作紧密结合，力求准确反映环境保护事业的新形势、新理念、新进展、新挑战、新成就，努力做到准确、新颖、权威，可读性、实用性强，具有较强的时代特色。

以大型系列读本方式开发面向普通公众的环境教育读物，对我们来说是一次探索和尝试。目前出版的这套读本中难免还会有一些待改进之处，我们希望社会各界广大读者能就今后我们如何把后续读本编写得更好提出宝贵意见建议，与我们共同努力，使这套系列读本成为名副其实的全民环境教育的精品示范出版物。

中国环境科学出版社

2010 年 4 月

序 言

由环境保护部自然生态保护司指导，中国环境科学出版社《全民环境教育系列读本》课题组组织，山东省生态文明研究中心编著的《生态文明简明知识读本》即要送审出版，主编黄承梁主任请求我为该书作序，我欣然应允。一方面是对年轻一代投身生态文明研究和建设事业表示鼓励和支持，另一方面也是我学习、研究和实践生态文明的一次机会。

胡锦涛总书记在党的十七大报告中提出了建设生态文明的要求和目标：基本形成节约能源资源和保护生态环境的产业结构、增长方式、消费模式；主要污染物排放得到有效控制，生态环境质量明显改善，生态文明观念在全社会牢固树立。这些要求和目标，体现了党和国家对新世纪新阶段我国发展呈现的一系列阶段性特征的科学判断，也是对人类社会发展规律的深刻把握；彰显出中国共产党推进落实科学发展观、构建社会主义和谐社会的执政新思维，也是中国共产党人与时俱进、把握时代脉搏的充分反映。山东省生态文明研究中心在环境保护部自然生态保护司的指导下，按照中国环境科学出版社的要求，组织社会各界的专家、学者，“以对党的环境保护宣传教育事业高度负责的责任感和使命感”的精神，编写了这本读本。他们在编写中，首次以党的十七大报告中提出并涉及的建设生态文明的若干特征要素为立论基础，认真解读，详细阐述，客观论述；同时充分发挥自身研究优势，在内容上紧密结合党和国家最新的生态文明论述，反映生态文明发展的新形势、新理念、新进展和新成就，坚持了学术创新性，体现了学术研究的前瞻性。我相信这会是一本关于生态文明全民教育的好读本。

人类社会发展的历史表明，加强社会生态文明建设，是人与自然和谐相处的必然要求，是造福人类的社会需要，是落实科学发展观的重大任务和途径。如果忽视和破坏社会生态环境，人类就将受到大自然的报复，遭受难以想象的灾难，影响社会的发展和进步。

生态文明建设的重要思想是科学发展观的重要组成部分。推进生态文明建设是深入贯彻落实科学发展观的题中应有之义，是实现经济社会又好又快发展的必然要求。党的十七大明确提出建设生态文明的新要求、新目标，两年多来，生态文明建设在全社会已经成为继经济建设、政治建设、文化建设、社会建设之后的第五大建设，已由过去的“四位一体”建设演进到了“五位一体”建设的总体布局。刚刚闭幕的中国共产党十七届四中全会，充分肯定了党的十七届三中全会以来中央政治局的工作。一致认为，中央政治局全面贯彻党的十七大和十七届一中、二中、三中全会精神，“全面推进社会主义经济建设、政治建设、文化建设、社会建设以及生态文明建设，全面推进党的建设新的伟大工程，各项工作取得新进展”。这也表明，生态文明建设从长远来看，将成为我们党着力转变发展方式，实现以人为本、全面协调可持续发展的重要理念和决心，成为当代共产党人为子孙后代生存发展的战略远见和历史责任。

生态文明建设是一项复杂的社会系统工程，要使其目标和任务得以协调有序地实现，开展全民环境教育，对于提高全民环境意识、促进环保事业、建设生态文明发挥着先导、基础、保障和监督等不可替代的积极作用，是生态文明建设的重要实现途径。全民生态文明意识的提高，不仅需要我们用一定的生态文明原则和规范来教育各个层次的社会公众，使公众树立生态文明观念，而且需要我们注重对每个公民作为个体践行生态文明的能力培养，如对生态文明进行认识、判断、评价、选择和实践的能力。这个培养过程既是对社会主义先进文化的繁荣，也是对人类文明发展未来的美好展望。中国环境科学出版社推出这本读本，反映了这个大局意识。我衷心地希望山东省生态文明研究中心倍加尊重中国环境科学出版社给予地方生态文明研究机构的充分信任和高度支持，倍加珍惜双方来之不易的合作机会，以山东为实践基地，立足全国，放眼全球，在初稿的基础上进一步深化、细化和开展体系性研究，充分吸收和反映全球生态文明建设的最新成果，使这个读本能够成为名副其实的生态文明大学堂，社会公众能够通过这个平台，进一步熟悉、理解和掌握生态文明的基本内涵和理论体系，弘扬生态文化，树立生态文明责任意识，建设生态文明。

張全景
2009年10月5日

（作者系原中共中央组织部部长）

前言

人类社会发展至今，经历了原始文明、农业文明和工业文明的历史发展阶段，一方面创造了高度发达的物质文明，另一方面生态环境日趋恶化，环境承载力、承受力不断遭受极限挑战，生态环境形势相当严峻。化解生态危机，实现人与自然的和谐发展，是全人类面临的共同课题，也是亟待解决的一大难题。生态环境建设成为时代的迫切需要，时代强烈呼唤生态文明建设迈出坚实步伐。

2007年10月15日，以胡锦涛总书记为核心的党中央在党的十七大报告中首次将“生态文明”写入党代会报告，并将生态文明建设纳入全面建设小康社会的奋斗目标中，要求“建设生态文明，基本形成节约能源资源和保护生态环境的产业结构、增长方式、消费模式。循环经济形成较大规模，可再生能源比重显著上升。主要污染物排放得到有效控制，生态环境质量明显改善。生态文明观念在全社会牢固树立”。

建设生态文明是中国共产党带领全国人民从我国国情出发，总结国内外发展经验、顺应时代发展潮流所作的战略抉择；是贯彻落实科学发展观、全面建设小康社会的必然要求和奋斗目标。生态文明建设已经成为继国家经济建设、政治建设、文化建设和社会建设之后的重要任务和战略使命。全面建设小康社会，不仅包括经济、政治、文化和社会方面的建设，更应该包括生态文明建设。经济的发展只有建立在人和自然和谐相处、生态良性循环的基础上才是健康的、持久的，人类的物质文明、政治文明和精神文明也只有在良好的生态条件下才能全面享有。没有生态文明，经济的持续发展、社会的和谐都无从实现。

建设生态文明也是中国积极推进和构建和谐世界理念的重要组成部分。仅以气候变化议题为例。近年来，气候变化议题在国家内政事务和国际外交生活中频频出现。2009 年 8 月 27 日，全国人大常委会表决通过了关于积极应对气候变化的决议。这是中国最高国家权力机关首次专门就应对气候变化这一全球性重大问题作出决议；9 月 22 日，胡锦涛总书记在联合国气候变化峰会开幕式上发表的题为《携手应对气候变化挑战》的重要讲话中指出，“中国高度重视和积极推动以人为本、全面协调可持续的科学发展，明确提出了建设生态文明的重大战略任务，强调要坚持节约资源和保护环境的基本国策，坚持走可持续发展道路，在加快建设资源节约型、环境友好型社会和建设创新型国家的进程中不断为应对气候变化做出贡献。”他特别提出，大力发展绿色经济，积极发展低碳经济和循环经济，研发和推广气候友好技术；10 月 22 日，中国社会科学院正式发布 2009 年《气候变化绿皮书》。绿皮书认为，选择“绿色新政”和绿色经济发展模式具有重要的现实意义，发展绿色经济有助于中国实现“保增长、调结构、促内需、重民生和节能减排”的多重目标。

在生态文明与物质文明、政治文明和精神文明共同构成社会主义文明体系和生态文明建设与经济建设、政治建设、文化建设和社会建设共同构成全面建设小康社会重要战略任务的时代背景下，在生态文明渐成国际共识和国际环境外交重点、热点的背景下，全面理解、准确把握生态文明的科学内涵，树立生态意识、弘扬生态文化，调整经济结构、转变发展方式，健全和完善生态文明建设的法律保障体系和体制机制，是建设生态文明的前提和基础。

《生态文明简明知识读本》力求反映上述背景和内容。本书是党的十七大报告确立生态文明战略地位后，我国第一本面向全民的普及型读本。本书努力做到：一、忠实于党的十七大对生态文明基本概念、基本要求和若干特征原貌的阐述和分析；二、忠实于胡锦涛总书记《在新进中央委员会委员、候补委员学习贯彻党的十七大精神研讨班上的讲话》关于生态文明实质及其要求的阐述；三、忠实于社会各界基于十七大基本精神形成的建设生态文明的基本共识，体现出普及性和创新性；四、坚持理论和实践的统一，既从理论上阐述什么是生态文明，也通过相对应的“关联案例”，提供给读者怎样建设生态文明的实践探索模式。

全书围绕“什么是生态文明，为什么要建设生态文明，怎样建设生态文明”展开，共三篇八章。第一部分以普及生态文明知识为出发点，对生态文明的内涵、特征、发展历程作了概要性的阐述，对党的十七大报告中关于生态文明有效形成的若干表征特征作了详细说明，主要体现“什么是生态文明”的主题；第二部分从生态文明兴起的理论基础、现实动因和时代背景出发，全面分析，详细阐述，旨在说明“为什么要建设生态文明”的主题；第三部分在忠实于十七大基本精神及其要领的基础上，坚持学术创新性，吸纳融合社会各界对建设生态文明的基本路径所做的思考和理性探索，就建设生态文明的若干路径进行剖析，主要体现“怎样建设生态文明”的主题。

本书选编的案例，由本书案例编写小组通过座谈、调研的方式与案例方集体撰写。其中，部分在全国具有一定的代表性，如兖矿集团、济钢集团的循环经济模式和山东黄金集团新城金矿建设环境友好型企业，并获得环境友好企业称号；部分虽不具有全国代表性，但在行业和山东很有影响力，也有产业发展导向性，如中铁十四集团参与承建的青藏铁路获得国家环境友好企业称号、三箭集团的绿色建筑、济南高新区向生态工业园转型等。山东以外的案例，主要通过媒体报道、专家述评等方式选编。在此作出说明。

全书编写过程中所参考的有关资料，其出处和作者或在文中标注，或在书末参考文献中一一列出，在此谨致谢意。

生态文明本身是个新事物，仍需社会各界不断进行理论和实践探索。由于编者水平有限，虽经数次易稿，错漏之处可能仍不少，恳请社会各界读者批评指正，以便再版时做修订。

目录

第一编
什么是生态文明：内涵、发展与建设目标

第二编

为什么要建设生态文明：理论基石、现实动因和思想革命

第三编

怎样建设生态文明：实现路径和机制设定

第一编

什么是生态文明：

内涵、发展与建设目标

第一章 生态文明的内涵与发展

第一节 生态文明的内涵

一、生态文明的内涵

生态文明，是指人类遵循人、自然、社会和谐发展这一客观规律而取得的物质与精神成果的总和；是指以人与自然、人与人、人与社会和谐共生、良性循环、全面发展、持续繁荣为基本宗旨的文化伦理形态。

从词源学意义上看，“生态”指自然界中生物之间、生物和环境之间的相互关系以及生存和发展的状态。生态的发展有其自然的规律，人作为生态系统中的一分子，必须遵循自然规律才能获得自身的发展；“文明”一词最早见载于《易经》：“见龙在田，天下文明”，是文采光明之意，后来词义发生演变，指文治教化，如宋代司马光的《呈范景仁》诗中所言“朝家文明所及远，于今台阁犹蝉联”。至清代李渔的《闲情偶寄》“求辟草昧而致文明，不可得矣”，则指一种发展水平较高、有文化的状态，与我们今天所说的文明之意相去不远。“生态文明”指在工业文明已经取得成果的基础上用更“文明”而非“野蛮”的态度对待自然，不野蛮开发，不粗暴对待大自然，努力改善和优化人与自然的关系，认真保护和积极建设良好的生态环境。这是通常意义上大多数人理解并广泛使用的生态文明含义，也是生态文明所具有的初级形态。

从社会形态建构意义上看，生态文明主要指人们在改造客观物质世界的同时，不断克服改造过程中的负面效应，积极改善和优化人与自然、人与人的关系，创建有序的生态运行机制和良好的生态环境所取得的物质、精神、制度方面成果的总和。生态文明是人类社会继原始文明、农业文明、工业文明后的新型文明形态。它以人与自然协调发展作为行为准则，建立健康有序的生态机制，实现经济、社会、自然环境的可持续发展。同时，生态文明是与物质文明、政治文明和精神文明相并列成为现代文明构成体系的重要组成部分。它不仅说明人类应该用更为文明而非野蛮的方式来对待大自然，而且在文化价值观、生产方式、生活方式、社会结构上都体现出一种人与自然关系的崭新视角。在政治制度方面，环境问题进入政治结构、法律体系，成为社会的中心议题之一，在物质形态方面，创造了新的物质形式，改造传统的物质生产领域，形成新的产业体系，如循环经济、绿色产业；在精神领域，创造生态文化形式，包括环境教育、环境科技、环境伦理，提高环保意识。这是更高层次意义上的生态文明形态。

党的十七大是一次高举旗帜、解放思想的大会。十七大报告适应国内外形势的新变化，顺应各族人民过上更好生活的新期待，从战略高度提出了一系列新观点、新思路、新命题，激发了社会各界的兴奋点。十七大报告提出了实现全面建设小康社会奋斗目标的新要求，其中提到要建设“生态文明”，并首次把这个概念写入了党代会的政治报告。报告指出：建设生态文明，基本形成节约能源资源和保护生态环境的产业结构、增长方式、消费模式。循环经济形成较大规模，可再生能源比重显著上升。主要污染物排放得到有效控制，生态环境质量明显改善。生态文明观念在全社会牢固树立。这使生态文明被赋予了更为深刻的时代内涵。

关于生态文明的时代内涵，胡锦涛同志指出：党的十七大强调要建设生态文明，这是我们党第一次把它作为一项战略任务明确提出来。建设生态文明，实质上就是要建设以资源环境承载力为基础、以自然规律为准则、以可持续发展为目标的资源节约型、环境友好型社会。从当前和今后我国的发展趋势看，加强能源节约和生态保护，是我国建设生态文明必须着力抓好的战略任务。我们一定要把建设资源节约型、环境友好型社会放在工业化、现代化发展战略的突出位置，落实到每个单位、每个家庭，下最大决心、用最大气力把这项战略任务切实抓好、抓出成效来。要加快形成可持续发展体制机制，在全社会牢固树立生态文明观念，大力发展循环经济，大力加强节能降耗和污染减排工作，经过一段时间努力，基本形成节约能源资源和保护生态环境的产业结构、增长方式、消费模式。①

在党的十七届四中全会上，生态文明建设与社会主义经济建设、政治建设、文化建设、社会建设和党的建设成为社会主义建设事业新的伟大工程。

全面把握生态文明的科学内涵，既要看到生态文明是一场涉及生产方式、生活方式和价值观念的世界性革命，是不可逆转的世界潮流，是人类社会继农业文明、工业文明后进行的一次新选择；更要看到生态文明是党对新形势下社会主义市场经济规律和全面建设小康社会奋斗目标在认识上不断深化的结果，与科学发展观、建设和谐社会理念相一致，指导当代中国特色社会主义伟大实践。

---

① 胡锦涛：在新进中央委员会委员、候补委员学习贯彻党的十七大精神研讨班上的讲话，2007年12月17日。

二、生态文明是人类社会文明的新征程

文明是人类文化发展的成果，是人类改造世界和精神成果的总和，是人类社会进步的标志。从社会形态的角度看，迄今为止人类已经经历了奴隶文明、封建（中世纪）文明、资本主义文明、社会主义文明；从生产方式和历史演进过程上分，文明具有阶段性，如原始文明、农业文明与工业文明等；从文明构成要素上分，文明的主体是人，体现为改造自然和反省自身，如物质文明、精神文明和政治文明等；从空间上分，文明具有多元性，如非洲文明、印度文明和中华文明等。正确把握生态文明的科学内涵，主要从文明的历史演进和文明体系的构成要素方面进行分析。

1. 纵向发展进程中的原始文明、农业文明、工业文明和生态文明①

恩格斯指出，“动物仅仅利用外部自然界，单纯地以自己的存在来使自然界改变；而人则通过他所作出的改变来使自然界为自己的目的服务，来支配自然界。”②人类出现后便使自然界打上了人的实践活动的印记，从而出现了自然界的人化过程，在人类进化和自然界人化所构成的统一过程的不同阶段，产生了不同的人类文明。从文明的历史演进和生产方式上分，人类文明经历了原始文明、农业文明、工业文明（后工业文明）三个历史阶段。与此相应，人和自然的关系也经历了不同的历史阶段，每一阶段都有其特殊的性质，体现出人对自然的观念把握的深化，人和自然的物质关系的变

---

① 主要参考：李祖扬，邢子政：从原始文明到生态文明——关于人与自然关系的回顾与反思. 南开学报，1999（3）.

②《马克思恩格斯选集》第3卷，人民出版社1972年版，第517页。

革，以及由此引起的人与自然在其对立统一关系中地位的转化等。“自由是在于根据对自然界的必然性的认识来支配我们自己和外部自然界，因此，它必然是历史发展的产物。最初的、从动物界分离出来的人，在一切本质方面是和动物本身一样不自由的；但是文化上的每一个进步，都是迈向自由的一步。”①

人类文明经历了三个阶段：

第一阶段是原始文明。人类从动物界分化出来以后，经历了几百万年的原始社会，通常把这一阶段的人类文明称为原始文明或渔猎文明。原始人的物质生产能力虽然非常低下，但是为了维持自身生存，已开始了推动自然界人化的过程。在这一漫长过程中，人化自然的代表性成就是人工取火和养火及骨器、石器、弓箭等。关于人工取火，《韩非子·五蠹》载：“上古之世……民食果瓜蚌蛤，腥臊恶臭，而伤害腹胃，民多疾病。有圣人作，钻木取火，以化腥臊而民悦之，使王天下，号曰燧人氏。”

在原始社会，人类的物质生产活动是采集和渔猎，这两种活动都是直接利用自然物作为人的生活资料。采集是向自然索取现成的植物性食物，主要运用自身的四肢和感官。渔猎则是向自然索取现成的动物性食物，这种活动比采集更为困难复杂。在原始社会，尽管人类已经作为具有自觉能动性的主体呈现在自然面前，但是由于缺乏强大的物质和精神手段，对自然的开发和支配能力极其有限。他们不得不依赖自然界直接提供的食物和其他简单的生活资料，同时也无法抵御各种盲目自然力的肆虐。他们经常忍受饥饿、疾病、寒冷和酷热的折磨，受到野兽的侵扰和危害。因此，在原始文明下，人类把自然视为威力无穷的主宰，视为某种神秘的超自然力量的化身。他们匍匐在自然之神的脚下，通过各种原始宗教仪式对其表示

① 恩格斯：反杜林论，人民出版社 1970 年版，第 112 页。

顺从、敬畏，祈求他们的恩赐和庇佑。马克思在谈到古代人类和自然界的关系时，指出“自然界起初是作为一种完全异己的、有无限威力的和不可制服的力量与人们对立的，人们同它的关系完全像动物同它的关系一样，人们就像牲畜一样服从它的权力，因而这是对自然界的一种纯粹动物式的意识（自然宗教）。”①

第二阶段是农业文明。大约距今一万年前出现了人类文明的第一个重大转折，由原始文明进入到农业文明。农业文明使自然界的人化过程进一步发展，代表性的成就是青铜器、铁器、陶器、文字、造纸、印刷术等。主要的物质生产活动是农耕和畜牧，人类不再依赖自然界提供的现成食物，而是通过创造适当的条件，使自己所需要的植物和动物得到生长和繁衍，并且改变其某些属性和习性。

在农业文明时代，人类和自然处于初级平衡状态，物质生产活动基本上是利用和强化自然过程，缺乏对自然实行根本性的变革和改造，对自然的轻度开发没有像后来的工业社会那样造成巨大的生态破坏。农业文明中人类与自然界为可控的掠夺与被掠夺的关系。在这一时期人类的智慧得到了强化，文明得到了发展，社会生产力有了一定程度的提高，人类开始精耕细作，充分利用土地，用养结合，使地力常新，形成了初步的保护自然资源、注重生态平衡、反对“竭泽而渔”、“樊数而田”的生态意识。但此时人类社会发展比较缓慢，对自然界尚未造成质的破坏，自然界能够在一定的时间范围内实现自我修复。

从总体上看，农业文明尚属于人类对自然认识和变革的幼稚阶段，所以，尽管农业文明在相当程度上保持了自然界的生态平衡，但这只是一种在落后的经济水平上的生态平衡，是和人类能动性发挥不与对自然开发能力薄弱相联系的生态平衡，因而不是人们应当

① 《马克思恩格斯选集》第1卷，人民出版社1972年版，第35页。

赞美和追求的理想境界。

第三阶段是工业文明。随着资本主义生产方式的产生，人类文明出现第二个重大转折，从农业文明转向工业文明。工业文明是人类运用科学技术的武器以控制和改造自然取得空前胜利的时代。从蒸汽机到化工产品，从电动机到原子核反应堆，每一次科学技术革命都建立了人化自然的新丰碑。人们大规模地开采各种矿产资源，广泛利用高效化石能，进行机械化大生产，并以工业武装农业，使农业也工业化了。从近代科学诞生到 21 世纪的新技术革命，在只有 400 年的工业文明时代内，社会生产部门不断更新，社会生产力飞速发展，人类在开发、改造自然方面获取的成就，远远超过了过去一切世代的总和。

工业文明的出现使人类和自然的关系发生了根本的改变。自然界不再具有以往的神秘和威力，“自然对人无论施展和动用怎样的力量——寒冷、凶猛的野兽、火、水，人总是会找到对付这些力量的手段”。[①]人类再也无须像中世纪那样借助上帝的权威来维持自己对自然的统治。“与这个社会阶段相比，以前的一切社会阶段都只表现为人类的地方性发展和对自然的崇拜。只有在资本主义制度下自然界才不过是人的对象，不过是有用物”。[②]

历史进入 20 世纪，曾经陶醉于征服自然的辉煌胜利的人们才开始认识到，工业文明在给人类带来优越的生活条件的同时，却给自然造成了空前严重的伤害，因而使人类自己也面临着深刻的危机。在工业文明下，人们把自然当做可以任意摆布的机器、可以无穷索取的原料库和无限容纳工业废弃物的垃圾箱。这些做法违背了自然的规律，超出了自然界能够承受的阈限。当人们为了满足自己不断

① 《黑格尔全集》第 11 卷，1934 年俄文版，第 8 页。
② 《马克思恩格斯全集》第 46 卷上，人民出版社 1979 年版，第 393 页。

增长的欲望而对自然进行掠夺性开发和破坏性利用时，自然界则以自身的铁的必然性，向人类施行了严厉的报复——全球性的生态失衡和人类生存环境恶化。“当我们的父母在为第二次浪潮从事改进各种生活条件的同时，也引起了极其严重的后果，一种未曾预见和预防的后果。其中对地球生物圈的破坏也许是无可挽救的。由于工业现实观基于征服自然的原则，由于它的人口的增长，它的残忍无情的技术，和它为了发展而持续不断的需求，彻底地破坏了周围环境，超过了早先任何年代的浩劫。”①“人类好像在一夜之间突然发现自己正面临着史无前例的大量危机：人口危机、环境危机、粮食危机、能源危机、原料危机等这场全球性危机程度之深、克服之难，对迄今为止指引人类社会进步的若干基本观念提出了挑战。”②

工业文明的人类高扬主体性和能动性，而忽视了自己还有受动性的一面，忽视了自然界对人类的根源性、独立性和制约性，忽视了“人作为自然存在物，而且作为有生命的自然存在物，一方面具有自然力、生命力，是能动的自然存在物；这些力量作为天赋和才能、作为欲望存在于人身上；另一方面，人作为自然的、肉体的、感性的、对象性的存在物，和动植物一样，是受动的、受制约的和受限制的存在物”。③工业文明对自然的开发观念和行为准则违背了人和自然关系的辩证法，而藐视辩证法是不能不受惩罚的。

从 20 世纪 60 年代开始，人类对自身与自然关系的反思迅速升温。1972 年，联合国发表《人类环境宣言》；90 年代以后，《里约环境与发展宣言》、《二十一世纪议程》、《关于森林问题的原则声明》、《联合国气候变化框架公约》和《生物多样性公约》等一系列

① 阿尔温·托夫勒：第三次浪潮，三联书店 1984 年版，第 187 页。
② M. 梅萨罗维克（Mesarovic）：人类处在转折点上，中国和平出版社 1987 年版，第 36 页。
③ 《马克思恩格斯全集》第 42 卷，人民出版社 1979 年版，第 167 页。

有关环境问题的国际公约和国际文件相继问世，标志着实现人与自然和谐发展成为全球共识。

生态文明作为传统工业文明的超越和反思而出现。[①]正确把握生态文明的科学内涵，应当看到，生态文明不是取代工业文明的具体的文明形态。[②]尽管生态文明概念是在反思工业文明的生态弊端的过程中产生的，但是，生态文明不是取代工业文明的具体的文明形态。生态问题不是一个特殊的社会问题。不仅工业文明导致了生态危机，事实上，在整个文明形态的发展过程中都在一定程度上遭遇到了生态环境问题。即使是在渔猎社会时代，也存在着物种资源丧失等具体的生态环境问题。农业文明也不是简单的田园牧歌的时代。玛雅文明的灭绝其实是有其深刻的生态原因的。当然，只有在工业文明时代，生态危机才达到了全球性的水平。生态文明是一项永恒的事业，而不可能成为工业文明之后的一种独立的具体的文明形态。

2. 横向统筹发展中的物质文明、政治文明、精神文明和生态文明

把握生态文明的内涵，更应把握时代文明构成体系的和谐性和统筹性。生态文明是与物质文明、政治文明和精神文明相并列的第四种文明，核心是处理人和自然关系的文明形态，着重强调人和自然的相互关系和发展状态。生态文明与物质文明、精神文明、政治文明共同构成文明系统整体，四大文明和谐协调统一发展，相互促进和制约，构成社会文明的完整体系。四大文明系统中，生态文明是基础和根本，有健康的生态文明，才有健康的物质文明、精神文明、政治文明，非文明的物质、精神、政治等行为的过错会给生态

---

① 后文将详细论述生态文明产生的动因。——编者

② 张云飞：试论生态文明的历史方位．教学与研究，2009（8）．

环境造成严重的破坏损失。物质文明、精神文明和政治文明离不开生态文明，没有良好的生态条件，人不可能有高度的物质享受、精神享受和政治享受，没有生态安全，人类自身就会陷入不可逆转的生存危机。生态文明离不开物质文明建设提供的物质财富，离不开精神文明建设提供的智力支持，离不开政治文明建设提供的制度保证；物质文明、政治文明和精神文明发展到一定程度，必然要求通过建设生态文明来调整人与自然的关系，使人与人、人与社会、人与自然之间达到全面和谐状态。

在社会现代发展中，忽视了基础的生态文明。改革开放初期（包括现在仍存在）只注重经济效益的物质追求，造成严重的生态环境破坏，有的破坏甚至无法逆转，并且反过来又制约经济物质发展；加强生态环境保护和建设，建设秀美山川的健康政治文明，促进生态文明发展；没有环保意识的精神文明是精神文明的缺憾，其过失也会给生态环境造成严重的环境污染和破坏，其过失是意识形态的，其危害比某次具体灾害的损失更大。要将生态文明、物质文明、精神文明、政治文明作为共同体来建设文明体系，把生态文明建设放到与物质文明、精神文明、政治文明建设的同等重要位置和高度来建设。只有把生态文明作为文明体系的重要组成部分来建设，我们所面临的生态环境问题才能得到显著改善，增强可持续发展能力，改善生态环境，显著提高资源利用效率，促进人与自然的和谐，促进生态环境大步向健康文明方向进步发展，才能让社会真正重视生态环境建设，生态环境才能得到实质性的改善和协调统一发展。要把生态文明建设纳入国民经济和社会发展计划，促进经济、社会与环境的协调发展。①

① 向赤忠. 生态文明与物质文明、精神文明、政治文明. 绿色大世界，2008（1）.

三、生态文明是走科学发展之路的必然选择

世界与中国文明发展史告诉我们，生态兴则文明兴，生态衰则文明衰。在任何时候，谋求经济社会的发展，都必须有一个正确的发展观，这个正确的发展观必须包含着正确处理经济社会发展与生态环境保护的关系。有什么样的发展观，就会有什么样的发展道路，发展模式和发展战略，就会有什么样的生态环境。中共十六届三中全会提出的科学发展观，依据辩证唯物主义和历史唯物主义原理，按照人类社会发展规律和演进逻辑，总结世界各国发展的经验和教训，吸取中国传统文化关于“天人合一”、“仁民爱物”、“民胞物与”、“强本节用”、“取之有度”、“用之以时”以及“天地万物一体之仁”的思想精华，根据中国特色社会主义事业发展的需要和广大人民群众的愿望，深刻地指出生态环境建设与经济社会发展绝不是对立的两极，而是相互依存、相互促进的整体。随后，中央又多次强调，要把科学发展观作为推进社会主义现代化必须长期坚持的重要指导思想。

科学发展观的第一要义是发展，核心是以人为本，基本要求是全面协调可持续，根本方法是统筹兼顾。党的十六届三中全会《关于完善社会主义市场经济体制若干问题的决定》提出了“五个统筹”要求，即“统筹城乡发展、统筹区域发展、统筹经济社会发展、统筹人与自然和谐发展、统筹国内发展和对外开放。”其中，统筹人与自然和谐发展，就是生态文明。由于马克思主义认为自然界、物质、存在是第一性，因而统筹人与自然的发展是各项统筹的大前提。

科学发展观既要求社会经济的发展和人民物质生活水平的提高，它表现为物质文明的进步；要求人民民主权利的增加和民主程度的提高，它表现为政治文明的进步；要求社会文化艺术的发展和

人民精神生活的丰富，它表现为精神文明的进步；也要求良好的生态环境和人与自然的和谐相处，它表现为生态文明的进步。

生态文明的提出要求我们创新发展模式，破解发展难题。[①]党的十七大报告明确了生态文明建设目标，其中一条：循环经济比重显著上升。以循环经济为例，循环经济是一种新的发展模式，通过发展循环经济可实现物质文明与生态文明的“共赢”。基于对生态环境的理解和认识，人类在经济发展过程中经历了三种模式，代表了三个不同的阶段。第一种是传统模式。它不考虑环境因素，一味地强调对环境的征服，缺乏保护环境的意识，是一种“资源—产品—污染排放”的单向线性开放式经济过程；第二种是“过程末端治理”模式。它开始注意环境问题，但其具体做法是“先污染，后治理”，强调在生产过程的末端采取措施治理污染。结果是造成治理的技术难度很大，不但治理成本畸高，而且使生态恶化日益严重，经济效益、社会效益和环境效益都很难达到预期目的；第三种是循环经济模式。它要求遵循生态学规律，合理利用自然资源和环境容量，在物质不断循环利用的基础上发展经济，使经济系统和谐地纳入自然生态系统的物质循环过程中，实现经济活动的生态化。循环经济本质上是一种生态经济，倡导环境和谐的经济发展模式，遵循“减量化、再使用、再循环”原则，达到减少进入生产流程的物质量、以不同方式多次反复使用某种物品和废弃物的资源化为目的，强调清洁生产是一个“资源—产品—再生资源”的闭环反馈式循环过程，目标导向“最佳生产，最适消费，最少废弃”。发展循环经济符合中国传统天人和谐的理念，是建设生态文明的基本模式。

生态文明的提出，要求我们必须统筹人与自然的和谐发展，在

---

① 冯之浚. 科学发展与生态文明. 前线，2009-10-10.

区域发展中要充分考虑生态环境的承载能力，即生态阈值①。环境的净化能力和承载力是有限的，一旦社会经济发展超越了生态阈值，就可能发生灾难性的后果，且其后果是不可逆的。生态阈值，即环境容量，是指某一环境区域内对人类活动造成影响的最大容纳量。大气、土地、动植物等都有承受污染物的最高限制，就环境污染而言，当污染物存在的数量超过最大容纳量，这一环境的生态平衡和正常功能就会遭到破坏。资源环境承载能力是生态文明理念的重要构成要素。

生态文明既坚持发展，又坚持发展必然以环境的承载力为基础的发展观，使人与自然和谐统一。科学发展观深刻地揭示了当代人与自然关系所发生的新变化，从人、自然与社会的辩证关系出发，创立了可持续发展理论。

第二节　生态文明与环境保护②

一、生态文明为环境保护指明方向

生态文明是我们党以科学发展观为指导，立足经济快速增长中资源环境代价过大的严峻现实而提出的重大战略思想。党的十七大首次把建设生态文明作为一项战略任务明确下来，十七届四中全会再次将其提升到与经济建设、政治建设、文化建设、社会建设并列的战略高度，作为中国特色社会主义伟大事业总体布局的组成部分。这为解决我国人与自然的突出矛盾、加强环境保护、促进可持

① 阈值：刺激引起应激组织反应的最低值.

② 根据：周生贤：打好决胜战 谋划新发展 积极探索中国环境保护新道路——在2010年全国环境保护工作会议上的讲话（2010年1月25日）撰写.

续发展提供了根本保证。

建设生态文明是环境保护的灵魂所在和目标指向。生态文明建设所追求的是，在更高层次上实现人与自然、环境与经济、人与社会的和谐。生态文明建设的提出，既是文明形态的进步，又是社会制度的完善；既是价值观念的提升，又是生产生活方式的转变。作为人类文明的一种高级形态和中国特色社会主义事业总体布局的组成部分，生态文明建设主要涵盖先进的生态伦理、发达的生态经济、完善的生态制度、基本的生态安全和良好的生态环境等。它以把握自然规律、尊重和维护自然为前提，以人与自然、人与人、人与社会和谐共生为宗旨，以资源环境承载力为基础，以建立可持续的生产方式、产业结构、消费模式以及增强可持续发展能力为着眼点，强调人的自觉与自律，人与自然的相互依存、相互促进、共处共融。其具有四个鲜明特征：在价值观念上，生态文明要求给自然以平等态度和人文关怀；在实践途径上，生态文明体现为自觉自律的生产生活方式；在社会关系上，生态文明推动社会走向和谐；在时间跨度上，生态文明是长期艰巨的建设过程。经过改革开放 30 多年的发展，我国具备了推进生态文明建设的经济技术基础、社会思想意识和体制机制保障。进一步加强生态文明建设，时机已经来临，条件已经具备，航程已经开启。

改革开放 30 多年是我国环保事业大发展的 30 多年，也是不懈探索中国环保新道路的 30 多年。中国同西方发达国家国情不同、发展阶段不同、目标任务和解决问题不同，西方发达国家走过的“先污染后治理、牺牲环境换取经济增长”的环保老路，已被历史所诟病，我国需要推陈出新，独辟蹊径，探索走环境与经济融合的环保新道路。

探索中国环保新道路，是一个勇于创新、勇于变革，永不僵化、永不停滞，不断取得新经验新成果的历程。接力棒薪火相传，新征程与时俱进。中国环保新道路，从探索过程看，具有继承性和创新性，每一个创新都是对过去实践经验的总结和升华；从探索重点看，具有多重性和阶段性，每个阶段都有不同的探索重点；从探索内涵看，具有包容性和开放性，新道路是一个海纳百川、高度开放的系统工程；从探索任务看，具有长期性和前瞻性，要求着眼长远从根本上扭转环境污染和生态恶化趋势；从探索途径看，具有实践性和针对性，必须立足当前解决现实的环境问题。

进入新世纪，环境保护面临新形势、新任务、新要求，坚持继续探索环保新道路，主要基于以下几个方面的考虑：

一是对环境保护的认识更加丰富深刻成熟。中央在科学发展观指导下，提出了建设生态文明、推进环境保护历史性转变、让江河湖泊休养生息等一系列战略思想、方针和任务，成为环境保护的全新指导思想。

二是环境保护正处于艰难的负重爬坡阶段和优化经济增长的新阶段。近些年来，环境保护取得明显成效，局部地区环境质量有了较大改善，但是环境污染恶化的趋势总体尚未得到根本扭转。环境保护处于保护与破坏、改善与恶化相持的阶段，犹如逆水行舟、不进则退。历史性转变的提出，标志和预示着我国进入了以保护环境优化经济增长的新阶段。探寻新的对策是形势使然。

三是全面推进重点突破的总体思路加快实施。“十一五”以来，环保工作坚持全面推进重点突破，把污染防治作为环境保护的重中之重，把确保群众饮水安全作为首要任务，把主要污染物减排作为中心工作。需要适应总体工作思路的新要求，继续对环保新道路应破解的难题进行有效探索。

四是人民群众对改善环境质量有了许多新期待。需要优先解决危害群众健康、影响人民生产生活的环境问题，使人民群众在宜居的环境中生产生活。

五是关注领域和治理模式日益拓展。随着我国城镇化进程的加速，城镇生活污染和农村环境问题开始凸显。传统的环境污染问题尚未解决，重金属污染、持久性有机物污染等潜在环境问题不断显现。环境保护要从根本上改变原有的被动局面，必须在污染源头主动出击，切实加强防范。

六是国际压力明显加大。为积极应对全球气候变化问题，我国宣布到 2020 年单位 GDP 二氧化碳排放量比 2005 年降低 40%～45%，将对我国未来 10 年发展中解决资源环境问题产生巨大的资金和技术需求。这就要求我们进行新的探索，既有效化解国际环境压力，又解决困扰自身长远发展难题。

当前，环保工作的一个最大亮点和最深体会是，紧扣“努力推进生态文明建设，积极探索中国环保新道路”这个主题，深化认识，主动实践，取得诸多成效。思想认识更加统一，建设生态文明的自觉性主动性极大增强；方式方法不断创新，保障人民群众环境权益的手段更加有力；政策措施日趋丰富，以环境保护优化经济增长的路子越走越宽。

二、环境保护是生态文明建设的主阵地和根本措施[①]

生态文明建设是一项重大和系统的国家战略，涉及经济社会发展的全局和各个领域，而环境保护以其基础保障和优化调控等重要作用，成为生态文明建设宏大战略中不可替代的主阵地。建设生态文明，需要系统的政策设计、制度安排和深入实践，这一系列措施和手段，都必须以保护环境作为前提，统筹考虑发展与保护的关系。

① 环境保护是生态文明建设的主阵地和根本措施. 中国环境报，2009-11-17.

因此，环境保护是生态文明建设的根本措施。

第一，将环境保护作为建设生态文明的主阵地和根本措施，是生态文明理念思想内涵和根本目的的内在要求。

建设生态文明是党的十七大确定的一项战略决策。党的十七大报告强调，建设生态文明，基本形成节约能源资源和保护环境的产业结构、增长方式、消费模式。循环经济形成较大规模，可再生能源比重显著上升。主要污染物排放得到有效控制，生态环境质量明显改善。

生态文明作为人类文明的一种新形态，其基本内涵就是尊重和保护环境。生态文明以建立与环境相协调、可持续的生产方式和消费方式为主要内容，引导经济社会走上持续和谐的发展道路，强调人与自然环境的相互依存、相互促进、共处共融。环境保护工作的重要任务，就是推动发展方式转变和产业结构调整，以环境保护优化经济增长，促进实现科学发展和可持续发展。这与生态文明建设的目标要求是完全一致的。

作为科学发展观的重要体现，生态文明建设的根本宗旨和最终目标，也与环保工作追求的目标高度融合。生态文明建设的宗旨是为最广大人民群众谋利益、谋福祉。而保护环境正是为了保障最广大人民群众的生产生活安全，让人民喝上干净的水、呼吸清洁的空气、吃上放心的食物、在良好的环境中生产生活。建设生态文明和环境保护，在出发点和落脚点上具有高度的统一性。

生态文明是一种建构中的新的文明形态，核心是更加重视环境保护、更加重视人与自然的和谐。其理论体系的建立，内在地将环境保护作为基础、关键和重要保障。而环境保护是中国长期坚持的基本国策，强调经济社会可持续发展，实现人的全面发展和推动社会文明进步。这就决定了环境保护必然是建设生态文明的主阵地和根本措施。

第二，将环境保护作为建设生态文明的主阵地和根本措施，是我国发展的阶段性要求和现实国情的必然选择。

建设生态文明，源于对工业文明的科学扬弃。传统工业文明以人类征服改造自然为主要特征，其日益凸显的弊端，促使人类对自身与自然关系进行深刻反思，积极探寻在更高层次上实现人与生态环境的和谐。建设生态文明，不同于一般意义上的污染控制和生态恢复，而是对传统工业文明的修正和超越。

我国工业化的任务尚未完成，随着工业化、城镇化和新农村建设进程的加快，经济社会发展与资源环境约束的矛盾越来越突出，西方发达国家上百年发展过程中出现的环境问题，在我国几十年发展的过程中集中出现。而发展与环境之间的矛盾在一定时期内仍将存在并且有所加剧，环境压力继续加大，保护环境已成为影响中国现代化建设全局、左右生态文明建设的关键问题。可以说，环境保护工作的历史进程，将直接决定生态文明建设的发展进程。

因此，环境保护取得的任何进展任何突破和成效，都是对生态文明建设的积极贡献。环境是经济社会建设和发展的基础支撑，没有了良好的生态环境，生产就失去了基本要素，生活就失去了根本保障，经济增长取得的成果，将被环境污染和生态破坏的损失消耗殆尽，更遑论社会发展和文明进步。皮之不存，毛将焉附。建设生态文明，首先要解决的关键性问题，就是环境问题；首先要加强的基础性工作，就是环境保护工作。

第三，将环境保护作为建设生态文明的主阵地和根本措施，有利于促进我国发展方式的转变，有利于提高我国经济的国际竞争力，为人类社会发展和文明进步作出更大贡献。

充分发挥环境保护在生态文明建设中的主力军作用，坚持将环境保护作为转变发展方式、调整产业结构的有力手段，不断加大环境执法力度，通过强化环境监管遏制高耗能、重污染行业无序发展和盲目扩张，将环境容量作为区域布局的重要依据，将环境管理作为结构调整的重要手段，将环境标准作为市场准入的重要条件，将环境成本作为价格形成机制的重要因素，能够推动经济社会实现又好又快发展。

充分利用环境保护的影响和带动作用，能够推动形成建设生态文明的价值观念和社会氛围。生态文明建设不仅包括经济发展方式的转变，更涵盖了人们价值观念的转变和精神境界的升华。通过加强环境保护宣传教育，能使人们正确地认识人与自然的关系，形成有利于保护环境的生活与消费方式。

环境保护是生态文明建设的主阵地和根本措施。环境保护工作的历史进程，将直接决定生态文明建设的进展。环境保护取得的任何成效任何突破，都是对生态文明建设的积极贡献。对环保部门而言，最根本的要求就是，围绕什么是生态文明、怎样建设生态文明，高擎生态文明建设的大旗，勇于担当生态文明建设的倡导者、引领者和践行者，在更高层面上、更大范围内审视和解决我国突出的环境问题，继续探索中国环保新道路。

第一，从时代要求看，必须坚持环境与经济相融合，大力推进发展方式转变和经济结构调整。环境与经济是相互联系、相互作用、相互依赖、相互贯通的统一体，不能把环境与经济的关系割裂开来、对立起来。一部环境保护的历史就是一部正确处理环境与经济关系的历史。环境问题究其本质，是经济结构、生产方式和发展道路问题，离开经济发展谈环境保护必然是“缘木求鱼”，离开环境保护谈经济发展势必是“无源之水”。要充分发挥环境保护参与宏观调控的先导作用和倒逼机制，紧紧围绕推进经济发展方式转变和经济结构战略性调整，以环境容量优化区域布局，以环境管理优化产业结构，以环境成本优化增长方式，转变发展方式，提升经济质量，增强发展后劲，大力促进经济转型。

第二，从核心任务看，必须坚持把环境保护摆上更加重要的战略位置，加快推进历史性转变。做好新形势下的环保工作，关键是要加快实现“三个转变”。“三个转变”是战略性、方向性、历史性的转变。历史性转变是环境保护领域深入贯彻落实科学发展观的集中体现，是环境保护所处历史方位的准确判断，是全面调整环境与经济关系的重要指南。现实情况是，对照“并重”、“同步”和“综合”的要求，仍有大量艰巨工作任务需要尽快完成。加快实现历史性转变，必须把环境保护摆上更加突出的战略位置，与经济社会发展统筹考虑、统一安排、同时部署。

第三，从价值取向看，必须坚持环保为民的根本宗旨，切实解决关系民生的突出环境问题。“国以民为上，民以生为先”。环境保护是重大的民生问题，关系群众健康和福祉。随着生活水平的提高，人民群众对生活质量提出了更高要求。较高的生活质量在相当程度上表现为，有干净的水、新鲜的空气、安全的食品和优美的生态环境。必须坚持发展惠民、环保为民，切实解决危害人民群众健康的突出环境问题，让人民群众喝上干净的水，呼吸上清洁的空气，吃上放心的食物，这是探索环保新道路的出发点和落脚点。

第三节 生态文明的发展

一、全球环境保护的兴起和发展

环境保护，是人们通过法律、行政、经济、道德和科技等手段使环境不受污染和破坏，并得到有效保护的行为。环境保护是在工业发展对环境造成严重污染和破坏的背景下产生，最早在西方工业发达国家出现。1962年，美国生物学家蕾切尔·卡逊在她的新书《寂静的春天》中披露了杀虫剂对环境的污染和破坏问题，被视为环境生态学兴起的标志。美国政府在此书的警示下，展开对杀虫剂的调查，开始了环境保护工作。1970年成立美国国家环境保护局，并制定保护环境的法律，环境保护纳入了法制轨道。

环境保护有两层含义，一是保护环境不受污染和破坏，保护自然资源的恢复与再生；二是改善环境质量，维护人类的生命健康。环境保护以人与自然、人与社会的和谐相处为出发点，着眼于人类社会的可持续发展。环境保护不是某一个国家、某一个人的事情，而是全世界、全人类共同的责任和义务。

1.《寂静的春天》

"作为一位被选出来的政府官员，给《寂静的春天》作序有一种自卑的感觉，因为它是一座丰碑，它为思想的力量比政治家的力量更强大提供了无可辩驳的证据。1962年，当《寂静的春天》第一次出版时，公众政策中还没有'环境'这一款项。在一些城市，尤其是洛杉矶，烟雾已经成为一些事件的起因，虽然表面上看起来还没有对公众的健康构成太大的威胁。资源保护——环境主义的前身——在1960年民主党和共和党两党的辩论中就涉及了，但只是目前才在有关国家公园和自然资源的法律条文中大量出现。过去，除了在一些很难看到的科技期刊中，事实上没有关于DDT及其他杀虫剂和化学药品的正在增长的、看不见的危险性的讨论。《寂静的春天》犹如旷野中的一声呐喊，用它深切的感受、全面的研究和雄辩的论点改变了历史的进程。如果没有这本书，环境运动也许会被延误很长时间，或者现在还没有开始。”①

国外关于环境保护的概念在此之前，的确是“寂静的春天”。20世纪60年代以前的报纸或书刊中几乎找不到“环境保护”一词。“向大自然宣战”、“征服大自然”，大自然仅仅是人们征服与控制的对象，而非保护并与之和谐相处的对象。

《寂静的春天》播下了新行动主义的种子，并且已经深深植根于广大人民群众中。它惊醒的不但是一个国家，而是整个世界。

2. 联合国人类环境会议宣言

1972年6月，联合国在瑞典斯德哥尔摩召开了环境会议。这是人类历史上第一次在全世界范围内研讨保护人类环境的会议。出席会议的国家有113个，共1 300多名代表。除了政府代表团外，还有民间的科学家、学者参加。会议讨论了当代世界的环境问题，制定了对策和措施。会前，联合国人类环境会议秘书长莫里斯·夫·斯特朗委托58个国家的152位科学界和知识界的知名人士组成了一个大型委员会，由雷内·杜博斯博士任专家顾问小组组长，为大会起草了一份非正式报告——《只有一个地球》。这次会议提出了响遍世界的环境保护口号：只有一个地球！会议经过12天的讨论交流后，形成并公布了著名的《联合国人类环境会议宣言》（Declaration of United Nations Conference on Human Environment）（以下简称《人类环境宣言》），和具有109条建议的保护全球环境的“行动计划”，呼吁各国政府和人民为维护和改善人类环境，造福全体人民，造福子孙后代而共同努力。

《人类环境宣言》作为这次会议的主要成果，阐明了与会国和

① 阿尔·戈尔：美国政治人物，曾于1993年至2001年间在比尔·克林顿掌政时担任美国第四十五任副总统。此处引用是戈尔为《寂静的春天》所作的序言。

国际组织所取得的七点共同看法和 26 项共同原则，以鼓舞和指导世界各国人民保护和改善人类环境。

七点共同看法主要是：

① 由于科学技术的迅速发展，人类能在空前规模上改造和利用环境。人类环境的两个方面，即天然和人为的两个方面，对于人类的幸福和对于享受基本人权，甚至生存权利本身，都是必不可少的。

② 保护和改善人类环境是关系到全世界各国人民的幸福和经济发展的重要问题；也是全世界各国人民的迫切希望和各国政府的责任。

③ 在现代，如果人类明智地改造环境，可以给各国人民带来利益和提高生活质量；如果使用不当，就会给人类和人类环境造成无法估量的损害。

④ 在发展中国家，环境问题大半是由于发展不足造成的。必须致力于发展工作；在工业化的国家里，环境问题一般是同工业化和技术发展有关。

⑤ 人口的自然增长不断给保护环境带来一些问题，但采用适当的政策和措施，可以解决。

⑥ 我们在解决世界各地的问题而行动时，必须更审慎地考虑它们对环境产生的后果。为现代人和子孙后代保护和改善人类环境，已成为人类一个紧迫的目标。这个目标将同争取和平和全世界的经济与社会发展两个基本目标共同和协调实现。

⑦ 为实现这一环境目标，要求人民和团体以及企业和各级机关承担责任，大家平等地从事共同的努力。各级政府应承担最大的责任。国与国之间应进行广泛合作，国际组织应采取行动，以谋求共同的利益。会议呼吁各国政府和人民为着全体人民和他们的子孙

后代的利益而做出共同的努力。

以这些共同的观点为基础的 26 项共同原则包括：人的环境权利和保护环境的义务，保护和合理利用各种自然资源，防治污染，促进经济和社会发展，使发展同保护和改善环境协调一致，筹集资金，援助发展中国家，对发展和保护环境进行计划和规划，实行适当的人口政策，发展环境科学、技术和教育，销毁核武器和其他一切大规模毁灭手段，加强国家对环境的管理，加强国际合作，等等。这项宣言对于促进国际环境的发展具有重要作用。

1972 年 10 月，第 27 届联合国大会通过了联合国人类环境会议的建议，规定每年的 6 月 5 日为“世界环境日”，让世界各国人民永远纪念它。联合国系统和各国政府要在每年的这一天开展各种活动，提醒全世界注意全球环境状况和人类活动对环境的危害，强调保护和改善人类环境的重要性。

许多国家、团体和人民群众在“世界环境日”这一天开展各种活动来宣传强调保护和改善人类期盼环境的重要性，同时联合国环境规划署发表世界环境状况年度报告书，并采取实际步骤协调人类和环境的关系。世界环境日，象征着全世界人类环境向更美好的阶段发展，标志着世界各国政府积极为保护人类生存环境作出的贡献。它正确地反映了世界各国人民对环境问题的认识和态度。1973 年 1 月，联合国大会根据人类环境会议的决议，成立了联合国环境规划署（UNEP），设立环境规划理事会（GCEP）和环境基金。环境规划署是常设机构，负责处理联合国在环境方面的日常事务，并作为国际环境活动中心，促进和协调联合国的环境保护工作。

3.《里约环境与发展宣言》和《21 世纪议程》

1992 年 6 月 3 日至 14 日，联合国环境与发展大会在巴西里约热内卢举行。180 多个国家和地区及 60 多个国际组织和团体的代表出席了会议，100 多位国家元首或政府首脑亲自与会。中国也派出了由总理率团的代表团出席。这次会议是 1972 年联合国人类环境会议之后举行的讨论世界环境与发展问题的最高级别的一次国际会议，会议不仅筹备时间最长，而且规模也最大，堪称是人类环境与发展史上影响深远的一次盛会。

会议期间，许多国家元首、政府首脑、政府代表团、国际组织代表、民间机构人士和新闻记者进行了广泛参与。他们在讲话、发言或文章中，高举环保旗帜，要求采取有效措施，解决日趋严重的全球环境问题，如大气污染加剧、酸雨范围扩大、淡水资源短缺、水土流失和沙漠化扩展、森林资源遭到破坏、野生动植物物种锐减、臭氧层耗损、危险废物扩散和全球变暖等。这些问题对人类生存与发展构成了现实的威胁，特别是使发展中国家处于贫穷和环境恶化的双重困境。会议上，“高消费、高污染”的传统发展模式受到普遍批判，环境保护和经济发展相协调，走持续发展的道路，成为与会各国的共识和会议的基调。正如大会秘书长斯特朗所指出，环境和发展相协调是环发大会带给人类的“最好希望”。这次会议的召开，标志着人类对环境问题的认识上升到了一个新的高度，是环境保护思想的又一次革命。

这次会议通过了《里约环境与发展宣言》和《21 世纪议程》两个纲领性文件以及《关于森林问题的原则声明》，签署了《气候变化框架公约》和《生物多样性公约》。这些文件充分体现了当今人类社会可持续发展的新思想，反映了关于环境与发展领域合作的全球共识和最高级别的政治承诺。

《里约环境与发展宣言》重申了 1972 年联合国《人类环境宣言》，并怀着在各国、在社会各个关键性阶层和在人民之间开辟新的合作层面，从而建立一种新的、公平的全球伙伴关系的目标；致力于达成既尊重所有各方面的利益，又保护全球环境与发展体系的国际协定，并且认识到我们的家园——地球的整体性和相互依存性，为加强国际合作，实行可持续发展，解决全球性环境与发展问题，向全世界宣告有关国际合作、公众参与、环境管理的实施等 27 项应共同遵守的原则。《里约环境与发展宣言》所确立的基本原则，是环境发展领域开展国际合作的指导原则。

《21 世纪议程》是一个广泛的行动计划。它提供了一个从 20 世纪 90 年代起至 21 世纪的行动蓝图，内容涉及与全球持续发展有关的所有领域，是人类为了可持续发展而制定的行动纲领。其基本思想是：人类正处于历史的关键时刻，我们正面对着国家之间和各国内部长期存在的悬殊现象、不断加剧的贫困、饥饿、疾病和文盲问题以及人类福利所依赖的生态系统的持续恶化。在这种情况下，把环境和发展问题综合处理并提高对这些问题的重视，将会使基本需求得到满足、所有人的生活水平得到改善、生态系统得到较好的保护和管理，并给全人类提供一个更安全、更繁荣的未来。

在《21 世纪议程》中，各国政府提出了详细的行动蓝图，从而改变世界目前的非持续的经济增长模式，转向从事保护和更新经济增长和发展所依赖的环境资源的活动。行动领域包括保护大气层，阻止滥伐森林、水土流失和荒漠化，防止空气污染和水污染，预防渔业资源的枯竭，改进有毒废弃物的安全管理。

4.《京都议定书》和哥本哈根联合国气候变化大会①

为了人类免受气候变暖的威胁，1997 年 12 月，在日本京都召

① 有关哥本哈根会议的情况，本书第五章第四节也将有深入论述。——编者注.

开的《联合国气候变化框架公约》缔约方第三次会议通过了旨在限制发达国家温室气体排放量以抑制全球变暖的《京都议定书》。

《京都议定书》规定，到 2010 年，所有发达国家二氧化碳等 6 种温室气体的排放量，要比 1990 年减少 5.2%。具体地说，各发达国家从 2008 年到 2012 年必须完成的削减目标是：与 1990 年相比，欧盟削减 8%、美国削减 7%、日本削减 6%、加拿大削减 6%、东欧各国削减 5%～8%。新西兰、俄罗斯和乌克兰可将排放量稳定在 1990 年水平上。议定书同时允许爱尔兰、澳大利亚和挪威的排放量比 1990 年分别增加 10%、8%和 1%。《京都议定书》需要在占全球温室气体排放量 55%以上的至少 55 个国家批准，才能成为具有法律约束力的国际公约。中国于 1998 年 5 月签署并于 2002 年 8 月核准了该议定书。欧盟及其成员国于 2002 年 5 月 31 日正式批准了《京都议定书》。2004 年 11 月 5 日，俄罗斯总统普京在《京都议定书》上签字，使其正式成为俄罗斯的法律文本。截至 2005 年 8 月 13 日，全球已有 142 个国家和地区签署该议定书，其中包括 30 个工业化国家，批准国家的人口数量占全世界总人口的 80%。

美国人口仅占全球人口的 3%～4%，而排放的二氧化碳却占全球排放量的 25%以上，为全球温室气体排放量最大的国家。美国曾于 1998 年签署了《京都议定书》。但 2001 年 3 月，布什政府以“减少温室气体排放将会影响美国经济发展”和“发展中国家也应该承担减排和限排温室气体的义务”为借口，宣布拒绝批准《京都议定书》。

2005 年 2 月 16 日，《京都议定书》正式生效。这是人类历史上首次以法规的形式限制温室气体排放。为了促进各国完成温室气体减排目标，议定书允许采取如：① 两个发达国家之间可以进行排放额度买卖的“排放权交易”，即难以完成削减任务的国家，可以花钱从超额完成任务的国家买进超出的额度。② 以“净排放量”计算温室气体排放量，即从本国实际排放量中扣除森林所吸收的二氧化碳的数量。③ 可以采用绿色开发机制，促使发达国家和发展中国家共同减排温室气体等减排方式。

2009 年 12 月 7—19 日，哥本哈根世界气候大会，即联合国气候变化框架公约缔约方第 15 次会议，在丹麦首都哥本哈根召开。会议商讨《京都议定书》一期承诺到期后的后续方案，就未来应对气候变化的全球行动签署新的协议。

根据 2007 年在印尼巴厘岛举行的第 13 次缔约方会议通过的《巴厘路线图》的规定，2009 年年末在哥本哈根召开的第 15 次会议将努力通过一份新的《哥本哈根议定书》，以代替 2012 年即将到期的《京都议定书》。考虑到协议的实施操作环节所耗费的时间，如果《哥本哈根议定书》不能在此次年会的缔约方会议上达成共识并获得通过，则在 2012 年《京都议定书》第一承诺期到期之后，全球将没有一个共同文件来约束温室气体的排放。这将导致人类遏制全球变暖的行动遭到重大挫折。

气候变化谈判涉及两大问题。气候变化谈判的目的是使“大气中温室气体的浓度稳定在防止气候系统受到危险的人为干扰的水平上”。自 20 世纪 90 年代以来，各方就一直为此努力，并制定了《联合国气候变化框架公约》及其《京都议定书》。《公约》是气候变化谈判的总体框架，《议定书》则是第一份具有法律效力的气候法案。《议定书》规定了发达国家在第一承诺期（2008—2012 年）内的减排指标。

2008 年以来，各方已经举行了 9 轮会谈，但在发达国家中期减排目标和用于帮助发展中国家的资金两个问题上，发达国家与发展中国家两大阵营分歧较大。① 关于中期减排目标，发展中国家要求发达国家 2020 年应当在 1990 年的水平上至少减排 40%。欧盟、日本和美国等态度各异。② 关于资金问题，欧盟领导人曾认为到 2020 年发展中国家为减少温室气体排放和适应气候变化的灾难性影响每年需要约 1 000 亿欧元资金。但至于欧盟可以承担其中的多少，欧盟领导人没有给出具体数字。美国也始终没有提出一个资金数额。发展中国家对此比较失望。

中国一直积极应对世界气候问题。从全球来讲，共有 192 个国家参加了全球气候保护协定《联合国气候变化框架公约》，并于 1997 年签订了《京都议定书》，承诺在 2012 年前共同削减温室气体排放、并帮助脆弱地区应对变暖带来的灾害。我国从科学和社会发展等多方面认识到了气候变化的巨大影响，进行着积极的应对，并于 2005 年通过了第一部《可再生能源利用法》。在这个积极政策的引导下，截至 2008 年年底，我国风电发电量 128 亿 kW，比上年增加 126.79%。风力发电已经成为这场能源革命中的主要力量。我国也已成为全球最大的光伏产业基地，2008 年太阳能发电量达到 1.1 GW，占全球太阳能发电总量的 27.5%。我国政府决定，到 2020 年我国单位国内生产总值二氧化碳排放比 2005 年下降 40%～45%，作为约束性指标纳入国民经济和社会发展中长期规划，并制定相应的国内统计、监测、考核办法。通过大力发展可再生能源、积极推进核电建设等行动，到 2020 年我国非化石能源占一次能源消费的比重达到 15%左右；通过植树造林和加强森林管理，森林面积比 2005 年增加 4 000 万公顷，森林蓄积量比 2005 年增加 13 亿立方米。

2009 年 12 月 19 日下午，联合国气候变化大会在丹麦哥本哈根落下帷幕。经过各方的艰苦磋商，大会分别以《联合国气候变化框架公约》及《京都议定书》缔约方大会决定的形式通过了有关的成果文件，决定延续“巴厘路线图”的谈判进程，授权《公约》和《议定书》两个工作组继续进行谈判，并在 2010 年年底完成工作。哥本哈根大会未获得有约束力协议。

从积极的角度看，“哥本哈根会议朝正确方向迈出了一步”。①

首先，维护了《公约》和《议定书》确立的“共同但有区别的责任原则”，坚持了“巴厘路线图”的授权，坚持并维护了《公约》和《议定书》“双轨制”的谈判进程，反映了各方自“巴厘路线图”谈判进程启动以来取得的共识，包含了包括中国在内的各方的积极努力。

其次，在“共同但有区别的责任”原则下，最大范围地将各国纳入了应对气候变化的合作行动，在发达国家实行强制减排和发展中国家采取自主减缓行动方面迈出了新的步伐。《公约》附件一的《议定书》缔约方将继续减排，美国等《公约》附件一的非《议定书》缔约方将承诺履行到 2020 年的量化减排指标。发达国家的减排行动及向发展中国家提供的资金将根据有关的准则进行测量、报告和核实。《公约》非附件一缔约方，即发展中国家在可持续发展框架下采取减缓行动，最不发达国家和小岛屿发展中国家可以在自愿和获得支持的情况下采取行动。

第三，在发达国家提供应对气候变化的资金和技术支持方面取得了积极的进展。在资金方面，要求发达国家根据《公约》的规定，向发展中国家提供新的、额外的，可预测的、充足的资金，帮助和支持发展中国家的进一步减缓行动，包括大量针对降低毁林排放、适应、技术发展和转让以及能力建设的资金，以加强《公约》的实施。在资金的数量上，要求发达国家集体承诺在 2010—2012 年间提供 300 亿美元新的额外资金。在采取实质性减缓行动和保证实施透

① 潘基文. 在联合国气候变化大会新闻发布会上的发言，2009 年 12 月 19 日，新华社。

明度的情况下，发达国家承诺到2020年每年向发展中国家提供1 000亿美元，以满足发展中国家应对气候变化的需要。同时，将建立具有发达国家和发展中国家公平代表性管理机构的多边基金。这些资金中的适应资金将优先提供给最易受气候变化影响的国家。虽然发达国家在资金上的这些承诺与发展中国家应对气候变化的资金需求相比尚有一定差距，但毕竟提出了一个量化的、可预期的目标。

在技术开发与转让行动方面，决定设立一个“技术机制”加速技术开发与转让，支持适应和减缓行动。这一措施将有望为推动气候友好技术的大规模应用提供机制和制度上的保障。

第四，在减缓行动的测量、报告和核实方面，维护了发展中国家的权益。作为《公约》非附件一国家的发展中国家，只有获得国际支持的国内减缓行动才需要根据缔约方大会通过的指导方针，接受国际的测量、报告和核实。自主采取的减缓行动只接受国内的测量、报告和核实，有关结果每两年一次以国家通报的方式予以通报，通过明确界定的准则和确保国家主权得到尊重方式进行国际磋商及分析。

第五，根据政府间气候变化专门委员会（IPCC）第四次评估报告的科学观点，提出了将全球平均温升控制在工业革命以前 2℃的长期行动目标。为了确保长期目标和相应的应对行动得到最新气候变化相关科学研究成果的支持，对“哥本哈根协议”执行情况以及对包括长期目标在内的共同愿景的综合评估，将与 IPCC 已正式启动的第五次评估报告的出台时间相衔接。①

① 李忠发. 中国气象局局长郑国光解读《哥本哈根协议》，新华网北京2009年12月22日电。

二、中国环境保护的发展和建设生态文明的探索

1. 环境保护的起步

中国的环境保护起步于20世纪70年代。1972年，北京官厅水库发生污染，在周恩来总理的指示下，中央和有关地方成立了领导小组，对官厅水库展开调查研究，并分批进行治理，前后花去10年左右时间。这是新中国环保史上第一项治污工程。同年，中国派代表团赴瑞典斯德哥尔摩参加联合国召开的第一次人类环境会议。此次会议通过了《人类环境宣言》，要求与会国家积极行动起来，保护我们共同生存的地球环境。中国政府在这次会议后认识到了环境对经济和社会发展的重要性，于1973年8月5日至20日，在北京召开新中国第一次环境保护会议，统一了政府对环境保护的认识，展示了中国对环境问题的重视以及开展环境保护的决心，也“唤起了国人对环境问题的关注”①，可视为中国环境保护工作的正式起步。

第一次环境保护会议向全国人民指出了中国环境污染的严重性与环境治理的必要性，制定了《关于保护和改善环境的若干规定》（以下简称《规定》)。确立了环境保护工作的总方针：“全面规划，合理布局，综合利用，化害为利，依靠群众，大家动手，保护环境，造福人民。”《规定》对环境保护工作的展开作了具体的指示和要求，主要体现在五大方面：第一，做好工业规划，促进工业合理布局；第二，以预防为主，治理工业污染。一切新建、扩建和改建企业，防治污染项目，必须和主体工程同时设计，同时施工，同时投产；第三，改善老城市的环境，消除城市“四害”，保护水源；第四，各地各部门要成立环境保护机构，监督、检查环保工作；第五，

① 北子. 中国“环保之父”曲格平. 环境教育，2004（3）.

开展环境保护的科研和宣传教育。会后《规定》由国务院转发全国，具有法规性质，是环境保护起步阶段的行动指南。

在《规定》精神的指导下，中国的环保工作陆续展开。表现在：

第一，环保机构相继成立。1974 年，由国家计委、工业、农业、交通、水利、卫生等部门领导人组成的国务院环境保护领导小组正式成立，各省、自治区、直辖市也陆续成立了环境保护机构。1978 年，中国环境科学学会成立，它是一个以非营利为目的专门从事环境保护事业的非政府社团。1982 年，城乡建设环境保护部设立环境保护局。

第二，制定环境保护规划。国务院环境保护领导小组在 1974 年至 1976 年三次下发制定环境保护规划的通知，要求地方各级相关部门制定环境保护规划。

第三，环境管理制度与法律法规逐步形成。1973 年，国家计委，国家建委和卫生部联合发布《工业“三废”排放试行标准》，加强对工业污染的管理，还加强了对“三同时”原则的执行力度。1977 年，国家环境保护领导小组与国家计委、国家建委联合发布《关于治理工业“三废”，开展综合利用的几项规定》，再次加强对工业污染的处理力度。1978 年，环境保护被写入《中华人民共和国宪法》，并被纳入社会主义现代化建设体系。1979 年，《中华人民共和国环境保护法（试行）》出台，中国的环境保护开始走上法制化轨道。1981 年，国务院出台《关于国民经济调整时期加强环境保护工作的决定》，规定了环境保护的若干举措。

第四，对全国重点区域的污染源展开调查，对环境质量展开评估。北京西北郊、东南郊、沈阳市、南京市都展开了污染源调查工作。

第五，对城市“三废”展开治理。

第六，开展环境教育和宣传工作。1978 年底，中共中央下发文件，要求全国加强环境保护的宣传教育工作。1979 年，中国环境科学学会环境教育委员会在河北保定召开第一次会议，讨论了环境教育的具体工作，建议在中小学进行环境教育试点，中小学环境教育正式起步。1980 年和 1981 年，国务院环境保护领导小组办公室两次发出开展环境保护宣传活动的通知，在全国范围内组织环境保护教育活动。从 1981 年开始，全国各地开设各种环境培训班，加强成人环境教育。与此同时，各高校陆续开设环境专业，开始了环境保护领域的专业性研究。

1980 年，中国环境科学出版社成立，它是中国第一家环境专业图书出版机构，对环境保护的宣传发挥了作用。

环境保护的起步阶段，中国政府对环境保护工作给予了重视与支持，主导展开了环境保护各方面的工作，为新时期的环境保护工作奠定了基础。此阶段环境问题还没有得到大众的重视，因此环境保护还缺乏大众的广泛参与。环境污染的总体治理水平和成效也不高。

2. 环境保护的发展

1983 年底，第二次全国环境保护会议在北京召开。会议指出环境保护是中国社会主义现代化建设的一项战略任务，确定了环境保护的战略地位，确立了保护环境的基本国策；提出了“三同步”、“三统一”的战略方针，即“经济建设、城乡建设和环境建设同步规划、同步实施、同步发展”，“经济效益、社会效益和环境效益的统一”；制定了“预防为主、防治结合、综合治理”、“谁污染谁治理”和“强化环境治理”的三大环境政策；提出了 20 世纪末基本解决环境问题的战略目标。此次会议推动了环境保护的发展，是我国环境保护工作的重要转折点。

1989年4月，第三次全国环境保护会议在北京召开。会议提出要开拓有中国特色的环境保护道路，提出了八项有中国特色的环境管理制度，包括“三同时”、“三同步”制度、环境保护目标责任制、环境质量定期考量制、限期治理等，使第二次全国环境保护会议的决策更加具体化。

这两次环境保护会议在中国的环境保护进程中作出了巨大的历史贡献，发挥了前瞻性的指导作用，使新时期的环境保护工作在深度上和广度上向前发展，主要体现在以下几个方面：

首先，环保机构的级别不断提升。1984年，国务院环境保护委员会成立（城乡建设环境保护部设国家环境保护局）。1988年，国家环境保护局成为独立局，是国务院直属机构，统一指导全国的环境保护工作。环保机构级别的提升，表明了国家对环保工作的日益重视，直接影响环境保护工作的成效。

其次，环境教育进一步加强。表现在：“环境教育作为环境保护的重要措施加以落实，中小学环境教育开始纳入课程体系，在职教育进一步开展，国家环境教育的组织机构逐渐形成，环境保护法出台，环境教育的地位得到提高。”[①]这一阶段，中国还于1984年成立了第一份环境保护专业报《中国环境报》，它也是全球第一家国家级的环境保护专业报，在环保意识的宣传与教育方面发挥了重要作用。

再次，环境保护法规体系逐渐形成。1989年12月，在《中华人民共和国环境保护法（试行）》出台10年之后，《中华人民共和国环境保护法》正式颁布。关于保护海洋、水、大气、草原、森林、矿产资源等方面的法规文件也于同期出台，初步形成了环境保护法规体系，环境保护进入法制化时代。

---

① 陈丽鸿，孙大勇. 中国生态文明教育理论与实践. 中央编译出版社，2009：38-39.

最后，工业污染治理取得较大进展，环境治污的总体水平与成效明显提高。

3. 可持续发展理论与实践

可持续发展有两方面的含义，一是满足需要，提高人类社会特别是发展中国家的生产水平，满足人们的物质文化等方面的需求；二是限制需求，限制人类对自然资源的过度索取，消除人类对生态的破坏。它包含经济可持续发展、生态可持续发展和社会可持续发展等方面的内容，显现出协调发展、公平发展、共同发展、多样发展的丰富内涵。

可持续发展的概念最早由挪威首相布伦特兰夫人于 1987 年在世界环境与发展委员会的报告《我们共同的未来》中提出。1989 年 5 月，联合国环境署举行理事会，会议通过了《关于可持续发展的声明》。

1992 年，联合国在巴西里约热内卢召开环境与发展大会，会议提出了国际贸易、工业生产、经济决策等方面的环境原则，提出了可持续发展战略。各国就可持续发展战略达成共识，并通过了《21世纪议程》。标志着世界的可持续发展时代来临，人类的环境保护工作进入一个新的历史阶段。

“里约会议”之后，中国出台了《环境与发展十大对策》，明确提出要改变传统的发展模式，走可持续发展道路。1994 年，中国发表《中国 21 世纪议程——中国 21 世纪人口、环境与发展白皮书》，正式提出可持续发展战略，将可持续发展作为经济和社会发展的战略指导思想，开始了我国可持续发展的进程。1995 年，江泽民同志在中国共产党第十五届四中全会上明确提出：“在现代化进程中，必须把实施可持续发展作为一项重大战略。”

1996 年 7 月，第四次全国环境保护会议在北京召开。会议进一步明确了保护环境的基本国策，提出要在社会主义现代化建设中实施可持续发展战略，并强调从五个方面开展工作：第一，节约资源；第二，控制人口；第三，建立合理的消费结构；第四，加强宣传教育；第五，保护自然生态。

1999 年 3 月，中央人口资源环境工作座谈会在北京召开。江泽民同志在会上强调，“促进我国经济和社会的可持续发展，必须在保持经济增长的同时，控制人口增长，保护自然资源，保护良好的生态环境。”指出了保护环境、实施可持续发展的具体工作方向。

2001 年，在中国共产党成立 80 周年纪念大会上，江泽民同志对可持续发展思想进行了全面的阐述，指出：“坚持实施可持续发展战略，正确处理经济发展同人口、资源、环境的关系，改善生态环境和美化生活环境，改善公共设施和社会福利设施，努力开创生产发展、生活富裕、生态良好的文明发展道路。”

2002 年，为解决我国可持续发展战略对科技的需求，国务院正式发布《可持续发展科技纲要》，明确了科技可持续发展的重点任务，对环境治理、疾病防控等方面的科技创新作了具体的规定，为可持续发展战略的全面实施提供科技支持。

2002 年，朱镕基总理率团出席在南非约翰内斯堡举行的联合国可持续发展世界首脑会议，并在会上发表讲话，向世界宣示了中国坚定不移地走可持续发展道路的决心。

中国自 1992 年确定可持续发展道路以来，在 10 年的时间里，可持续发展取得了重要的成就，主要表现在：国民生产总值大幅提升，综合国力显著增强，经济增长方式开始由粗放型向集约型转变；人口增长过快的趋势得到控制，科技教育事业取得较大发展；重点水域的整治与大气污染的治理取得突破性成效；国民的可持续发展意识得到增强。我国实施可持续发展取得了阶段性成果，为新世纪可持续发展的继续推进奠定了基础。

为了在新世纪更好地全面推进可持续发展战略，顺利实现我国国民经济和社会发展第三步战略目标，国务院于 2003 年 7 月，颁布了《中国 21 世纪初可持续发展行动纲要》，不仅总结了过去 10 年我国可持续发展在经济、社会、生态建设方面取得的成就，而且指出了制约我国可持续发展的突出矛盾，并确定了 21 世纪初我国可持续发展战略的指导思想、目标、基本原则、重点领域及保障措施。《纲要》指出，我国 21 世纪可持续发展的总体目标是：可持续发展能力不断增强，经济结构调整取得显著成效，人口总量得到有效控制，生态环境明显改善，资源利用率显著提高，促进人与自然的和谐，推动整个社会走上生产发展、生活富裕、生态良好的文明发展道路。该目标从六大方面规划了新世纪我国可持续发展的方向。

2003 年 10 月，中国共产党十六届三中全会召开，会上首次提出了科学发展观思想，要求“坚持以人为本，树立全面、协调、可持续的发展观，促进经济社会和人的全面发展”，坚持“统筹城乡发展、统筹区域发展、统筹经济社会发展、统筹人与自然和谐发展、统筹国内发展和对外开放的要求”。科学发展观以发展为第一要义，坚持以人为本，重视经济活动中人的主体作用，坚持人文关怀，倡导公平、文明的发展理念，坚持全面、协调、可持续三种发展相结合，是可持续发展在实践中的总结与升华，是我党执政治国理念的一次创新，是马克思主义与中国国情相结合的最新成果。

在科学发展观指导下，我国的经济建设和社会发展取得了巨大成效，经济持续平稳增长，经济总量跃居世界第四位；经济结构不断优化，第三产业比重不断提高，城市化进程加快；节能减排取得积极进展，环境保护成效显著；农业、工业稳步增长；科技、文化、教育、卫生等事业也平稳发展。

但是，我们应该清醒地认识到，我国的经济建设在取得巨大成就的同时，经济和社会发展还面临着很多挑战，人口与资源、环境的矛盾在加剧，特别是最近几年，环境的污染与生态的恶化对人们的生产生活造成了严重的影响。改善环境，保护自然资源，恢复生态的良性循环，已经势在必行。要实现人与资源、环境的和谐相处，全面深入贯彻科学发展观，走生态文明之路是必然的选择。

4. 走向生态文明

2007年，胡锦涛同志在中国共产党第十七次全国代表大会上所作《高举中国特色社会主义伟大旗帜　为夺取全面建设小康社会新胜利而奋斗》报告中首次明确提出“建设生态文明”，将生态文明建设纳入全面建设小康社会的总目标中，要求到2020年“建设生态文明，基本形成节约能源资源和保护生态环境的产业结构、增长方式、消费模式。循环经济形成较大规模，可再生能源比重显著上升。主要污染物排放得到有效控制，生态环境质量明显改善。生态文明观念在全社会牢固树立。”生态文明建设首次写入党代会报告，成为党的行动纲领，成为社会主义现代化建设的战略指导思想，标志着我国正式开始生态文明建设征程。

人类在历经原始文明、农业文明和工业文明之后的今天，面临着诸多困扰继续发展的问题，面临着三大危机：自然资源枯竭、生态环境恶化、社会贫富两极分化。经过对危机的长期痛苦反思，人们终于认识到两大“有限性”：地球环境对人类生存发展的承载能力是有限的，人类社会公平分配社会财富的能力也是有限的。为此，人们一直在努力寻求一条能够消除危机产生根源的新的发展道路——可持续发展道路，即新的核心价值观和新的生产、生活和社会组织方式。

应该看到，工业文明为顺应人类追求更好的生存质量的需求，把追求个人利益的价值观作为基本驱动力，把追求利益最大化作为社会行为的根本目标，借助科学技术的进步，衍生出专业化、规模化、全球化等不同于农业文明的新的生存方式。这种新的生存方式推动工业文明创造了比历史上其他文明形态多得多的财富，但是也导致三大危机不可避免地爆发。其根本原因在于工业文明把社会发展这样一个多目标问题，简单归结为追求经济利益最大化的单目标问题。

追求“最优”的想法并无不妥，但人类生存在由人类社会和自然环境组成的复杂巨系统之中，如果把人类在这个复杂巨系统中生存的“最优”简单归结为单目标的“最优”，盲目追求，最终一定会走向反面。工业文明在这种社会观念及其运行规则的引导下，短视、自私、冷酷、拜金等行为盛行，人性被扭曲，两大“有限性”被漠视，三大危机被迅速激化，社会发展逐渐偏离了人类的原初追求。

今天，工业文明的发展模式已经成为人类文明继续前行的障碍，受到越来越多的质疑。社会与自然的和谐、社会与人的和谐以其不容忽视的基础地位，已成为调整人类文明发展模式的根本出发点。这意味着，人类社会正在由工业文明向一个全新的文明时代——生态文明时代转折。越来越多的迹象表明，生态文明的理念（价值观）正逐渐渗透到社会运行的各个方面和各个环节，影响着人们的生产方式、生活方式和组织方式。

文明的转折与发展模式的转型存在着紧密的内在联系。中国在人类由农业文明向工业文明转折的关键时期，错失转型良机，以致长期落后于先期工业化国家。今天，人类文明又进入了一个新转折的关键时期。这个时期既是中华民族伟大复兴的历史机遇，也是中国又好又快发展的一个严峻挑战，因为中国是要在尚未全面完成工业化的前提下，实现向生态文明时代的转折。因此，中国显然不可能、也不应该走先期工业化国家“先污染，后治理”和转嫁危机的道路，应当走出一条全新的发展道路，也就是“走生态文明路，补工业文明课”。①

① 叶文虎. 新的“文明转折”序幕已悄然拉开. 北京日报，2010-02-01.

第二章　生态文明建设目标的基本内容与若干特征

第一节　资源节约型、环境友好型社会的形成

一、资源节约型、环境友好型社会提出及其发展

2005 年 10 月 11 日，中共十六届五中全会通过了《中共中央关于制定国民经济和社会发展第十一个五年规划的建议》（以下简称《建议》）。《建议》首次把建设资源节约型和环境友好型社会确定为国民经济与社会发展中长期规划的一项战略任务。《建议》提出：必须加快转变经济增长方式；大力发展循环经济；加大环境保护力度；切实保护好自然生态；认真解决影响经济社会发展特别是严重危害人民健康的突出环境问题，在全社会形成资源节约的增长方式和健康文明的消费模式。《建议》明确提出“十一五”时期经济社会发展的目标之一是：资源利用效率显著提高，单位国内生产总值能源消耗比“十五”期末降低 20%左右，生态环境恶化趋势基本遏制，耕地减少过多状况得到有效控制。

2005 年 11 月 29 日至 12 月 1 日，中央经济工作会议在北京召开。会议把大力节约能源资源，加快建设资源节约型、环境友好型社会作为 2006 年经济工作的主要任务之一，提出了建设资源节约

型、环境友好型社会的目标、重要途径、工作重点和措施。

2007 年，胡锦涛同志在十七大报告中再次强调指出："加强能源资源节约和生态环境保护，增强可持续发展能力。坚持节约资源和保护环境的基本国策，关系人民群众切身利益和中华民族生存发展。必须把建设资源节约型、环境友好型社会放在工业化、现代化发展战略的突出位置，落实到每个单位、每个家庭。"将两型社会建设提升到现代化发展更加突出的位置。

建设资源节约型和环境友好型社会，从内涵上理解，主要有两层相辅相成、互为因果的含义：一是指全社会都采取有利于环境保护的生产方式、生活方式和消费方式，建立人与环境良性互动的关系；二是指良好的环境也会促进生产、改善生活，实现人与自然和谐。

建设资源节约型、环境友好型社会的核心内容就是切实保护和合理利用各种资源，提高资源利用效率，人与自然和谐相处，遵循自然规律，以最少的资源消耗和环境代价获得最大的经济效益、社会效益和生态效益，实现可持续发展，提高人民生活水平。

建设资源节约型社会、环境友好型社会，是节约资源、保护环境的现实途径，是落实科学发展观的必然要求，是实现国民经济又好又快发展的战略选择。建设资源节约型、环境友好型社会，涉及管理、技术、体制、机制等多方面的革新，是一项长期、复杂而艰巨的工程，必须转变经济增长方式，优化产业结构，改变消费观念，促进资源的循环利用，通过资源节约来保护环境，最终实现资源、环境与社会的和谐发展。

二、资源节约型社会的内涵

资源节约型社会是一个复杂的系统，它包括资源节约型观念、资源节约型主体、资源节约型制度、资源节约型体制、资源节约型机制和资源节约型体系等。

资源节约型观念是指人们从节省、节约原则出发，克服浪费，合理使用资源的意识，形成节约光荣、浪费可耻的社会风气；资源节约型主体主要包括资源节约型政府、社会团体、军队、企事业单位和家庭等。其中，资源节约型企业是指既追求企业生产成本节约和降低，又兼顾企业生产的社会成本节约和降低，既考虑企业自身效益又兼顾社会效益、生态效益，既考虑当前利益又兼顾长远利益，能使企业自身效益与社会效益之和达到最大值，使企业生产成本和社会因企业生产而必须支付的社会成本之和达到最小值；资源节约型制度是规范人们合理使用资源的经济制度、政治制度、法律制度以及有关道德规范等相互联系、互为补充的各种制度的总称；资源节约型体制是资源节约型制度的实现形式和组织方式，包括资源节约型经济体制、政治体制、法律体制等；资源节约型机制是资源节约型制度、体制在经济运行过程中形成的互为关联、相互作用、彼此约束、协调运转的各种机能的总和；资源节约型体系可分为资源节约型产业体系和节约型生活服务体系及战略资源节约型体系等。

三、环境友好型社会的内涵

环境友好型社会是一种人与自然和谐共生的社会形态，其核心内涵是人类的生产和消费活动与自然生态系统协调可持续发展。环境友好型社会是以人与自然和谐为目标，以环境承载能力为基础，以遵循自然规律为核心，以绿色科技为动力，倡导环境文化和生态文明，追求经济社会环境协调发展的社会体系。

环境友好型社会主要包括：有利于环境的生产和消费方式；无污染或低污染的技术、工艺和产品；对环境和人体健康无不利影响的各种开发建设活动；符合生态条件的生产力布局；少污染与低损耗的产业结构；持续发展的绿色产业；人人关爱环境的社会风尚和文化氛围等。

四、资源、能源和能源资源在两型社会建设中的特殊地位

资源、能源和能源资源是三个不同的概念。资源是一个国家或地区内所有生产要素的总称，是一切能创造社会物质财富和精神财富的客观存在，包含人力、物力、财力多个方面。资源可分为自然资源和社会资源，前者如土地资源、矿产资源、石油资源和海洋资源等，后者如人力资源和信息资源等。

能源是指可以直接或经转换提供人类所需的光、热、动力等任一形式能量的载能体资源，按基本形态可分为一次能源和二次能源。一次能源即天然能源，又可分为可再生能源（如水能、风能、生物质能等）和非可再生能源（如煤、石油、天然气等）。其中，水、石油、天然气三种能源是一次能源的核心，也是所有能源的基础。二次能源即人工能源，是一次能源经过加工后生成的能源产品，如煤气、电力、汽油、柴油、沼气、石油制品等。能源按使用类型又可分为常规能源和新型能源。常规能源包括水、煤、石油、天然气等；新型能源包括风能、太阳能、生物能、海洋能、核能等。新型能源一般可再生，并且分布很广，有利于解决能源短缺问题，是人类未来的主要能源之一。

能源资源是资源的一种，指在目前社会经济技术条件下能够为人类提供大量能量的物质和自然过程，包括煤炭、石油、天然气、风、河流、海流、潮汐、草木燃料及太阳辐射等。简单来讲，能源资源是指通过加工能提供能源的资源。能源资源是人类社会发展的物质基础，是影响经济发展的核心因素之一。

我国是能源资源消费大国，能源资源的现状严峻；我国也是温室气体排放大国，环境污染非常严重；我国还是人口大国，环境的承载力相当薄弱。能源资源、环境与社会发展的矛盾日益突出，已经严重影响经济和社会的发展。全面建设两型社会，还必须高度关注能源资源现状和发展动向。

关联案例1：武汉城市圈“两型社会”建设试验区①

武汉城市圈是指以武汉为圆心，与周边100千米（km）范围内的黄石、鄂州、黄冈、孝感、咸宁、仙桃、潜江、天门8个城市构成的“1+8”区域经济联合体。面积不到全省三分之一的武汉城市圈，集中了湖北省一半的人口、六成以上的GDP总量，不仅是湖北省经济发展的核心区域，也是中部崛起的重要战略支撑点。

2007年12月14日，国家正式批准武汉城市圈成为“两型社会”建设综合配套改革试验区，要求武汉城市圈根据资源节约型和环境友好型社会建设的要求，全面推进各个领域的改革，切实走出一条有别于传统模式的工业化、城市化发展新路，为推动全国体制改革、实现科学发展与社会和谐发挥示范和带动作用。

批准成为“两型社会”建设试验区以来，武汉城市圈内各市进一步推动基础设施、产业布局、区域市场、城乡建设、生态建设与环境保护“五个一体化”建设，在经济、科技、教育、交通、旅游等多方面合作更加紧密，一批重大项目已经进入前期工作或启动。如武汉新港、青山—阳逻—鄂州大循环经济示范区、大东湖水网生态构建工程、武汉临空经济区的建设和设立武汉保税物流中心等项目。

统计显示，武汉城市圈已成为湖北省经济社会发展的快速增长

① 编选自：新华网湖北频道、《湖北日报》等关联报道。

极，对全省经济发展的“龙头”作用初步显现。2007 年，武汉城市圈地区生产总值达 5 557.24 亿元，占全省地区生产总值的 60.7%。

经国务院正式批复同意的武汉城市圈资源节约型和环境友好型社会建设综合配套改革试验总体方案的中强调了“九大创新”：创新资源节约的体制机制，建设节约社会；创新环境保护的体制机制，建设生态城市圈；创新科技引领和支撑“两型社会”建设的体制机制，增强自主创新能力，建设创新型城市圈；创新产业结构优化升级的体制机制，整合圈内产业资源，提升产业层次；创新统筹城乡发展的体制机制，促进生产要素在城乡间合理流动和公共服务向农村倾斜，不断改善民生，建设和谐城市圈；创新节约集约用地的体制机制，探索城乡集约发展新路子；创新促进“两型社会”建设的财税金融体制机制，提供财税金融服务和支撑；创新对内对外开放的体制机制，增强承接国内外资本技术和产业转移能力，打造促进“两型社会”建设的开放型平台；创新行政管理体制和运行机制，建设服务型平台。

国务院批复同意总体方案中，给武汉城市圈发展带来了难得的历史机遇。

国务院明确支持在武汉城市圈布局处于产业链上中游的重大产业项目，争取更多国内外大型企业的总部以及生产、研发基地落户圈域内；完善区域创新体系，争取在圈域内建设一批国家重点实验室及各种国家级研发中心和企业技术中心；允许武汉城市圈设立高新技术产业投资基金，探索发行水专项债券，设立圈域生态环境保护基金，扩大公司债发行规模试点；选择圈域内条件较好的省级开发区作为产业转移示范园区，比照享受国家级经济技术开发区的政策措施，促进形成有特色的产业集群；对圈域内的国有企业改革、高新技术发展、基础设施建设等争取比照执行振兴东北等老工业基地政策；争取开展大交通改革试点，构建高效协调发展的综合交通体系，提升武汉城市圈在全国交通大格局中的枢纽地位。

国家积极支持武汉城市圈构建区域性金融中心；支持武汉城市圈深化农村金融改革；建立圈域内耕地有偿保护和占补平衡机制，确保耕地占补的数量和质量“双平衡”；探索建立主要污染物排放总量初始权有偿分配、排放权交易等制度，探索建立圈域内“污染物排放交易市场”，并创新排污权征收使用管理模式；支持武汉城市圈扩大对外开放，将武汉城市圈建成我国中部对外开放的门户；加强人才队伍建设，推进公务员培训基地工作，在国务院政府特殊津贴人员选拔、新世纪千百万人才工程国家级人才选拔、博士后科研流动站和工作站建设、专业技术人员继续教育以及留学人员科技交流等方面给予政策倾斜；建立由国家发展改革委和省政府领导牵头的部省合作机制，对武汉城市圈综合配套改革试验工作中的重大问题进行沟通协调。

有关人士指出，国家的批复使湖北进入新一轮改革的前沿。除了金融、财税、土地三个领域需按程序报批外，其他方面为湖北省大胆闯、大胆试提供了广阔的空间。

关联案例 2：山东黄金集约化发展模式及其对建设生态文明的启示

集约化经营指在社会经济活动中，在同一经济范围内，通过经营要素质量的提高、要素含量的增加、要素投入的集中以及要素组合方式的调整来增进效益的经营方式。简言之，集约是相对粗放而言，集约化经营是以效益（社会效益和经济效益）为根本对经营诸要素重组，实现最小的成本获得最大的投资回报。

山东黄金集团成立于 1996 年，是直属山东省政府的国有大型企业。集团拥有资产总额百亿元，职工两万余人，黄金产量、经济效益、资产质量、科技水平及人才优势，均居全国同行业前列，为国家重点扶持的520户企业之一。2008年销售收入过百亿元、利润十亿元、跻身中国企业500强。“山东黄金”荣获2007—2008年“中国上市公司市场投资者满意信赖十佳品牌”、“中国上市公司成长百强”、“中证回报百强”、“金牛百强”等多项殊荣；被台湾《商业周刊》评为两岸三地“成长王”，备受金融部门和投资者信赖。

作为山东省黄金行业的“龙头”企业，山东黄金集团同时行使“山东省黄金工业局”的职责，充分挖掘“山东是全国第一产金大省，黄金产量已连续32年居全国之首，占全国总产量的四分之一强，经济效益占全国同行业的一半以上”的区位优势，集团不断完善黄金地质勘探、采选、冶炼、科研、工程设计与施工、设备制造与安装、电力物资供应，以及黄金精炼与深加工等一体化产业链条，于2006年提出“用两年半时间实现黄金矿山脱胎换骨的转变，打造环境美化、本质安全的矿山企业”和“争做全国第一”的战略目标；确立了“让尽可能多的个人和尽可能大的范围，因山东黄金集团的存在而受益”的以人为本目标。

2009年出台的山东省黄金工业调整振兴指导意见（2009—2011年）①提出了推进集约化，发展大型黄金企业，提高运营质量的相关指导思想、目标和实施重点：

——坚持可持续发展原则。加强环境保护，依法有序开采，资源开发与环境保护并举，经济效益与社会效益并重，走可持续发展之路。黄金地质储量达到1 180吨以上，年均增长15%，实现新增资源量大于消耗量的良性循环。

——坚持科技兴金原则。加大技术进步力度，加快技术改造和

① 摘编自：鲁政办发〔2009〕39号：《山东省黄金工业调整振兴指导意见》。

技术创新步伐，推动产业技术升级，提高企业技术水平和管理水平，综合竞争力明显增强，自主创新能力不断提高。力争使山东黄金集团、招金集团、蓬莱金创集团等成为国内、国际知名黄金名牌，培育一批集生产、加工、销售于一体，具备可持续发展、资源节约、环境友好的矿业良性发展格局的大型黄金企业，力争把山东省黄金行业整合培育成为国际性大型黄金集团，具备与国际黄金矿业巨头竞争的实力。

——实施资源综合利用。发展循环经济，提高资源综合利用率。重点扶持山东黄金集团、招金集团、平邑归来庄金矿等矿山的尾矿综合利用、恒邦冶炼复杂金精矿综合回收技术、山东金创金银冶炼有限公司金精矿综合回收、中矿金业多元素综合利用及冶炼厂改造、山东国大尾矿渣综合利用等项目。支持利用低品位矿、难处理复杂矿、尾矿等资源，拓展尾矿等固体废弃物的应用范围，提高资源利用率；继续大力发展节能环保产业和循环经济，加强系统性节能减排研究，提高电能利用效率，不断降低采矿、选矿电耗，确保“三废”达标排放，污水达标排放率为 100%；加快淘汰落后生产能力，全面推行清洁生产，努力建设资源节约型、环境友好型企业。

——建设生态矿山。按照科学、低耗和高效的原则，合理开发利用矿产资源，建设生态矿山。在设计、开采等过程全面推行“绿化”，使矿山生产不产生新的生态环境问题。坚持“零污染、全覆盖”原则，改变矿山面貌，绿化矿山环境，发展循环经济，推进和谐矿山、绿色矿山建设。

山东黄金集团现任董事长王建华 2006 年任职，提出要“用两年半时间实现黄金矿山脱胎换骨的转变”，“争做全国黄金第一”。而其采用的战略，则是“整合”与“外扩”。“整合”即矿山整合。“外扩”即通过并购等手段获取新的资源储备。通过整合外扩，山东黄金集团以山东为主体，辅以海南、内蒙古、河南，南北中三大矿业基地的格局已现端倪。目前，山东黄金集团拥有探矿权近70个，勘探面积800余平方公里；从2006年到2008年新获金资源量近400吨，资源价值近800亿元；非金资源量1亿吨以上，资源价值近850亿元。

山东黄金在矿山建设中，将整合与创新结合起来，大力发展循环经济，在大幅度降低成本的同时，努力实现经济效益和环境效益的双丰收。

环境保护部授予了山东黄金集团新城金矿区"国家环境友好企业"称号，评定意见为："该企业注重资源的重复利用，投巨资建设了含氰废水、尾矿废水和生活废水处理及回用工程，工业、生活污水实现了'零排放'，固体废物综合利用率在同行中处于先进水平，企业单位产品综合能耗、水耗、单位工业产值主要污染物排放量均处于同行业先进水平。该企业注重矿区的生态保护及恢复工作，在做好尾矿库防渗工作的基础上，积极对闭库的尾矿库进行绿化，加快了自然生态的恢复进程。"

第二节　产业结构调整、经济增长方式和消费模式体现两型社会建设要求，反映可持续发展导向

一、产业结构调整

1. 产业结构的概念及其与经济结构的区别

产业结构，亦称国民经济的部门结构，指国民经济各产业部门之间以及各产业部门内部的构成。社会生产的产业结构或部门结构

是在一般分工和特殊分工的基础上产生和发展起来的。研究产业结构，主要是研究生产资料和生活资料两大部类之间的关系；从部门来看，主要是研究农业、轻工业、重工业、建筑业、商业服务业等部门之间的关系以及各产业部门的内部关系。

决定和影响一个国家产业结构的因素一般有以下几类：（1）需求结构，包括中间需求与最终需求的比例，社会消费水平和结构、消费和投资的比例、投资水平与结构等；（2）资源供给结构，有劳动力和资本的拥有状况和它们之间的相对价格，一国自然资源的禀赋状况；（3）科学技术因素，包括科技水平和科技创新发展的能力、速度以及创新方向等；（4）国际经济关系对产业结构的影响，有进出口贸易、引进外国资本及技术等因素。

产业结构高度化也称产业结构高级化，指一国经济发展重点或产业结构重心由第一产业向第二产业和第三产业逐次转移的过程，标志着一国经济发展水平的高低和发展阶段、方向。产业结构高度化往往具体反映在各产业部门之间产值、就业人员、国民收入比例变动的过程上。一般地说，产业结构高度化表现为一国经济发展不同时期最适当的产业结构，其主要衡量标准是：（1）收入弹性原则（所得弹性标准），即每增加一个单位收入与增加对某商品需求量之比。如果由于收入扩大而增加的需求能转化为收入弹性高的商品，出口增长率则可随之提高，对整体经济增长则较为理想；（2）生产率上升原则。为了使收入弹性高的商品能够出口，必须具备充分的国际竞争能力，因而最佳选择是把生产上升率高的产业或技术发展可能性大的产业作为重点；（3）技术、安全、群体原则。即从长远观点看，经济发展的动力是技术革新，从而对于能成为将来技术革新核心部门的产业，目前虽然处于比较劣势地位，也不能轻易放弃；为了一国经济的稳定发展，事实上要求有某种程度的国家安全保障或能够保障国家威望的产业；为了产业部门之间的平衡发展，必须形成范围较广的产业群体。符合上述三条标准的产业结构状态，就可称为一定时期一国产业结构的最适状态。

产业结构与经济结构有所区别。经济结构（Economic Structure）指国民经济的组成和构造。它有多重含义：（1）从一定社会生产关系的总和来考察，则主要通过不同的生产资料所有制经济成分的比重和构成来表现；（2）从国民经济各部门和社会再生产的各个方面的组成及构造考察，则包括产业结构（如一、二、三次产业的构成，农业、轻工业、重工业的构成等）、分配结构（如积累与消费的比例及其内部的结构等）、交换结构（如价格结构、进出口结构等）、消费结构、技术结构和劳动力结构等；（3）从所包含的范围来考察，则可分为国民经济总体结构、部门结构、地区结构以及企业结构等；（4）从不同角度进行专门研究的需要来考察，又可分为经济组织结构、产品结构、人员结构、就业结构、投资结构、能源结构和材料结构，等等。

目前，社会各界在论及生态文明产业结构调整时经常有“建设生态文明，调整经济结构”或“建设生态文明，调整产业结构”的表述。二者有时反映了一个基本意思，但应当看到这两种提法还是有所区别的。

2. 我国产业结构的特点与存在的突出问题

目前，我国的产业结构呈现如下特点：第一，第一产业农业在国民生产总值中的比重下降；第二，第二产业工业在国民生产总值中的比重上升，工业化进程加快；最后，第三产业比例低，总量不足，在国民经济中不占主导地位。

我国的产业结构自改革开放以来经历了三次大的调整，产业结构不断升级，但是仍不完善，存在很多突出问题。首先，农业基础薄弱，抗自然灾害能力差，农民增收缓慢，农业发展后劲不足；工业结构升级缓慢，工业产品附加值低，技术的自主创新能力差，经济增长质量不高；第三产业结构不合理，总量偏低，发展严重滞后，对第一产业和第二产业的发展形成阻碍。其次，三大产业重复建设与地区产业布局同构化现象严重。最后，三大产业的能源利用率偏低，能源效益差，环境污染严重。

不合理的产业结构不仅严重影响了我国经济的发展速度与发展质量，而且影响了工业化和城市化进程以及我国的经济安全，调整产业结构，促进产业结构优化升级已经迫在眉睫。

二、增长方式转变

1. 经济增长方式的概念

经济增长方式，指决定经济增长的各种要素的组合方式以及各种要素组合起来推动经济增长的方式。马克思将经济增长方式分为内涵扩大再生产和外延扩大再生产两种类型，前者指依靠科技进步和管理水平来实现生产规模的扩大与生产水平的提高，后者指依靠增加生产要素的投入来实现生产的扩大与经济的增长。现代经济学将经济增长方式分为粗放型与集约型两类，前者指依靠增加资源、资金的投入来推动经济增长，后者指依靠科技的进步和劳动者素质的提高来推动经济增长。

2. 从经济增长方式到经济发展方式

新中国的经济建设最早采用苏联模式，实行计划经济。计划经济时期，经济增长方式没有受到重视。20 世纪 80 年代后期，党和国家开始关注经济增长方式对经济发展的影响，于 1987 年在党的十三大提出“从粗放经营为主逐步转向集约经营为主的轨道”。1992年，党的十四大再次强调要“促进整个经济由粗放经营向集约经营转变”。1995 年，十四届五中全会明确提出“经济增长方式从粗放型向集约型转变”。此后，我国的经济结构调整、产业结构调整与企业结构调整都沿着集约型方向发展，集约型的经济增长方式成为我国经济建设的风向标。

2007 年，胡锦涛同志在党的十七大报告中提出，要“加快转变经济发展方式，推动产业结构优化升级”，将“经济增长方式”提升为“经济发展方式”。

经济发展方式，是指经济总量增加与经济质量优化的发展手段与模式，包含经济增长、经济结构优化、收入分配、环境保护等多方面的内容，涉及社会生产、分配、消费等环节，是经济增长方式的跨越与升华，是可持续发展战略的贯彻与落实，说明中国共产党对经济问题的看法更理性、更成熟。

转变经济发展方式，既是全面建设小康社会的需要，也是坚持可持续发展之路的需要。只有转变经济发展方式，才能促进经济结构的优化升级，实现经济发展速度与经济效益的统一；才能节约资源，保护环境，提高经济质量，实现国民经济又好又快发展。

三、加快推进经济发展方式转变是加快建设生态文明的关键[①]

经济发展方式是一个具有根本性和全局性的问题。它是国家战

① 胡锦涛：《在省部级主要领导干部深入贯彻落实科学发展观　加快经济发展方式转变专题研讨班上的讲话》，新华社，2010 年 2 月 3 日；《紧抓机遇承担使命——一论加快经济发展方式转变》，《着眼全局推动变革——二论加快经济发展方式转变》，《突出重点，打好转型攻坚战持久战——三论加快经济发展方式转变 》，人民日报，2010 年 2 月 8—11 日社论。

略目标的产物，并服务于国家的整体需要和长远规划。经济发展方式在多大程度上契合战略目标，考验着一个国家的发展能力，决定着一个国家的兴衰沉浮。党的十七大提出了加快转变经济发展方式的战略任务。多年来我们推进经济发展方式转变取得一定成效，但总体来看，转变步伐还跟不上国际国内经济形势发展，与抓紧解决经济运行中的突出矛盾的要求不相适应，与积极参与国际经济合作和竞争、有效应对国际经济风险挑战的要求不相适应，与实现科学发展的要求不相适应。我国现代化建设的道路并不平坦，在这个进程中反映出一些深层次矛盾和问题，经济结构和产业结构不合理特别是经济增长过于粗放，长期形成的主要靠物质投入的传统经济发展方式与资源环境的矛盾日益突出，外延型扩张模式难以为继，转变经济发展方式刻不容缓。

国际金融危机发生后，我国发展面临的外部环境和内部条件都发生了很大变化，转变经济发展方式问题更加凸显出来。加快经济发展方式转变，是适应全球需求结构重大变化，增强我国经济抵御国际市场风险能力的必然要求；是提高可持续发展能力的必然要求；是在后国际金融危机时期国际竞争中抢占制高点、争创新优势的必然要求；是实现国民收入分配合理化、促进社会和谐稳定的必然要求；是适应实现全面建设小康社会奋斗目标新要求、满足人民群众过上更好生活新期待的必然要求。反之，如果我们不能加快经济发展方式转变，我国今后发展代价就会越来越大、空间就会越来越小、道路就会越走越艰难。

大变革大机遇，大挑战大跨越。金融危机激发了国际社会对现有世界经济秩序的反思，也促使各国对现有发展模式可持续性和合理性进行探究，一场世界范围内的经济增长模式调整正在悄然进行。值此之际，我国发展的外部环境和内部条件都发生了很大变化。

如果我们看不到国际金融危机，是传统发展模式之危，科学发展模式之机，不能因时而变，推动经济转型，我们将坐失机遇，痛失后国际金融危机时代国际竞争的主动权。

从现代化发展历程的时间坐标和世界经济格局的空间坐标两个维度，我们要更自觉地认识到加快转变经济发展方式的紧迫性。世界经济的发展，总是伴随着发展方式的不断变革。如何适应不断变化的环境，如何保持发展的可持续性，是现代化过程中必须回答的问题。加快经济发展方式转变，既是一场攻坚战，也是一场持久战。只有加快推动我国经济增长由主要依靠投资出口拉动向依靠消费投资出口协调拉动转变，由主要依靠第二产业带动向依靠第一、二、三产业协调带动转变，由主要依靠增加物质资源消耗向主要依靠科技进步、劳动者素质提高、管理创新转变，才能更好地应对可以预见和难以预见的国际风险，不断提高我国经济的国际竞争力；才能更好地发展社会生产力，不断满足人民群众日益增长的物质文化需要；才能加快解决经济发展中不平衡、不协调、不可持续的问题，切实推动科学发展，保持社会和谐稳定。

转变经济发展方式，关键是要在“加快”上下工夫、见实效，加强规划引导，突出战略重点，明确主要任务，兼顾当前和长远，处理好速度和效益、局部和整体的关系，调动各方面积极性，加快推进经济结构调整，加快推进产业结构调整，加快推进自主创新，加快推进农业发展方式转变，加快推进生态文明建设，加快推进经济社会协调发展，加快发展文化产业，加快推进对外经济发展方式转变。

只有加快推进经济结构调整，才能提升国民经济整体素质、在后国际金融危机时代赢得国际经济竞争主动权，这是转变经济发展方式的战略重点；只有加快推进产业结构调整，才能推动经济从粗放型增长转变为集约型增长、实现全面协调可持续发展，这是转变经济发展方式的重要途径和主要内容；只有加快推进自主创新，才能取得经济长远发展主动权、形成长期竞争优势，这是转变经济发展方式的根本出路；只有加快推进农业发展方式转变，才能安天下、稳民心，确保粮食安全，这是转变经济发展方式的基本条件和必要条件；只有加快推进生态文明建设，才能实现经济社会可持续发展，这是转变经济发展方式的必然要求和重要着力点；只有加快推进经济社会协调发展，才能让人民共享发展成果、促进社会和谐稳定；只有加快发展文化产业，才能满足人民日益增长的多样化、多层次、多方面精神文化需求，优化经济结构和产业结构，拉动居民消费结构升级；只有加快推进对外经济发展方式转变，才能完善内外联动、互利"共赢"、安全高效的开放型经济体系。

这八个方面，是当前和今后一个时期党和国家工作的重要部署，是加快经济发展方式转变的重点工作。

四、消费模式转变

1. 消费模式的概念分类

消费模式指消费的表现形式，是消费方式、消费结构与消费水平三者的结合。就收入水平而言，消费模式可分为温饱型、小康型、富裕型等；就收支平衡而言，可分为节约消费型、适度消费型和超前消费型等。

2. 中国传统文化和健康消费观

中华民族是一个勤劳、节俭的民族，创造了以崇尚节俭、知足常乐、以和为贵为核心价值的传统文化，形成了以去奢崇俭为基本思想的传统消费观。不论是儒家、道家，还是墨家，乃至佛教，尽管消费观存在某些差异，都无不以节俭为基本消费取向。如儒家的孔子主张“黜奢崇俭，奢俭从礼”，认为“礼，与其奢也，宁俭”；另一代表人物朱熹则提出“存天理，灭人欲”的主张，认为人应该节制不合理的欲望，过简朴的生活。道家的老子将节俭视为自己的三宝之一，曾曰：“我恒有三宝，持而宝之，一曰慈，二曰俭，三曰不敢为天下先。”墨子提出“俭节则昌，淫佚则亡”。佛教讲究苦修，更注重节俭，以“俭于享受，能甘淡泊”为修行要诀。

除节俭的共同价值取向外，各家的消费观也有反映朴素的生态型消费价值导向。儒家以孔子为代表，主张等级消费。孔子重“礼”，强调“节用以礼”，主张以“礼”来规范社会成员的消费观念和消费行为，认为每个社会成员都应在“礼”的规范下自觉选择与自己身份相符的消费行为，在全社会形成贵贱有序、消费有别的等级消费秩序。此外，孔子主张以“仁义”为道德准则约束社会成员的消费行为，将消费行为与道德追求相结合。

道家以老子为代表主张清心寡欲，知足常乐，“无为”消费。老子有言：“罪莫大于可欲，祸莫大于不知足”，“见素抱朴，少私寡欲”，认为人的欲望导致人对财富的追求，欲望不消除，追求不停止，这种追求与道家崇尚的“道法自然”相违背，是不可取的，人只有寡欲才能知足。老子所言的知足，以达到维持人自身生存的基本条件为标准。老子试图以人内心的无欲和现实的知足来实现无为消费，达到回归自然的本真状态。

墨家主张节葬、非乐，近乎禁欲主义；同时也注重生产的积累。

在中国几千年的社会发展中，虽然也出现过奢侈消费的现象，如明末的物欲横流，但节俭的消费思想一直占据历史主流。

3. 美国金融危机对美式寅吃卯粮模式的冲击

美国是当今世界唯一的超级大国，生产力发达，工业化和城市化水平非常高，人民生活比较富足，国内消费需求旺盛。在财政制度与生活方式联合作用下，美国形成了寅吃卯粮的消费模式。此模式有三个特点：一、超前消费，即今天花明天的钱；二、高消费、低储蓄；三、消费无节制。

在超前消费的发展模式下，美国的消费需求不断扩大，购房“零首付”政策的刺激，更使美国的房地产行业迅猛发展，极大地推动了本国经济的增长。但同时，美国政府对金融体系缺乏监管，银行无限度的信贷与消费者高额度的负债为美国经济埋下金融危机的祸根。

2008 年，美国的次级房贷按揭还款出现问题，引发次贷危机，迅速波及整个金融界，造成美国多家投资银行破产，股市狂跌，金融体系崩盘，金融危机全面爆发，并向全球蔓延。金融危机爆发后，美国消费者的信用卡偿还能力剧减，信用卡业务全面萎缩，靠信贷为生的超前消费行为受到抑制，对美国的消费模式产生强烈的冲击。

美式消费模式的后果也引起各国的反思，在经济全球化、一体化的今天，什么样的消费模式才能科学持久，才能促进经济、社会和人文的健康发展。在当前中国，很多人盲从学习美国的“点点滴滴”，这一事件值得引起国人反思。

4. 可持续的生活方式，一种更高级的生活结构①

简朴生活、低碳生活和公正生活，是一种可持续的生活方式。

① 黄承梁，余谋昌. 生态文明：人类社会全面转型. 中共中央党校出版社，2010：131.

它的目标是可持续发展。它是一种有意义的生活，道德高尚的生活。它的主要意义是：对于个人是简单、方便和舒适；对于社会是高尚、公正和平等；对于后代是爱、责任和希望；对于自然是热爱、尊重和奉献。可持续的生活，既要满足人（现代人和子孙后代）的基本需要，人的生存、享受和发展的需要；又要满足保护地球生态系统，保护生物多样性的需要，人类消耗自然资源的速度和深度要维持在地球生态系统可承受的范围内，为现代人的幸福生活，为子孙后代的福利，为地球上千百万物种，共存共荣共享地球资源，为千秋万代开太平。可持续的生活方式是一种更高级的生活结构。

（1）人类可持续生活的路线图

人类可持续生活需要社会的强力支持，在生态文明价值观的指导下，确立公正平等的社会关系，发明创造绿色的高新技术，发明创造绿色的生产工艺，壮大绿色企业，进行绿色制造和绿色生产，开发绿色市场，动员绿色消费。反过来，绿色消费推动绿色市场，绿色市场以绿色消费为动力，推动绿色制造和绿色生产的发展，绿色制造和绿色生产推动绿色科技的发展，它们推动生态文明价值观和社会关系的巩固和发展。

这是从人类消费开始的一场革命。它从绿色消费开始，通过绿色贸易（绿色市场），推动绿色科学技术发展，推动绿色生产和绿色制造，形成绿色消费的浪潮。绿色生活建构的路线图是：绿色消费—绿色技术—绿色制造—绿色产品—绿色市场—绿色采购—绿色消费；反之，绿色消费—绿色采购—绿色市场—绿色产品—绿色制造—绿色技术—绿色消费。这是相互联系、相互作用、相互依赖、循环良性发展的绿色生活的完整体系，形成新的生活方式。

绿色科技。如创造生态工艺，实现能量分层利用、物质循环利用的循环经济的生产；创造低碳技术，如生物工程技术创造彩色棉，新材料技术，发明替代钢材和其他金属的材料；创造绿色能源和节能的生产和工艺，如太阳能、风能和核聚变能等；增加碳汇的技术，提高二氧化碳吸收（森林、草地和农田吸收二氧化碳的量）和储存和利用二氧化碳；等等。

绿色制造和绿色生产，政府和公众支持、鼓励和奖赏企业进行绿色制造，生产绿色产品，发展循环经济。

绿色市场，通过绿色消费，鼓励和支持绿色营销和绿色采购，包含有机食品、天然化妆品、服饰、住宅、家具、酒店设备等。

从科学技术到产品生产，从产品到市场，从市场到生活消费，形成绿色生活的完整结构，推动可持续发展的生活方式从低级向高级不断发展。

（2）可持续的生活方式是一种更高级的生活结构

关于“可持续消费”，联合国环境规划署 1994 年《可持续消费的政策因素》报告提出的定义是：“提供服务以及相关的产品以满足人类的基本需求，提高生活质量，同时使自然资源和有毒材料的使用量减少，使服务或产品的生命周期中产生的废物和污染物最少，从而不危及后代的需要。”作为一种新的生活方式，它强调人的基本需要和生活质量，以及后代的利益。

温家宝总理在 2010 年人大政府工作报告中指出，巩固和扩大传统消费，积极培育信息、旅游、文化、健身、培训、养老、家庭报务等消费热点，促进消费结构优化升级。

可持续的生活方式的主要特征是：简朴生活、低碳生活和公正生活。

1）它以知识和智慧的价值代替物质主义的价值。工业文明的消费生活，推崇物质财富和过度的物质享受，以高消费体现社会地位和事业成功。生态文明消费生活，物质需求以满足基本生活需要为标准，足够就可以了，不必最高最大最好；社会生活和精神生活是更加重要的。它的价值观是：拥有、利用和消费知识和智慧高的商品是符合时代的行为；创造知识和智慧高的商品成为经济增长的重要动力；发明、制造和销售知识和智慧高的商品的企业大行其道，蓬勃发展；知识和智慧高的商品成为更受消费者欢迎的畅销商品，成为真正的名牌；发明、制造和销售知识和智慧高的商品的人受到社会的尊敬，成为体面的人。

2）以适度消费取代过度消费，以简朴生活取代奢侈浪费。“简朴”以满足基本生活需要为标准，青睐绿色产品。它的口号是：“小即是美。不浪费、不奢靡”；格言是“回收利用、重复利用、更新利用”。

3）以多样性取代单一性。不同地区、不同社会层次的人，有不同的生活方式，不同的消费需求，厂家和商家要生产和销售多样性的商品，以满足消费需求多样化，商品和服务种类、质量和数量多样化，适应消费者个人兴趣和爱好，人们有更多的选择消费的自由，有利于发挥消费者个性自由和全面发展。

但是，现代社会“多样性是效益的敌人，单一性统治一切。大规模的批量生产在世界各地规定着消费尺度。这种强制统一的独裁统治比任何一种独裁统治都更具横扫千军的力量。它迫使整个世界奉行同一种生活模式，这种生活模式像复制模范消费者一样再造人类。”这已经不合时宜了。①

4）消费生活从崇尚物质转向崇尚社会和精神需求。简朴的物质生活和丰富的精神生活，它超越物质主义和享乐主义，崇尚社会、心理、精神、审美的需求；参加科学和艺术活动，旅游、娱乐和艺术欣赏；一定的社会生活、道德生活和信仰生活。这是更符合人的

---

① 爱德华多·加莱亚诺. 消费帝国：一个诱杀傻瓜的陷阱. 绿叶，2009（3）.

本性，更符合自然本性，更适应时代的潮流，是有更高生活质量的新生活。

简朴生活、低碳生活和公正生活，这是更高级的生活结构，是可持续发展的生活方式。以这种生活方式生活是建设生态文明的需要，是新生活的潮流。

第三节　循环经济形成较大规模

一、循环经济概述

循环经济是以人类可持续发展为增长目的、以循环利用的资源和环境为物质基础，充分满足人类物质财富需求，生产者、消费者和分解者高效协调的经济形态。循环经济以资源的高效利用和循环利用为核心，以减量化、再利用、资源化为原则，以低消耗、低排放、高效率为基本特征，符合可持续发展理念的经济增长模式，融清洁生产、资源的综合利用、生态设计等方面于一体，是对“大量生产、大量消费、大量废弃”的传统经济模式的根本变革，是一种生态经济。

循环经济中物质的循环包括两个层次：一是自然资源的循环；二是非自然资源或新自然资源的循环利用。当前人们常说的“3R”原则（reduce 减量化、reuse 再利用、recycle 再循环）从总体上说是节流，即尽量节约利用现有自然资源。随着人口的增长和人均消费水平的提高，由于自然资源的生成速度可以视做零，自然资源被耗竭的可能性永远存在，有些资源离耗竭的日子已为时不远，因此，循环经济中的物质循环必须包括非自然资源或新资源的开发及循环利用。非自然资源的开发和循环利用，从总体上说是开源。“3R”原则同样适用于新自然资源的使用。在技术层次上，循环经济是与传统经济活动的“资源消费—产品—废物排放”开放型物质流动模式不同的“资源消费—产品—再生资源”闭环型物质流动模式。其核心是提高资源生态环境的利用效率，它的技术经济特征是提高资源利用效率，减少生产过程的资源和能源消耗；延长和拓宽生产技术链，将污染尽可能地在生产企业内进行处理，减少生产过程的污染排放；对生产和生活使用过的废旧产品进行全面回收，可以重复利用的废弃物通过技术处理进行多次的循环利用；对生产企业无法处理的废弃物集中回收、处理，扩大环保产业和资源再生产业的规模。

循环经济有广义和狭义之分。广义的循环经济覆盖所有的以资源高效利用和环境保护为基本特征的社会生产、再生产和生活活动，涉及每个公民、每个家庭、每个社区、每个企业、每个地区乃至整个民族。例如，一个家庭的节电、节水、垃圾分类等；一幢办公大楼的节能、利用太阳能、中水利用、分布式冷热电联供等；企业的节约降耗、资源节约和综合利用、清洁生产等；社区的垃圾分类回收等，都属于广义的循环经济。狭义的循环经济则是通过废物资源化来发展经济，相当于“废物经济”、“垃圾经济”范畴。我国要推进的循环经济，不应属于狭义的循环经济范畴。

对处于工业化和城市化加速阶段、人均资源占有量不足的我国来说，循环经济首先是资源节约战略。循环经济追求的不是简单地降低资源消耗，而要使资源尽可能得到高效利用和循环利用，从而达到提高资源利用效率和效益的目的。传统的大量生产、大量消费、大量废弃的工业化模式，我国不能照搬。在资源约束的条件下，我们必须将节约放在优先位置。资源利用的减量化和废旧物资的回收利用，一直是我国资源节约的主要手段，也是循环经济的重要内涵。

减少污染物排放是循环经济的另一个题中之义。工业污染防治的最初措施是“末端治理”。这是一种只投入不产生经济效益的措施，即使在发达国家也已改变了这种费而不惠的技术路线。清洁生产强调生产的全过程控制，从源头削减污染物的产生和排放。实际上，这也是企业循环经济的主要内容。如果说清洁生产主要在企业内部施行的话，循环经济则可以在更大的空间范围内配置资源：通过延长产业链，将上游的废物变成下游的原料，以及能源的梯级利用，变废为宝，化害为利。比如，火电厂的粉煤灰是固体废弃物，但可以用来生产多种建材，变成具有市场价值的商品，从而实现经济效益和环境效益的有机统一。

在市场经济日臻完善、政府职能转变的条件下，我国推进循环经济发展的实质，是用发展的思路解决资源约束和环境污染矛盾，降低发展成本，以尽可能少的资源消耗、尽可能小的环境代价实现我国的工业化、城市化和现代化。

二、循环经济在发达国家的成功实践

20世纪90年代，德国、美国等发达国家开始循环经济的实践。迄今，美国、丹麦、德国、日本等发达国家已形成本国特有的循环经济发展模式。

（1）美国的杜邦模式。美国杜邦公司将循环经济的“减量化、再利用、资源化”三原则与化学工业相结合，创造出“3R制造法”，3R是Reduce（减量化）、Reuse（再利用）和Recycle（再循环）的完美结合，大大减少了废弃物的排放量，实现了企业内部的生态平衡。杜邦模式是企业内部循环经济的成功模式，为世界企业的发展提供了经验。

（2）丹麦的卡伦堡工业园区模式。丹麦的卡伦堡工业园区以电厂、炼油厂、制药厂和石膏板生产厂为四大主体企业，通过能量和物质转换，使一家工厂的废弃物成为另一家的生产资源，促进了资源的循环利用，减少了废弃物的排放，实现了区域的生态平衡。

（3）德国的双元回收系统（DSD）模式。德国是世界上最早实行循环经济的国家之一，1991 年制定了《包装废弃物处理法》，1994 年又制定了《循环经济和废弃物处置法》，开展对废弃物的循环利用，形成了双元回收系统（DSD）模式。该系统首先对企业的废弃物进行分类，然后送至相应的资源再利用厂家进行资源回收利用。此模式提高了资源的利用率，实现了产品链的生态平衡，成为循环经济的典型模式。

（4）日本的立法推进模式。日本在 2000 年发布《促进建立循环型社会基本法》，随后出台《固体废弃物管理和公共清洁法》、《促进资源有效利用法》等第二层次的法律。从 2001 年起，又陆续颁布《家电循环法》、《汽车循环法案》、《建筑及材料回收法》、《食品回收法》及《绿色采购法》等与具体行业和产品相关的第三层次的法律，建立了多层次的循环经济法律体系，成为目前世界上循环经济法律体系最为完善的国家之一。在法律的推动下，日本建立了废物回收系统、废物拆解、利用系统和无害化处理系统，实现了循环经济的发展。

发达国家在发展循环经济的过程中，成功地实现了企业污染的最低度排放、区域工业系统内企业间废弃物的相互交换以及产品消费后物质和能量的循环，极大地提高了资源和环境的配置率，实现了经济效益和生态效益的统一，为发展中国家发展循环经济提供了可资借鉴的宝贵经验。

三、循环经济在我国的理论与实践

1. 我国循环经济的理论研究

1998 年，我国引入德国循环经济的概念，受到学术界的强烈关注，学术界随即展开对循环经济的理论研讨。2002 年后，与循环经济相关的研究论文迅速增加，迄今为止形成数千文章规模，形成了循环经济理论研究的热潮，在循环经济的概念、原则和发展路径等多方面取得一定成果。

关于循环经济的概念，学者们提出了以下几种认识：① 循环经济是一种理想的生态型经济发展模式，循环型社会是一种生态型社会。[①]② 循环经济是以资源节约和循环利用为特征的经济形态，是一种资源循环型经济。[②]③ 循环经济是集经济、技术和社会于一体的世界系统工程经济，以环境与资源保护法规制度、绿色制度和开发绿色技术措施及开展循环回收利用等活动为发展推动力。[③]三种定义微有差异，但都承认物质、能量梯次和闭路循环是循环经济的基本特征，都指出了循环经济节约资源、保护环境的内在本质。

对循环经济的原则，学者也有不同的认识，代表性的看法有以下四种。① 减量化（Reduce）、再使用（Reuse）、再循环（Recycle）的"3R"原则。[④]② 减量化（Reduce）、再使用（Reuse）、再循环（Recycle）、再组织原则（Reorganize）的"4R"原则。[⑤]③ 减量化（Reduce）、再使用（Reuse）、再循环（Recycle）、可再生（Renewable）、可替代（Replace）、恢复与重建（Recovery）的"6R"原则。[⑥]④ 算

① 崔铁宁，朱坦. 国家生态市建设指标分析及建议. 中国环境管理，2003（5）.
② 谢旭人. 发展循环经济实现可持续发展. 节能与环保，2003（3）.
③ 翟峰. 国土经济"循环经济"探微. 国土经济，2002（12）.
④ 诸大建. 可持续发展呼唤循环经济. 科技导报，1998（9）.
⑤ 崔铁宁，朱坦. 国家生态市建设指标分析及建议. 中国环境管理，2003（5）.
⑥ 李赶顺. 发展循环经济实现经济与环境的"双赢". 河北大学学报（哲学社会科学版），2002（3）.

账（Reckoning）、调整（Readjust）、重构（Reconstruct）的新“3R”原则。[①]这些原则在不同层面指出了循环经济发展过程中的要求。

至于循环经济在我国的发展路径，学者们分别从宏观和微观的角度进行了探讨。综合而言，主要集中在加强循环经济的宣传教育，建立相关法律法规，加大污染治理、废物利用方面的科技创新力度、创立示范工业园区、加强国内外合作等五大方面。

我国循环经济的理论研究虽取得一定成绩，但微观研究还不深入，有待进一步发展。

2. 我国循环经济的实践[②]

循环经济是最大限度地利用资源和保护环境的经济发展模式。加快推进循环经济发展是落实科学发展观的重大举措，是建设资源节约型和环境友好型社会的有效途径，是解决资源环境“瓶颈”约束的根本性措施，是实现经济又好又快发展的必然选择。

国家《国民经济和社会发展第十一个五年规划纲要》把发展循环经济作为“十一五”时期的重大战略任务，将单位 GDP 能耗降低 20%、主要污染物排放总量减少 10%作为约束性目标。国务院印发了《关于加快发展循环经济的若干意见》，这是我国发展循环经济的纲领性文件。温家宝同志主持召开国务院常务会议，专题研究部署发展循环经济工作。国务院召开了全国循环经济电视电话会议。近年来，有关部门和地方政府按照党中央、国务院的部署，把发展循环经济作为调整经济结构、转变发展方式的重要抓手，放在更加突出的位置，采取一系列措施，取得积极进展。短短几年时间，循环经济从理念变为行动，在全国范围内得到迅速发展。

---

① 丁同玉. 发展循环经济的宏观措施之我见. 经济师，2004（3）.

② 解振华. 中国循环经济年鉴 2008. 中国财政经济出版社 2008 年版.

一是立法取得显著进展。新修订的《节约能源法》已正式颁布施行；《循环经济促进法》已于 2008 年 8 月 29 日全国人大常务委员会会议审议通过，2009 年 1 月 1 日起实施；有关配套法规正在抓紧制定，《废弃电子电器回收处理管理条例》即将颁布。北京、上海、山东等 17 个省市制定了发展循环经济的地方性法规。

二是政策体系逐步完善。国家相继出台了一系列促进循环经济发展的经济政策，如将差别电价收入留给地方政府，用于结构调整和节能减排。中央财政设立节能专项资金，通过“以奖代补”方式支持企业节能技术改造。修订调整了《资源综合利用目录》和税收优惠政策，提高生活垃圾、污水处理收费及排污收费标准，增加了木制一次性筷子、实木地板等产品消费税等，最近又研究出台了鼓励利用电石渣生产水泥政策。

三是示范试点工作深入开展。经国务院批准，2005 年以来，国家发展和改革委员会同有关部门先后开展了两批循环经济示范试点。目前，第一批循环经济试点取得了初步成效，形成了一批典型企业；再生资源循环利用体系逐步完善；产业园区循环经济发展模式初步形成；全社会资源循环利用体系有了雏形。第二批示范试点已进入全面实施阶段；汽车零部件再制造试点工作已全面展开。在国家循环经济试点工作引导下，全国大部分省市结合本地区实际开展了循环经济试点工作。

四是技术支撑作用逐步增强。编制了钢铁等 10 个行业循环经济支撑技术。纯低温余热发电、高炉炉顶压差发电、电石渣干法制水泥、高炉回转炉消纳社会废物等一批先进适用技术得到广泛应用。一批成熟的农业循环经济技术在广大农村得到推广应用。基于激光、纳米和自动化表面工程等高尖端技术的基础上发展起来的具有中国特色的绿色再制造工艺，已达到国际先进甚至领先水平，并已广泛应用于汽车零部件再制造。

五是基础工作得到加强。循环经济基础理论研究取得积极进展，形成一批循环经济研究成果。国家发展改革委、国家环保总局、国家统计局共同发布了循环经济评价指标体系。到目前为止，已发布火电、磷肥、铅锌、轮胎、包装等 24 个清洁生产评价指标体系和 25 项行业清洁生产标准。组织对钢铁、有色金属、煤炭、氯碱、水泥五个行业和天津开发区、苏州高新区、蒙西园区三类工业园区发展循环经济模式进行研究。

六是循环经济模式初步形成。在循环经济试点的基础上，探索企业、企业间或园区、社会三个层面的循环经济发展模式。在高耗能、高排放行业的不同企业，在不同类型的产业园区，初步形成了各具特色的循环经济发展模式。根据不同的土地、资源情况和农业生产条件，探索了农业循环经济发展模式。

七是循环经济理念逐步深入人心。近几年围绕大力发展循环经济主题，开展了形式多样的系列宣传教育活动，各类媒体加大了循环经济理念、实践和先进典型经验的宣传力度。通过论坛、培训、技术交流会、展览会及普及宣传等形式，循环经济理念逐步深入人心，社会氛围愈加浓厚。

经过各方面的努力，我国循环经济发展取得积极成效。试点单位资源消耗、污染物排放量大幅度下降。重点行业单位产值能耗物耗逐步降低，资源循环利用水平和“三废”综合利用率有较大提高，污染物排放得到一定程度的控制。2007 年，我国能源产出率为 8 621 元/吨标准煤，同比增长 3.7%；工业固体废弃物综合利用率已达 62.8%，同比增长 2.6%；万元工业增加值用水为 142 立方米，同比下降 6.6%；城市垃圾无害化处理率为 56%，同比增加 4 个百分点；钢产量近四分之一来源于废钢，水泥原料的 20%来自固体废弃物，纸浆产量近三分之一来自再生资源。

在取得成绩的同时，我们也清醒地看到，目前我国发展循环经济的法律法规体系有待完善，鼓励发展循环经济的政策机制还不健全，循环经济统计监测、考核制度及标准体系不完善，发展循环经济缺乏关键技术支撑，离党的十七大提出的“循环经济形成较大规模”的要求差距很大。

关联案例 1：兖矿集团循环经济发展模式[①]

被誉为“共和国脊梁”的煤炭产业，在中国一次性能源消费的比例中占到近 70%，在国民经济布局优化调整中发挥着不可替代的作用。但是，中国多数煤炭企业产业结构单一，产品多属于初级加工品，缺少高附加值产品；忽视矿产资源的综合开发利用，造成煤炭资源衰竭时间的不断提前；缺乏生态环境和循环经济的考虑，对环境造成严重破坏，对资源造成极大的浪费。循环经济也称资源循环经济，是将所生产的资源通过回收、再生等方式获得使用价值，实现循环利用。通过资源消耗的减量化、再利用和资源再生化，形成“资源消费—产品—再生资源”的闭环型物质流动模式。对于煤炭企业，可以从煤炭产品延伸到煤化工、电力等下游产业，实现产业链条的延长以及废旧产品的回收处理和再生；同时拓宽技术体系，将生产过程中产生的废弃物进行回收利用和无害处理，构建循环经济发展模式，实现煤炭企业经济、环境的可持续发展。

兖矿集团经过多年的积极探索和实践，由原先的煤炭开采型企业，逐渐发展成为煤炭开采、煤化工、煤电铝等多业并举的大型企业集团，循环经济也初具规模。兖矿集团在延伸产业链，构建循环经济发展模式的过程中，始终坚持“3R”原则，促使各产业链持续、

① 刘满芝，杨继贤. 兖矿集团循环经济发展模式及其启示. 洁净煤技术，2006，12（1）.

稳定的发展，形成了以主产业为纵向主链条，其他产业，如综合利用、环保、生态等作为横向补充的可持续发展的循环经济产业链。兖矿集团循环经济发展模式如图 2-3-1 所示。

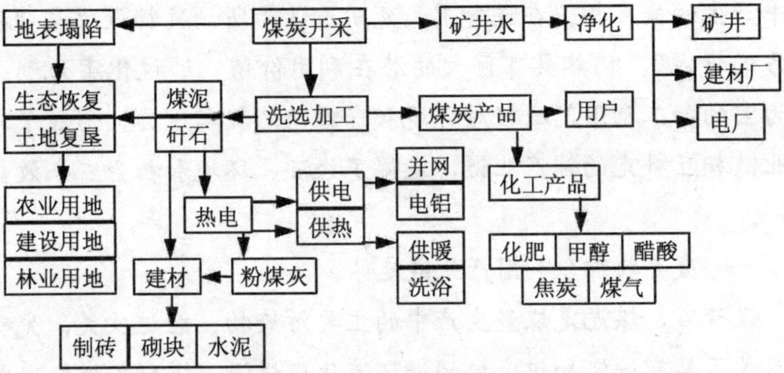

图 2-3-1　兖矿集团循环经济模式图

主产业链延伸

多年来，兖矿集团本着建成“中国最大的煤炭生产和出口煤基地，世界一流的洁净煤基地”的战略目标，致力于延长煤炭产业链、进行煤炭产品深加工方面的研究和探索。纵向形成了“煤—煤化工”和“煤—电—铝”两条产业链，先后建有与生产矿井配套的洗煤厂、焦化厂、甲醇厂、醋酸厂、生产合成氨和尿素地化肥厂、煤泥煤矸石电厂、电解铝厂。

原煤通过洗煤厂洗选加工成洁净煤后再进入市场，向社会提供了清洁能源；坑口电厂投产运行不仅解决了煤泥、煤矸石出路问题，还可以并网发电，为高耗电的电解铝厂提供电能，创造了良好的经济和社会效益。兖矿集团通过延伸产业链，把不同煤种、品质的煤炭进行深加工、再利用，形成了煤化工、电力、电解铝等高附加值产品，实现了多元化经营，提高了经济效益，促进了循环经济的良性发展。

辅产业链延伸

兖矿集团非常注重煤炭开采、洗选加工和其他主要产品生产过程中产生的废弃物。在观念上，兖矿人认为所谓废物仅仅是“放错地方的资源”，仍然具有巨大的潜在利用价值，通过化害为利、变废为宝的加工利用，减轻对环境和资源的消耗与压力，形成了与主产业链相互补充的辅产业链，获得了经济、环境和社会三个效益的统一。

——废弃物综合利用产业链延伸

煤矸石、煤泥是煤炭生产中的主要污染物。经过攻关，兖矿集团形成了具有一定知识产权的循环流化床煤泥、煤矸石燃烧发电技术，建成了中国第一座煤矸石、煤泥综合利用电厂。目前，已建成综合利用电厂 8 座，在此基础上建成了中国规模最大的煤矸石、煤泥综合利用基地。不仅可以给高耗电的电解铝厂供应电能，也可以为供暖和洗浴提供热能。形成了“煤矸石、煤泥—热电”产业链。

兖矿集团以煤矸石电厂产生的新污染物炉渣为主要原料，开发研制出新型墙体、屋面保温和防水等材料，以及彩色花砖等系列产品。家住兴隆庄镇（兖矿集团兴隆庄矿驻地）的孙志成高兴地说：“原来的矸石山尘土飞扬，尤其是夏天，出去一趟汗水加尘土，弄得灰头土脸。现在好了，煤矸石变成了空心砖，成了盖房子的好材料”。一位普通百姓用朴实的语言形象地描绘了兖矿集团“灰渣、矸石—建材厂—建材产品”产业链的美好场景。

——生态恢复产业链延伸

利用生态循环原理，在塌陷地上建立生态循环系统，以塌陷地为主，围绕农牧、水产养殖、水上公园等产业，形成新的产业链。

目前兖矿集团各矿井排放的矸石不再堆积到矸石山上，而是直接排放到塌陷区，采用煤矸石充填复垦工艺，治理塌陷地为土地资源，用于农林种植、水产养殖或建设用地。形成了“煤矸石—充填复垦—土地资源”产业链。

兖矿集团把矸石山绿化、塌陷地复垦相结合进行造景，修建了具有湖光山色，亭台楼榭，遥相呼应，三季草青青，四季绿相随，处处体现出闲情雅致的公园，成为了矿山工业旅游的一道亮丽的风景线，形成了“煤矸石—塌陷地—造景—工业旅游”产业链。

——废水复用产业链延伸

矿区废水主要指矿井水、生活污水和洗煤水。洗煤水按照环保法规实现了一级闭路循环，该循环在洗煤厂内部完成，相对较为单一，形成了“洗煤水—处理—洗煤水”闭路循环产业链。生活污水处理后主要用于绿化和水产养殖，和其他企业的中水回用模式一样，形成了“生活污水—处理站—中水回用”产业链。

而矿井水作为煤炭企业特有的一种宝贵的资源，经过澄清、过滤和消毒处理后，用途较为广泛。基本涉及了兖矿集团各大生产系统用水，主要用于建材厂用水、电厂冷却水、选煤厂补充水、工厂绿化喷灌、冲厕、消防用水和井下采煤用水等。兖矿集团 2004 年矿井水综合利用率达到了 68%，形成了“矿井水—水处理站—供水”产业链。

综合效益分析

循环经济与一般的建设项目在本质上有很大的不同，它们是建立在不同理念基础之上的不同的工业经济体系，经济分析极为复杂，也没有成熟的方法、模式和指标体系，很难以精确的方法进行量化分析。本部分是对兖矿集团循环经济建设经济、环境和社会效益进行初步分析，以期可以对循环经济建设的各项成本与收益进行初步的核算，用于评估循环经济建设的成效。

经济效益方面，兖矿集团循环经济规划年目标利润为 2 亿元，2004 年，仅热电厂就创造利润 3 500 万元，取得了可观的经济效益。

环境效益方面，兖矿集团利用电厂余热集中供暖，形成 2 260 万平方米的供热能力，并利用余热资源兴建了 20 000 余平方米的水产养殖基地。对煤炭洗选过程中产生的污水，公司进行回收后处理复用，建成了每年处理矿井污水 1 900 万立方米的污水处理站，污水处理率为 100%，排放达标率为 100%。取消了 17 台中小型燃煤供热锅炉，年节约煤炭近 7 万吨，完全杜绝了烟尘和二氧化硫排放，同时也较大地提高了煤炭的利用效能，实现了良好的环境效益。

社会效益方面，发展循环经济增加就业岗位，通过延伸产业链，安排就业人数达 3 万人，解决富余人员分流和新增劳动力就业的压力，而且提高了居民的收入，为地方全面建设和谐社会起到一定的作用。

建设投资分析，为实施循环经济建设项目需要在基础设施方面大量投资，包括新增投资、更新改造投资和管理费用、人才培训费等以及生态环境基础设施占用土地的机会成本等，继而拉动国民经济的增长。

结合以上几个方面因素，通过综合效益分析，循环经济建设可以改进环境绩效，增进经济绩效，增强社会绩效，使兖矿集团获得良好的综合效益。

发展循环经济，是 21 世纪全球经济呈现出的新态势。兖矿集团的实践证明，发展循环经济有利于提高经济增长质量，有利于保护环境、节约资源，是走新型工业化道路的具体体现，是转变经济发展模式的现实需要，是一项符合煤炭企业实际情况、有利于经济良性发展的事业。兖矿集团的产业之间有很大的关联度，将上游产业链污染排放物作为下游产业链的原料进行加工，生产出相关的产品，让资源循环利用，为中国众多煤炭企业的循环经济发展提供了可借鉴的经验。

关联案例 2：济钢集团大力发展循环经济，建设生态文明

济钢集团（以下简称“济钢”）始建于 1958 年。职工 3.8 万人。资产总额 500 亿元。产品以中板、中厚板、热轧薄板、冷轧薄板为主。2008 年，生产钢 1 121 万吨、钢材 1 085 万吨；出口钢铁产品 116 万吨，创汇 11.3 亿美元，进出口贸易总额 24.6 亿美元。获得了“国家环境友好企业”、“全国绿化模范单位”、“中国钢铁工业清洁生产环境友好企业”荣誉称号。济钢股份公司获得了中国蓝筹公司百强、蓝筹钢铁企业十强、中国上市公司金牛奖百强称号。

1. 济钢建设生态文明具体举措

（1）转变认知视角，以生态文明理念引领创新方向

20 世纪 90 年代中后期，济钢面临着来自市场、环境、经济、社会等多方面的压力，企业生存和发展受到严重制约。面对重压，济钢站在有利于企业发展和生态环境改善的高度，努力探索既能提升市场竞争力，又能增强可持续发展能力的新途径。

通过对钢厂物料平衡和能源介质转换的分析研究，济钢发现能耗、物耗占到钢铁产品总成本的 70%以上，降低成本的主要空间在于节能降耗。节能降耗不仅能够增加效益，还能从源头上消除污染。

基于以上认知，济钢将解决资源与环境的矛盾、建设生态文明上升到企业发展战略的高度，进行科学规划，系统分步实施，先后经历了以成本为关注点的节能降耗、挖潜增效阶段，以环境为关注点的清洁生产阶段，以转变发展方式为关注点的循环经济阶段，逐步形成了“以价值创新为核心，以观念创新为先导、技术创新为支撑、管理创新为保证，实施资源化治理、分布式治理、系统化治理，实现资源高效利用、能源高效转化、代谢物高效再生，追求企业效

益、环境效益、社会效益和谐统一，建设资源节约型、环境友好型、自主创新型企业”的钢铁企业循环经济模式，努力构建与城市和谐共生、友好共赢的“都市型钢厂”。

（2）实施三种治理，提升资源能源利用率

1）对二次能源实施系统化治理。围绕推进清洁生产、节能降耗，挖潜二次能源利用潜力，研究确立了开发钢铁企业清洁能源转换功能、实施分布式发电、实现余热余能高效利用的思路。着眼于全流程能源系统的优化，实现了高热值煤气的有效节约和低热值煤气的充分利用。

2）对工业用水实施分布式治理。济钢基于“节水可以降低成本”、“节水就是节能”、“节水就是保护环境”的认识，把用水量作为钢铁企业能源资源高效利用的标志，坚持以技术进步促进用水方式的变革，促进了水耗持续降低。2007 年建成了日处理能力 3.34 万吨的生产综合污水处理及回用工程，处理后的水回用于生产工艺系统，具备了外排水为“零”的条件。

3）对污染物和废弃物实施资源化治理。烟尘、粉尘是钢铁企业十分突出的污染。济钢加强环保治理，增上除尘设备，减少了污染排放；同时，以循环经济的理念为指导，对烟尘粉尘实施资源化治理，对其收集后返回工序利用，使环保对经济效益的影响由“减法”转变为“加法”。

（3）关注社会责任，积极承担环保义务

充分发挥钢铁企业循环经济的优势，向社会延伸循环经济的链条。回收社区生活污水，处理后用于生产和绿化，目前济钢社区的生活污水得到了全部回收利用；在烧结工序配加济南裕兴化工厂铬渣，进行无害化处理，累计消化铬渣 23 多万吨，解决长期困扰济南市的环保难题。对电解铝厂赤泥进行资源化开发，建成了炼钢脱硅剂、赤泥造球项目，可有效解决电解铝厂赤泥污染环境、大量占用农田问题。随着自主创新能力的提升，济钢干法熄焦等一批具有自主知识产权的清洁节能技术先后输出多家企业，开始在冶金行业发展循环经济中发挥带动作用。

2. 济钢生态文明效果

（1）实现了资源能源高效利用和代谢物高效再生

• 资源高效利用。10余年来，轧钢成材率提高近5个百分点，相当于同等坯料累计多产钢材150万吨。工业用水复用率由1995年的90.3%提高到2008年的97.9%；吨钢综合耗新水下降到3.18立方米，降低86%，处于行业先进水平，比行业平均水平低37.5%；在年产钢增长5.6倍、铁增长4.2倍、钢材增长9.7倍的情况下，耗新水总量减少144万立方米。

• 能源高效转化。2008年吨钢综合能耗降到了595千克标准煤，比行业平均水平低34.5千克标准煤；比10年前降低了51%。2008年各项余热余能发电26.5亿千瓦时，满足生产用电的比例达到了一半以上。济钢被山东省政府授予“全省节能突出贡献企业”荣誉称号。

• 代谢物高效再生。以冶金炉渣为主要原料生产矿渣微粉、钢渣微粉，将工序中产生的含铁粉尘、尘泥回收后返回烧结工序作为原料循环利用。2008年生产矿渣微粉164万吨，实现销售收入超过了2亿元。通过循环利用，实现了废物资源化、轧钢加热炉和烧结机点火无油化、锅炉无煤化、取暖制冷余热化的“四化”。

（2）实现了企业生产发展、生态良好、生活幸福

10余年来，济钢发展步伐不断加快，成为竞争实力比较强大、可持续发展能力比较强劲的千万吨级特大型钢铁联合企业。

10余年来，生态环境显著改善，绿色济钢的形象逐步树立起来。济钢先后荣获了省级清洁文明工厂、省级环境友好企业、中国钢铁

工业清洁生产环境友好企业、国家环境友好企业、国家绿化模范单位称号。

10余年来，职工生活越来越好，凝聚力越来越强。

3．济钢生态文明价值观

济钢在建设生态文明的实践中逐渐形成了一系列新的企业文化理念。他们提出的一些口号带有强烈的生态文明意识——“钢厂无废物”；“污染物和废物是放错了位置的资源”；“创意无限，资源无限”；“只有落后的技术，没有废弃的资源”；“节水就是节能，节水就是保护环境”；“企业不消灭污染，污染就消灭企业”；“保护生态环境是企业义不容辞的社会责任”；“发展生产绝不能以牺牲环境为代价”；“钢铁企业不仅是产品制造者、社会财富的创造者，而且是建设生态文明的主体，是构建和谐社会最具活力的细胞”。

济钢精心培育形成了以“可尊，可信，共创，共赢”为核心价值观、突出“人和，物和，利和，心和”和谐主题的优秀企业文化。其中“物和”就是尊重客观规律，重视企业生产经营活动中各种物态之间的和谐关系，以天人合一的理念，关注资源能源可供性、环境生态和谐性的可持续发展命题，实现企业与环境友好，走生产发展、生活富裕、生态良好的新型工业化道路。

第四节　可再生能源比重显著上升

一、可再生能源概述

1．可再生能源的基本含义与特征

可再生能源，指通过天然或人工手段可再生、取之不尽、用之不竭的能源，如太阳能、地热能、风能、氢能、海洋能、生物质能等，不包含常规能源和大型水力发电。可再生能源具有以下基本特征：第一，可再生，可供人类永续利用；第二，资源丰富，分布广泛；第三，清洁干净，对环境没有危害或危害极小；第四，能量密度较低，且高度分散；第五，开发难度大；第六，初期开发成本高，后期运行成本低。

2．若干可再生能源简介

（1）太阳能。一般指太阳光的辐射能量。在太阳内部进行的由“氢”聚变成“氦”的原子核反应，不停地释放出巨大的能量，并不断向宇宙空间辐射能量，这种能量就是太阳能。太阳内部的这种核聚变反应，可以维持几十亿年至上百亿年的时间。太阳向宇宙空间发射的辐射功率为 $3.8\times10^{\sqrt{23}}$ 千瓦的辐射值，其中二十亿分之一到达地球大气层。到达地球大气层的太阳能，30%被大气层反射，23%被大气层吸收，其余的到达地球表面，其功率为 800 000 亿千瓦，也就是说太阳每秒钟照射到地球上的能量就相当于燃烧 500 万吨煤释放的能量。平均在大气外每平方米面积每分钟接受的能量大约 1 367 瓦。广义上的太阳能是地球上许多能量的来源，如风能，化学能，水的势能等。狭义的太阳能则限于太阳辐射能的光热、光电和光化学的直接转换。

人类对太阳能的利用有着悠久的历史。我国早在两千多年前的战国时期，就知道利用钢制四面镜聚焦太阳光来点火；利用太阳能来干燥农副产品。发展到现代，太阳能的利用已日益广泛，它包括太阳能的光热利用，太阳能的光电利用和太阳能的光化学利用等。太阳能的利用有光化学反应，被动式利用（光热转换）和光电转换两种方式。太阳能发电是一种新兴的可再生能源利用方式。

（2）风能。是利用风力机将风能转化为电能、热能、机械能等各种形式的能量，用于发电、提水、助航、制冷和致热等。风力发电是主要的风能开发利用方式。中国的风能总储量估计为 1.6×$10^{\sqrt{9}}$ 千瓦，居世界第三位，有广阔的开发前景。风能是一种自然能源，由于风的方向及大小都变幻不定，因此其经济性和实用性由风车的安装地点、方向、风速等多种因素综合决定。

（3）地热。是指来自地下的热能资源。我们生活的地球是一个巨大的地热库，仅地下 10 千米厚的一层，储热量就达 1.05×$10^{\sqrt{26}}$ 焦耳，相当于 9.95×$10^{\sqrt{15}}$ 吨标准煤所释放的热量。地热能在世界很多地区应用相当广泛。老的技术现在依然富有生命力，新技术业已成熟，并且在不断地完善。在能源的开发和技术转让方面，未来的发展潜力相当大。地热能是天生就储存在地下的，不受天气状况的影响，既可作为基本负荷能使用，也可根据需要提供使用。

（4）海洋能。通常指蕴藏于海洋中的可再生能源，主要包括潮汐能、波浪能、海流能、海水温差能、海水盐差能等。海洋能蕴藏丰富，分布广，清洁无污染，但能量密度低，地域性强，因而开发困难并有一定的局限。开发利用的方式主要是发电，其中潮汐发电和小型波浪发电技术已经实用化。波浪能发电利用的是海面波浪上下运动的动能。1910 年，法国的普莱西克发明了利用海水波浪的垂直运动压缩空气，推动风力发动机组发电的装置，把 1 千瓦的电力送到岸上，开创了人类把海洋能转变为电能的先河。目前已开发出 60～450 千瓦的多种类型波浪发动装置。

（5）生物质能。是指植物叶绿素将太阳能转化为化学能贮存在生物质内部的能量，目前发展中的开发利用技术主要是，通过热化学转换技术将固体生物质转换成可燃气体、焦油等，通过生物化学转换技术将生物质在微生物的发酵作用下转换成沼气、酒精等，通过压块细密成型技术将生物质压缩成高密度固体燃料等。

二、世界和中国可再生能源现状

可再生能源是可以永续利用的能源资源，如水能、风能、太阳能、生物质能和海洋能等，不存在资源枯竭问题。随着越来越多的国家采取鼓励可再生能源的政策和措施，可再生能源的生产规模和使用范围正在不断扩大，2007 年全球可再生能源发电能力达到了 24 万兆瓦，比 2004 年增加了 50%。2007 年至少有 60 多个国家制订了促进可持续能源发展的相关政策，欧盟已建立了到 2020 年实现可持续能源占所有能源 20%的目标。2007 年，全球并网太阳能发电能力增加了 52%，风能发电能力增加了 28%。全球大约有 5 000 万个家庭使用安放在屋顶的太阳能热水器获取热水，250 万个家庭使用太阳能照明，2 500 万个家庭利用沼气做饭和照明。

可再生能源比重的提升传递着“绿色经济”正在兴起的信息，2012 年《京都议定书》到期后新的温室气体减排机制将进一步促进绿色经济的全面发展。

中国除了水能的可开发装机容量和年发电量均居世界首位之外，太阳能、风能和生物质能等各种可再生能源资源也都非常丰富。中国太阳能较丰富的区域占国土面积的 2/3 以上，年辐射量超过 6 000 兆焦/米^2，每年地表吸收的太阳能大约相当于 1.7×10^4 亿吨标准煤的能量；风能资源量约为 32 亿千瓦，初步估算可开发利用的风能资源约 10 亿千瓦，按德国、西班牙、丹麦等风电发展迅速的国家的经验进行类比分析，中国可供开发的风能资源量可能超过 30 亿千瓦；海洋能资源技术上可利用的资源量估计为 4 亿～5 亿千瓦；地热资源的远景储量为 1 353 亿吨标准煤，探明储量为 31.6 亿吨标准煤；现有生物质能源包括秸秆、薪柴、有机垃圾和工业有机废物等，资源总量达 7 亿吨标准煤，通过品种改良和扩大种植，生物能的资源量可以在此水平上再翻一番。总之中国可再生能源资源丰富，具有大规模开发的资源条件和技术潜力，可以为未来社会和经济发展提供足够的能源，开发利用可再生能源大有可为。

2006年年底，中国可再生能源年利用量总计为2亿吨标准煤(不包括传统方式利用的生物质能)，约占中国一次能源消费总量的8%，比2005年上升了0.5个百分点，这为2010年可再生能源占全国一次性能源10%的目标迈出了坚实的一步。

根据中国中长期能源规划，2020年之前，中国基本上可以依赖常规能源满足国民经济发展和人民生活水平提高的能源需要，到2020年，可再生能源的战略地位将日益突出，届时需要可再生能源提供数亿吨乃至十多亿吨标准煤的能源。因此，中国发展可再生能源的战略目的将是：最大限度地提高能源供给能力，改善能源结构，实现能源多样化，切实保障能源供应的安全。

三、发展可再生能源的意义

再生能源是重要的能源资源，开发利用可再生能源具有以下重要意义：

1. 开发利用可再生能源是落实科学发展观、建设资源节约型社会、实现可持续发展的基本要求

充足、安全、清洁的能源供应是经济发展和社会进步的基本保障。我国人口众多，人均能源消费水平低，能源需求增长压力大，能源供应与经济发展的矛盾十分突出。从根本上解决我国的能源问题，不断满足经济和社会发展的需要，保护环境，实现可持续发展，除大力提高能源效率外，加快开发利用可再生能源是重要的战略选择，也是落实科学发展观、建设资源节约型社会的基本要求。

2. 开发利用可再生能源是保护环境、应对气候变化的重要措施

目前，我国环境污染问题突出，生态系统脆弱，大量开采和使用化石能源对环境影响很大，特别是我国能源消费结构中煤炭比例偏高，二氧化碳排放增长较快，对气候变化影响较大。可再生能源清洁环保，开发利用过程不增加温室气体排放。开发利用可再生能源，对优化能源结构、保护环境、减排温室气体、应对气候变化具有十分重要的作用。

3. 开发利用可再生能源是建设社会主义新农村的重要措施

农村是目前我国经济和社会发展最薄弱的地区，能源基础设施落后，全国还有约 1 150 万人没有电力供应，许多农村生活能源仍主要依靠秸秆、薪柴等生物质低效直接燃烧的传统利用方式提供。农村地区可再生能源资源丰富，加快可再生能源开发利用，一方面可以利用当地资源，因地制宜地解决偏远地区电力供应和农村居民生活用能问题，另一方面可以将农村地区的生物质资源转换为商品能源，使可再生能源成为农村特色产业，有效延长农业产业链，提高农业效益，增加农民收入，改善农村环境，促进农村地区经济和社会的可持续发展。

4. 开发利用可再生能源是开拓新的经济增长领域、促进经济转型、扩大就业的重要选择

可再生能源资源分布广泛，各地区都具有一定的可再生能源开发利用条件。可再生能源的开发利用主要是利用当地自然资源和人力资源，对促进地区经济发展具有重要意义。同时，可再生能源也是高新技术和新兴产业，快速发展的可再生能源已成为一个新的经济增长点，可以有效拉动装备制造等相关产业的发展，对调整产业

结构，促进经济增长方式转变，扩大就业，推进经济和社会的可持续发展意义重大。

关联案例：甘肃兰州建国际太阳能技术转让中心①

2005年年底，经中国政府代表和联合国工发组织代表在维也纳签字批准，在甘肃自然能源研究所的基础上，成立了全球唯一的“联合国工业发展组织国际太阳能技术促进转让中心”。

2009年11月，联合国工业发展组织国际太阳能技术促进转让中心大楼竣工。中心大楼装备了先进的太阳能光伏、光热等相关技术装备，配备了一系列太阳能研发领域的仪器设备，建有太阳能光热利用、光伏发电、建筑设计、水处理、风能应用、生物质能和太阳能产品性能质量检测等十多个专业研究实验室。同时，大楼综合集成了7项太阳能等节能示范新技术，节能效率在80%以上。中心大楼被称为“当今太阳能技术与建筑结合当之无愧的典范”。

这个机构的成立，旨在促进和转化中国乃至全球成熟、实用、先进太阳能等可再生能源技术，提高发展中国家在太阳能技术、产品与设备生产应用等方面的能力。通过对发展中国家太阳能等再生能源技术方面的人力资源培训活动，提高中国和发展中国家有关公共机构和个人的技术水平与能力。同时，通过在发展中国家建立试验示范基地，促进太阳能技术的广泛推广和应用。其目标指向其他发展中国家转让这里具有的中国已经开发的适合其他发展中国家的知识和技术。

甘肃拥有丰富的风能和太阳能资源。目前风力发电总装机容量近200万千瓦，到2020年将突破3 000万千瓦。

---

① 选编自：殷春永，张玉玺. 兰州国际太阳能技术转让中心大楼竣工. 中国新闻网，2009年11月14日电。

第五节　生态环境质量明显改善

一、生态环境质量及其问题

1. 生态环境质量的概念

生态环境质量是指生态环境的好坏程度，是人类以生态学为基础对生态环境的性质和变化状态的一种评定，反映生态环境与人类经济、社会发展相结合的程度，主要包括大气环境质量、水环境质量和土壤环境质量。

2008 年 8 月 1 日，胡锦涛同志在人民大会堂接受 25 家外国媒体联合采访时表示，我们希望通过筹办北京奥运会，努力推动城市科学发展、促进社会和谐。在谈到中国政府自身独特的关切时，胡锦涛说，我们的关切主要有以下三个方面。（其中之一）一是高度关注生态文明建设。生态文明建设是中国经济社会发展的一项战略任务，也是中国人民极为关心的一件大事。我们努力通过举办北京奥运会，大力推进生态环境保护，努力使天更蓝、地更绿、水更清，让生态文明观念深入人心。

“天更蓝、地更绿、水更清”和“让群众喝上干净的水，呼吸上新鲜的空气”，是生态环境质量一个普通、形象、美好而又是当前中国很难实现的一个愿景。

2. 生态环境质量的历史发展

生态环境质量的变化与人类社会发展相伴而生。

原始文明时期，人类以采集和狩猎为生，完全依赖自然，生态环境处于自然状态，完好无损。

农业文明时期，人类敬畏自然，过着刀耕火种的农业生活。不断发展的农业技术使人类试图改变自然环境，大量焚烧森林、植被以开垦土地，不仅破坏了生物圈与地表生态系统，而且造成土质疏松，大量泥沙入河，导致洪水泛滥，土地沙化，对生态环境产生重大冲击。

工业文明时期，人类征服自然的欲望日益强烈，从森林、牧场到地下矿藏和能源，人类开发的对象不断扩大，对整个生物圈乃至大气圈和水圈造成严重伤害。另外，人类不仅从自然界攫取物质以满足自身的发展需求，而且不断向自然界排放废弃物，对生态环境造成严重污染，大气、水、土壤的环境质量急剧下降。特别是进入20 世纪 60 年代后，由于第三次科技革命发生，人类的技术水平进一步提高，新物质、新材料、新产品大量出现，人类的化学污染加剧，大规模的生态灾难时有发生，大气中毒、饮水中毒等恶性事件频发不断，人类的生态环境质量全面恶化。

3. 生态环境质量问题产生的原因

人类生态环境质量的发展历程揭露了生态环境质量问题产生的根本原因是人类中心主义。人类在自我发展的过程中，以主人的心态对待自然，力图控制和征服自然，使自然俯首称臣。人类对自然进行改造取得一个又一个的胜利也使人类更加迷信自己的能力，进一步加强对自然的攻势，加速工业化、城市化的发展步伐，不顾自然界的客观发展规律，致使生态系统严重失衡，生态环境质量加速恶化。

4. 我国严峻的生态环境质量形势

中国在工业化、城市化的进程中，也同样出现了资本主义国家出现过的生态环境质量问题。其中，土壤环境质量、水环境质量、大气环境质量发展形势严峻。

（1）土壤环境质量。目前，由于水土流失而失去的耕地达 267 万多公顷；土地沙漠化面积已经扩大了 10 万多平方公里，相当于三个海南省的面积；土壤质量变差，在干旱和半干旱地区，40%的耕地存在不同程度的退化。①

（2）水环境质量。水环境质量形势在生态环境质量形势中表现最突出、影响最直接、危害最大、最广。近几年，中国的淡水河长江、黄河、松花江、沱江、太湖以及近海领域都遭受不同程度污染，2004 年沱江水污染事件、2005 年松花江水污染事件、2009 年盐城水污染事件使上百万居民饮水困难，直接威胁到人民的生命健康。水污染事件已经成为中国环境污染的主要事件，水环境质量的恶劣。

（3）大气环境质量。目前，我国大气污染的形势不容乐观。截至 2008 年，我国有 23.2%的城市大气质量没有达到国家二级标准，空气中二氧化硫、二氧化碳、可吸入颗粒物等有害物质的浓度普遍超标；辽宁、湖南、四川等局部地区呈现区域性的大气污染特征，特别是湖南省酸雨天气频发不断；上海、广州、深圳等发达城市的灰霾天数占到全年天数的 30%～50%。

造成大气污染的因素有多种，其中以煤炭为主的能源消费结构是主要原因，煤炭是二氧化硫、二氧化碳、可吸收颗粒物的主要源泉，我国未来能源消费规模会进一步扩大，有害气体的排放量还会不断增长，预计 2010 年我国二氧化硫的总排放量将达到 2 200 万吨。另外，汽车尾气排放也是大气污染的重要因素，到 2008 年为止，我国汽车保有量已达 6 400 万辆，汽车尾气排放量已达到有害气体

① 曲格平：《关注我国的生态安全》，曲格平文集，中国环境科学出版社，2007 年 6 月。

排放总量的一半左右。我国城市的大气污染开始呈现煤烟型与汽车尾气复合型污染的特点，进一步加剧大气环境质量的恶化。

我国的生态环境质量问题不仅严重影响人们的生活质量，造成巨大的社会压力，而且还影响能源资源的可持续利用，最终影响资源、经济和社会的可持续发展。解决生态环境问题、改善生态环境质量刻不容缓。

二、改善生态环境质量

1. 改善生态环境质量的举措

就我国目前的经济和社会发展状况来看，改善生态环境质量，可以从以下几方面着手：

（1）调整能源结构。大力发展风能、太阳能、小水电等新能源，降低煤炭在能源消费中所占的比重，减少二氧化硫的排放量。

（2）调整产业结构，发展生态产业。积极推进生态农业试点建设，发展农业循环经济，改善农村生态环境质量；加强生态工业示范园区建设，淘汰落后产能企业，关闭“五小”企业，实现结构减排。

（3）在全国范围内开展节能、降耗、减污的清洁生产审查工作，加大对企业污水、废气排放的监督力度，控制污染源。

（4）发展治污技术，提高治污能力。

（5）推进大江大河的污染治理，确保水源安全。

（6）治理水污染、大气污染等生态环境污染事件。

（7）倡导绿色消费，在全国范围内加强绿色宣传教育力度。

生态环境质量关系到每一个家庭，每一个社会成员，其好坏直接影响个人的生命健康和生活水平，每个人都有义务保护生态环境，为生态环境质量的改善尽力。

2. 改善生态环境质量的长期性、艰巨性与复杂性

生态环境质量的改善关涉经济、社会的方方面面，需要综合统筹规划治理，是一项长期、艰巨而复杂的任务。

（1）长期性。我国的生态环境质量问题是经济发展过程中的问题，是资源、环境与经济和社会之间长期矛盾的产物。目前我国以煤炭为主的能源消费结构短时期内不会得到改变，产业结构的调整短期内也无法完成。资源、环境与经济和社会之间的矛盾短期内不可能解决。

（2）艰巨性。据《2009 年全国环境质量状况》，浙江、福建……略微变好。在这样的情形下，我们既要发展经济，又要开展生态保护，恢复生态平衡，改善生态环境质量，任务非常艰巨。

（3）复杂性。改善生态环境质量涉及经济、政治、思想等方面的因素，既需要制定法律加以保障，又需要政府制定相关政策加以引导与激励，还需要大力发展科技提供技术支持；更需要各行各业的积极配合，其中还牵涉利益的分配与调整，极为复杂。

三、环境生态质量也是国力①

英国伦敦曾经有“雾都”之称。20 世纪 50 年代，伦敦初尝工业化的恶果。1952 年 12 月初，逆温层笼罩伦敦，城市处于高气压中心位置，垂直和水平的空气流动均停止。当时伦敦冬季多使用燃煤取暖，市区内还分布有许多以煤为主要能源的火力发电站。由于逆温层的作用，煤炭燃烧产生的二氧化碳、一氧化碳、二氧化硫、粉尘等气体与污染物在城市上空蓄积，引发了连续数日的大雾天气。伦敦的这次严重的大气污染事件，造成多达 12 000 人因为空气

① 选编自：盛湘渝. 环境生态质量也是国力——从生态文明看英国的环境保护. 经贸实践杂志，2008（2）.

污染而丧生，并推动了英国环境保护立法的进程。1956年，英国颁布了世界上第一部《清洁空气法》，并逐渐实现了全民天然气化，停止了燃煤。经过50多年不懈的努力，伦敦的污染得到了富有成效的控制，环境质量达到了比较满意的水平。

吸取了伦敦烟雾事件的惨痛教训，英国的环境立法工作一直走在世界的前列。除了世界上第一部《清洁空气法》外，英国政府还借助立法加强了对工业污染的控制。在20世纪70年代，英国政府就推出了《工作场所健康和安全法》，规定污染工业必须采取最有效的手段避免将有害气体排入大气，否则将对其予以罚款等严厉处罚。从1995年起，英国制定了国家空气质量战略，法律规定英国各个城市都要进行空气质量的评价与回顾工作，对达不到国家标准的地方，当地政府必须划出空气质量管理区域，并制定相应措施在规定期限内达标。这项工作已经进行了10余年。

随着时代发展，交通污染已取代工业污染，成为伦敦空气污染的首要来源。英国政府近年来出台一系列举措对小汽车尾气排放进行严格限制。这些措施包括推广使用无铅汽油；对汽车排放尾气中一氧化碳、氮氧化物以及碳氢化物等成分进行严格控制，并在汽车年检中检测尾气中一氧化碳、氮氧化物等是否达标；另外，伦敦市中心还设立了污染检测点，警察可拦截有过多排污迹象的汽车对其进行测试，并有权对未通过测试的车主实施罚款。

密如蛛网的地铁线是伦敦公共交通的重要保证。2003年，伦敦市政府出台了“堵塞费”（Congestion Charge）措施，对那些进入市中心的私车征收“买路费”，由此获取的收入则完全用于改善伦敦的公交系统。目前，伦敦市还公布了更为严厉的《交通2025》方案，限制私车进入伦敦。这个方案，计划在今后20年里，把伦敦的私车流量减少9%。旨在一方面解决交通堵塞问题，另一方面改善空气质量。

除了强硬的法律手段外，伦敦环境治理的另一个行之有效的办法是科学规划和管理。伦敦的泰晤士河曾因污染而变成了死水并引发了霍乱等疾病，在 20 世纪 50 年代污染状况坏到了极点，河中的鱼类因为水质污染不见踪影。60 年代开始，英国加大了整治泰晤士河的力度。在通过严格的治污法案，宣布对违规排放污水的工厂等部门实施法律制裁之外，有关当局还对水质制定了严格的标准，同时定期对河流水质的达标情况进行彻底检测。英国在 20 世纪后期对水供给和管理行业进行了私有化。伦敦的水供给和污水处理由泰晤士水务公司负责。该公司投入了巨资来改善水服务和基础设施建设，这其中包括为保护水资源和改善伦敦的水供给的巨大工程。1994 年建成了泰晤士河水环形主管道工程。该工程是自地铁建成之后伦敦最大的隧道工程之一。这些科学规划和管理措施，确保了泰晤士河的水质。现在，泰晤士河已经成为欧洲最洁净的河流之一。

英国的规划许可体系也是保证环境质量的重要环节。英国是最早在世界颁布了可持续发展规划的国家。英国规划的体系由国家级规划、区域性规划、郡级规划、区级规划组成。每一项土地开发利用，不论是居民住宅建设还是企业的扩建工程，都需要经过规划许可，申请规划许可必须有严格的环境影响评价，否则难以通过。英国的土地规划一经通过，执行起来非常严格。伦敦 2012 年奥运会的场馆和奥运村建设，可以说是必上工程项目，但是在环境评估方面的要求，却丝毫没有含糊。

环境质量是国力重要指标。英国的气候变化法已于 2007 年颁布，这是世界上第一部气候变化法案，具有里程碑的意义。气候变化在这么多年的争论到共识的历程中，从一个科学技术问题，变成不仅是科学技术问题，同时也是国与国较量与平衡的政治和道德问题。人们在审视发展的进程中，也在审视国家政策、能源安全和生活方式。英国政府愿意在削减温室气体排放问题上先走一步，除了政治诉求以外，也可显示英国在世界气候变化和能源政策领域的领先地位。英国的气候变化法案将对英国的环境影响评价、能源优化和温室气体排放产生深远的影响。

关联案例 1：湖北实现生态环境质量与 GDP 同步增长[①]

地处中国中部的“千湖之省”湖北，在大力发展经济的同时，始终没有忘记保护赖以生存的美丽河川，近年来通过铁腕治污、强力减排，大做“水文章”，实现了全省生态环境质量与 GDP 的同步增长。2008 年，湖北省生产总值历史性地突破 1 万亿元，增长速度达 13%以上，全省生态环境质量指数为 71.96，较 2006 年增长 11.5%，生态环境质量为良好。

近年来，声势浩大的治水行动，在荆楚大地全面铺开。2007 年，湖北省开展整治小造纸、小水泥、小火电及城市污水处理“四个专项治理”，共关闭 171 家小造纸企业（生产线）、91 家小水泥企业（生产线）、20 台小火电机组，新建和改建投产城市污水处理厂 9 座。当年，全省生产总值增长 14.5%，化学需氧量排放量为 60.05 万吨，较 2006 年下降 4.08%，降幅居中部六省之首；二氧化硫排放量为 70.68 万吨，较 2006 年下降 7.0%，降幅居中部六省之首，很好地完成了国家下达的年度污染减排指标。

2008 年，湖北省又确定了新的目标：确保实现全省化学需氧量较 2007 年削减 2.5%，重点城市集中式饮用水水源地水质达标率 95%以上。当年，在继续推进“三小”（即小造纸、小水泥、小火电）

---

① 选编自：徐金波．“千湖之省”湖北实现生态环境质量与 GDP 同步增长．中新网武汉，2009 年 11 月 1 日电。

企业专项治理基础上，新增加了“小炼铁、小炼钢、小酒精、小味精、小柠檬酸、小印染”专项治理。当年，湖北省淘汰了规模在 1.7 万吨/年以下的化学制浆生产线和 3.4 万吨/年以下的草浆生产装置，关闭规模在 2 万吨/年以下、环保未达标的废纸造纸企业。在城市污水治理方面，设市城市和三峡库区、丹江口库区及汉江流域的县城年内建成污水处理厂并投入使用。

2009 年，湖北省环保部门把重点放在加强长江、汉江等重点流域和三峡库区、丹江口库区、洪湖、梁子湖等重点水域的水污染防治工作上。全省实行重点水域的水污染防治工作领导包干责任制，建立水环境质量评估考核和流域生态补偿机制，设立水污染专项治理资金，推进世行贷款汉江流域水污染防治项目开工建设，按照“一湖（库）一策”的要求，强化了水质监测能力建设和考核力度，以确保两江（长江、汉江）清流惠百姓，一库（丹江口库区）清水送北京。

与此同时，湖北省政府相继出台了系列政策，把环境指标真正纳入官员考核机制，实现水污染防治考核与政绩挂钩，对不履行职责，造成重大环境污染与破坏事故的，依法依规追究相关人员的责任，从而在体制机制上完善水污染防治考核体系。

经过近三年的综合整治，湖北省内梁子湖、洪湖、四湖流域等众多重点湖泊，目前在跨界保护和治理方面均迈出了坚实的步伐。2009 年 6 月，湖北境内库容量最大的梁子湖发现有大量淡水桃花水母出现。武汉大学教授于丹表示，这是 1992 年以来，首次发现的现象。

当前，湖北省委、省政府持续把节能减排作为调整经济结构、转变发展方式的突破口和重要抓手。通过实施专项治理，使得污染物排放总量得到削减，为重点工程的建设腾出了环境容量和发展空间。两年来，该省环保部门累计审批各类建设项目近500项，并加大了对节能、资源综合利用和循环经济类项目的扶持力度，为全省经济持续增长增添新的亮点。

2009年3月，湖北省政府在武汉光谷联合产权交易所举行了全省主要污染物排污权交易启动仪式，这标志着酝酿了近三年的湖北省排污权有偿使用工作在全省范围正式推行。当月，湖北省主要污染物排污权交易工作纳入国家试点，湖北环境资源交易所在武汉挂牌成立。

一个山清水秀、自然和谐的“千湖之省”，在中国中部崛起的历史性进军中昂首向世人走来。

关联案例 2：上善若水：济南水业集团基于保泉、护泉的生态文明之路

水文明是生态文明之基。水生态文明建设是生态文明城市建设的起航点和推进器。

泉城，为中国山东省济南市的别称，济南素以泉水众多、风景秀丽而闻名天下，据统计有四大泉域，十大泉群，733个天然泉，在国内外城市中罕见，是举世无双的天然岩溶泉水博物馆，除“泉城”外，济南也常被称为“泉都”。济南的泉水不仅数量多，而且形态各异，精彩纷呈，有的呈喷涌状，有的呈瀑布状，有的呈湖湾状，众多清洌甘美的泉水，从城市地下涌出，汇为河流、湖泊。盛水时节，在泉涌密集区，呈现出“家家泉水，户户垂杨”、“四面荷花三面柳，一城山色半城湖”、“清泉石上流”的绮丽风光。早在宋代，文学家曾巩就评价道：“齐多甘泉，冠于天下”，元代地理学家于钦也称赞说：“济南山水甲齐鲁，泉甲天下。”清洌甘美的泉水是济南市的血脉，赋予这座城市灵秀的气质和旺盛的生命力。同时，济南的城市发展、历史沿革、民风民俗也与泉水密切相关，形成了独特的泉水文化。作为中国东部沿海经济大省——山东省的省会，2008年常住人口约700万人，其中市区人口已达353万人。

作为隶属于济南市市政公用事业局的济南水业集团，其前身——济南市水业股份有限公司，成立于1936年，迄今已有七十余年的历史，其使命不仅仅承担着数百万人的日常用水问题，更重要的是，"泉水是眼睛，是根脉，是灵魂。""保泉就是保特色，就是保生命力，就是保竞争力"，全国没有第二家城市的水业企业，其立足点在于"保泉"、恢复和保护泉城特色，全面改善生态环境质量。

素有"泉城"之称的济南，自20世纪70年代，这座城市却经历和正在进行着一场前所未有的"保泉"生态战。20世纪70年代，泉水断流经常出现。从1981年开始，趵突泉连续3年发生了断涌数月的现象，成为"半年泉"；1988年8月到1990年8月，趵突泉断涌两年之久，沉沉入睡。以1999年3月2日开始的趵突泉停喷为起点，自此，"家家泉水，户户垂柳"的盛景，几乎成了济南这个城市的旧梦了。

在此背景下，济南水业集团不断创新水生态建设管理体制，按照《水法》、《环境保护法》、《水污染防治法》等相关法律法规及济南市《济南市名泉保护管理方法》、《济南市保持泉水喷涌应急预案》等地方规章，以实现人与自然和谐发展为一切工作的出发点，制定科学合理的水生态文明建设指标体系，认真研究水资源承载能力和水环境承载能力，建立来水—汇水—管水—取水—用水—排水的水生态链条管理机制，加大水生态文明建设的统一执法力度，加强水资源保护。通过补源、节水，对地表水、地下水、回用水等水资源实施统一调度等措施和政府与民众的不懈努力下，2003年9月6日，趵突泉在沉睡548天后，欢流畅涌；10天后，在济南72

名泉中名列第二的章丘百脉泉，在休眠909天后，喷珠溅玉。至今，趵突泉仍在喷涌，这是近三十年来没有过的。

风物长宜放眼量。自此以后的济南水业集团，其建设、管理、改革和发展，双重确保泉城人民与喷涌之泉的和谐自然为出发点，依靠生态文明，建设生态文明，形成了关于建设生态文明的认知观。

（1）水业的建设和管理体现生态文明。在水业建设初期，克服土地、资金等资源紧张，完善用水规划的科学性、持续性，探索集约利用资源的新途径，特别是考虑泉城济南生态环境的承载力，水业建设需要体现生态文明；在水资源管理体制方面，如何充分发挥市场在水资源配置中的导向作用，形成以经济手段为主的节水机制，不断提高水资源的利用效率和效益；所制定的水业管理的基本体系，能否真实有效地反映节水型社会的要求，能否满足数百万人的基本饮水需求，能否确保济南的泉水保持持续喷涌的态势，这是判断水业管理是否有效的评价标准。

（2）水业改革依附于生态文明。济南水业集团是国有独资的有限责任公司，是按照市场机制运营的服务主体。水业改革的运营方式要求运营者不断关注整体运营体系中的质的环境，关注民生的不同层次需求，不仅要降低运营成本，更要确保水质安全、稳定、可靠，至关重要的，政策的制定要体现民生导向，增强灵活性。这与生态文明所内涵的生态体系的多样性、包容性和应变性是分不开的。

（3）水业发展服务于生态文明。把水资源的节约、保护、配置放在突出位置，坚决遏制浪费资源、破坏资源的现象，实现水资源的永续利用，进而确保济南泉水长年喷涌，这是发展的大局。

在建设生态文明的具体举措上，济南水业集团严格按照建设部《城市供水行业2010年技术进步发展规划及2020年远景目标》的要求，不断推出保障城市供水安全的若干措施，包括供水水源有充分保证；水源水质和供水水质达到相应的国家标准；供水水量满足需求；管网压力合格率达到规定标准；建立较为完善的日常安全管理与应急体系及相应的技术措施；供水水质在符合现行国家标准的同时，进一步达到《城市供水水质标准》（CJ/T 206—2005）的要求，以提高供水水质；降低供水综合单位电耗和供水管网漏损率、提高供水设施利用率，以优化供水成本；供水管网漏水抢修及时率要达到 96%以上，以改善供水服务；建立网络畅通、机制灵活、手段先进、高效便民的信息化服务系统，建立供水企业服务诚信体系和服务质量社会监督与约束机制，以达到服务优质、客户满意。

2009 年济南水业集团开始贯彻实施 GB/T 19001《质量管理体系要求》、GB/T 24001《环境管理体系要求及使用指南》、GB/T 28001《职业健康安全管理体系规范》。

在贯彻实施 GB/T 24001《环境管理体系要求及使用指南》标准过程中，进行了环境因素识别与评价，编制了环境控制程序文件，并按照法律法规和标准要求对重要环境因素实行控制。如对施工噪声、粉尘、污水排放进行监测，对危险废弃物集中交环保指定单位处置，实行计划用油、计划用纸、节约用电措施等。

四、生态住宅①

生态住宅以可持续发展的思想为指导，意在寻求自然、建筑和人三者之间的和谐统一，即在“以人为本”的基础上，利用自然条件和人工手段来创造一个有利于人们舒适、健康的生活环境，同时又要控制对于自然资源的使用，实现向自然索取与回报之间的平衡。生态住宅的特征概括起来有四点，即舒适、健康、高效和美观。

① 选编自：李建江，秦秋荣. 国外生态住宅建设经验浅谈. 建筑时报，2006。

第一，生态住宅在材料方面总是选择无毒、无害、隔音降噪、无污染环境的绿色建筑材料，在户型设计上注重自然通风。并且小区建立废弃物管理与处理系统；使生活垃圾全部收集，密闭存放，收集率高达 100%。这样，无论室内室外，都不会产生有害物质，有利于居住者的身体健康。

第二，生态住宅，其绿化系统同时具备生态环境功能，休闲活动功能，景观文化功能，且尽量利用自然地段，保护历史人文景观，因此能使居住者身心健康，精神愉快。

第三，生态住宅采用的绿色材料可隔热采暖，因此可使居住者少用空调。并且还尽量将排水、雨水等处理后重复利用，并推行节水用具等，这一切，实际上为居住者节约了不少水费电费等生活费用。

我国正处于工业化和城镇化快速发展阶段，要在未来 15 年保持 GDP 年均增长 7%以上，将面临巨大的资源约束“瓶颈”和环境恶化压力。建设领域统筹经济社会发展、人与自然和谐发展的重要举措之一就是发展节能与绿色建筑。国外在这一方面起步较早，对其已有的很多实例和经验，应该借鉴、吸收、消化，为国内建设所用。

1. 国外生态住宅实例简介

明野村住宅（日本）建于 1996 年，它所考虑的课题是对地域和传统的关注，并对太阳能“烟囱”以及集热管系统进行了改进，屋顶表面积蓄的热能导入建筑内中空的管道，并设置了双层玻璃窗。屋顶设置 16 平方米太阳能电池，输出功率 2 千瓦。

巴伐利亚双户住宅（德国）德国著名建筑师托马斯·赫尔佐格采用了一种由半透明隔热材料、蓄热墙、百叶相结合的隔热墙体系，以最大限度地利用太阳能。

斯科特帕肯住宅小区（丹麦）集中采用大面积的太阳能集热水

器（平均每套住宅 5.7 平方米），能够满足秋冬季住宅采暖和全年热水供应的 60%以上。

伦敦连排住宅（英国）每户都有一个 3 层高的多功能阳光室，可供起居、贮能之用。阳光室的通风、遮阳及植物浇灌等都可根据情况随时加以控制。

2. 绿色建材发展

1992 年联合国环境与发展大会召开后，1994 年联合国又增设了“可持续产品开发”工作组。随后，国际标准化组织 ISO 也开始讨论制定环境调和制品（ECP）的标准化，大大推动着国外绿色建材的发展。

（1）日本：日本政府对绿色建材的发展非常重视。日本于 1988 年开展环境标志工作，至今环保产品已有 2 500 多种，日本科技厅于 1993 年制定并实施了“环境调和材料研究计划”；通产省制定了环境产业设想并成立了环境调查和产品调查、产品调整委员会。

（2）德国：最早推行环境标志制度的国家。1987 年德国发布了第一个环境标志——“蓝天使”。德国居民宁愿多付些钱去购买对环境有益的产品，环境标志就像一张“绿色通行证”，在市场上扮演着越来越重要的角色。

（3）北欧各国：丹麦、芬兰、冰岛、挪威、瑞典等国于 1989 年实施了统一的北欧环境标志。丹麦为了促进绿色建材的发展，推出了“健康建材”（HMB）标准。1992 年开始制定建筑材料室内空气浓度（DICL）指标值，并先后制定了地毯、地毯衬垫、石膏板、层合地板、PVC 卷材地板等的健康指标。

（4）英国：英国是研究开发绿色建材较早的欧洲国家之一。早在 1991 年，英国建筑研究院（BRE）曾对建筑材料及家具等室内用品对室内空气质量产生的有害影响进行研究。通过大量的研究，他们提出在相对湿度大于 75%时，可能产生霉菌，并对某些人会诱发过敏症。对室内空气质量的控制提出了建议，并着手研究开发了一些绿色建筑材料。

3．建设技术策略

随着绿色生态住宅观念逐渐被人们接受，我国不少房产商顺应潮流，纷纷打出了绿色住宅牌，但也存在一些认识上的误区，如单纯追求高绿化率、一味追求低容积率、豪宅化、西洋风、自我封闭等。而国外生态住宅则更多地在建设技术上有所考虑，值得我们学习。

（1）洁净能源的开发与利用。要尽可能节约不可再生能源（煤、石油、天然气），并积极开发可再生的新能源，包括太阳能、风能、水能、生物能、地热等无污染型能源。

（2）充分考虑气候因素和场地因素。如朝向、方位、建筑布局、地形地势等。尽可能利用天然热源、冷源来实现采暖与降温；充分利用自然通风来改善空气质量，降温、除湿。

（3）材料的无害化、可降解、可再生、可循环。建筑材料应尽可能利用可降解、可再生的资源，同时还要严格做到建材的无害化（无污染，无辐射）。

（4）水的循环利用与中水处理。在适宜的范围内进行雨水收集、中水处理、水的循环利用和梯级利用，特别是对于水资源匮乏的地区。

（5）结合居住区的情况（规模密集、区位、周边热网状况）采取最有效的供暖、制冷方式。加强能源的梯级利用。

（6）结合居住区规划和住宅设计来布置室外绿化（包括屋顶绿化、墙壁垂直绿化）和水体，以此进一步改善室内外的物理环境

（声、光、热）。

（7）使用本土材料，降低由于材料运输而造成的能耗和环境污染。

（8）在技术成熟、经济允许的情况下，适当地使用新材料、新技术，提高住宅的物理性能。

（9）注重不同社会文化所引发的生活方式上的差异，以及由此产生的对住宅设计的影响。提倡基于健康、节约基础上的生活方式。

4．绿色建筑评价体系

近10多年来，世界一些发达国家相继推出了各自不同的建筑环境评价方法，如英国建筑研究组织环境评价法（BREEAM）、加拿大绿色建筑评价工具（GBT）、美国能源及环境设计先导计划（LEED）等。

我国的生态住宅区建设目前处于起步阶段，相关的建材、建筑技术、评价体系、规划方法等尚有待建立和完善。要立足自身建设条件和特点，吸取国内外各方面建设经验，为居民建设美好的居住环境。

关联案例：在身边建设宜居和舒适的生态人文社区：以三箭·如意苑为例

党的十七大报告强调，必须把建设资源节约型、环境友好型社会的要求落实到每个单位、每个家庭。建设资源节约型、环境友好型社会是全民族的共同事业。坚持节约资源和保护环境的基本国策，关系人民群众的切身利益和中华民族的生存发展，把祖国建设成经济繁荣、环境优美、生态良好的美好家园，既是亿万人民的共同愿望，也是每一个公民义不容辞的责任。因此，人民群众是建设资源节约型、环境友好型社会的力量源泉，要把节约资源和保护环境的基本国策贯彻好，必须紧紧依靠广大人民群众，广泛动员全社会的力量共同参与。[①]要加强能源资源节约和生态环境保护，增强可持续发展能力，必须把建设资源节约型、环境友好型社会的要求落实到每个社区。

三箭·如意苑是济南数百社区之一，由山东三箭集团投资建设[②]。该社区从设计到规划，从规划到建设，从建设到维护，始终如一地通过建筑合理设计，减少能源与资源的消耗；建造功能齐全的设施，方便居民的生活；创造安定团结的社区风气、推行健康积极的生活方式、营造和谐的社区人际关系；建立与合理消费结构相适应的产品结构（食品、居住、交通等），走出了一条生态文明社区创建之路。

三箭·如意苑居住区以贯通园区东西的与各组团中心广场连接的 40 米宽步行中央绿化带为轴线与以围绕着小区周边的机动车道及步行观景廊的主轴线为规划主干线，与主干线相交贯的穿透内部的人行路为支干，配套中心绿化和建筑四周绿化，使整个小区犹如一绿色的海洋，环境非常优美、自然而富有诗意。各组团中心均呈闭合的中央广场设置，构成尺度宜人的社区中心，整个居住小区给人以自由、宁静而温馨的气氛。

三箭·如意苑突出“市区中的园林社区”的定位，利用小区植被较多的优势，突出绿化生态型小区的特点，使居民充分感受到“拥有自然就是拥有健康”、“贴近自然，才是最饱满的幸福体验”的现代生活理念。社区建起了绿色社区幼儿园，从小培养孩子的生态意识和良好的生活、消费习惯；社区经常组织生动活泼的社区生态文化宣传活动，鼓励居民积极参与生态社区建设，提高居民生态保护

① 党的十七大报告解读（37）：深圳特区报，2007 年 12 月 5 日。
② 2009 年 6 月 12 日，三箭集团获得“生态文明大学堂中国生态建筑示范基地”称号。

意识的同时活跃居民生活，提高文化品位；健全基层管理组织，在社区生态文明建设中起到模范带头作用和组织宣传作用。

2007 年 5 月、2009 年 3 月先后被济南市园林局授予“优秀绿化小区”；2008 年 12 月，被济南市公共事业局推荐为济南市节能试点小区。

绿色建筑是指在建筑的全寿命周期内，最大限度地节约资源（节能，节地，节水，节材），保护环境和减少污染，为人们提供健康、适用和高效的使用空间，与自然和谐共生的建筑。[①]

所谓“绿色建筑”的“绿色”，既指一般意义的立体绿化、屋顶花园，更指建筑对环境无害，能充分利用环境自然资源，并且在不破坏环境基本生态平衡条件下建造的一种建筑，又可称为可持续发展建筑、生态建筑、回归大自然建筑、节能环保建筑等。

以人、建筑和自然环境的协调发展为目标，在利用天然条件和人工手段创造良好、健康的居住环境的同时，尽可能地控制和减少对自然环境的使用和破坏，充分体现向大自然的索取和回报之间的平衡，是山东三箭集团多年来扎实实践绿色建筑的指导思想。享誉全国的济南“泉城广场”，由山东三箭集团建设。

第六节　主要污染物排放有效控制

一、主要污染物排放的概念与特征

1. 主要污染物的概念

污染物是指进入环境后使环境的正常组成发生变化，直接或间接对人类产生危害的物质。按污染后影响的环境要素可分为土壤污

① 国家建设部、质量监督检疫检验总局. 绿色建筑评价标准（GB/T 50378—2006）.

染物、水体污染物、大气污染物，按污染物的形态可分为气体污染物、固体污染物、液体污染物。

主要污染物则是指社会中常见的、排放量较多的、对人类危害程度较大的污染物，如二氧化硫、二氧化碳等。

2. 主要污染物的特征

主要污染物有三个特征：一是比较常见；二是排放量大，在环境的组成中占较大比重；三是对生态环境的危害很大。目前，我国环境的主要污染物是二氧化硫和化学需氧量（COD）。二氧化硫为无色反应性气体，吸入后会损害人的呼吸系统，使人出现咳嗽、哮喘等症状，严重时会引发支气管炎和心血管方面的疾病。化学需氧量是采用一定的强氧化剂处理水样时消耗的氧化剂量，是水中还原性物质存有量的反映，也是衡量水中有机物多少的一个指标。

2005 年，我国二氧化硫的排放量达到 2 549 万吨，居世界首位，造成多个地区特别是华中地区酸雨天气猛增，多个城市连续出现灰霾天气。从我国水体污染的现状来看，化学需氧量已成为最主要的污染物，使大部分水域呈重污染状态。

我国“十一五”规划将二氧化硫和化学需氧量确定为主要污染物控制指标，提出到 2010 年实现主要污染物排放总量减少 10%的目标，并采取多种措施积极推进主要污染物排放控制。

近两年来，由其它污染物排放造成的污染事件层出不穷。仅 2009 年前两个季度就连续发生多起重大污染事件，造成了恶劣的社会影响。

2009 年 7 月，山东临沂亿鑫化工公司在未取得国家农业部颁发的生产许可证、产品批准文号，以及明知阿散酸产生的废水含有毒物质，未办理工商、环保等手续的情况下，非法生产阿散酸。在生产过程中，公司将产生的大量含砷有毒废水排放在一处蓄意隐藏的污水池（池底作防渗处理）存放。7 月 20 日、23 日深夜，公司为了节省处理污水费用，趁当地降雨，附近一河流水量增加之际，趁汛期偷排化工废水污染南涑河流域，有毒废水严重影响流域内 50 万群众的生命健康和生产生活，使之成为跨省污染事件。

2009 年 7 月 30 日，湖南浏阳市镇头镇数千群众因当地的湘和化工厂镉排放超标致数百人中毒且造成村民死亡而上街抗议，隐瞒多年的镉中毒事件才得以浮出水面。镉是一种软质金属，有延展性，广泛用于电镀业以及颜料、油漆等制造业，毒性较大，对人体的呼吸系统以及肾脏有很大损害。因此，大气中含镉量不能超过 0.003 微克/立方米，水中不能超过 10 微克/升，每公斤土壤中不能超过 0.5 毫克，高于这个浓度就会发生镉中毒。

湘和化工厂自 2004 年 4 月起，未经审批就在镇头镇建设镉生产线，非法炼镉，未采取任何排污措施，致使大量的镉逸散到空气中；每天的二氧化硫排放量更是惊人；同时生产的废水未经处理直接排放到居民饮用水的水源河内，不仅极大地损害了当地的生态环境，造成大量树木枯死，农作物减产；而且造成 500 多人镉中毒，出现不同程度的头疼、乏力、关节疼痛，其中两人因中毒严重而死亡。

针对重金属污染事故频发的情况，环境保护部组织编制了重金属污染防治规划，将铅、汞、镉、砷和铬等重金属作为防控重点，统筹规划重金属污染治理。目前，环境保护部正会同发改委、国土资源部等 8 部门将推出《重金属污染综合整治实施方案》，准备在全国开展重金属污染企业排查和执法大检查活动。

二、第一次全国污染源普查公报（节选）①

为贯彻落实科学发展观，加强环境监督管理，了解各类企事业单位与环境有关的基本信息，建立健全各类重点污染源档案和各级污染源信息数据库，为制定经济社会政策提供依据，国务院开展了第一次全国污染源普查。普查的标准时点为 2007 年 12 月 31 日，时期为 2007 年度。普查对象是我国境内排放污染物的工业污染源（以下简称工业源）、农业污染源（以下简称农业源）、生活污染源（以下简称生活源）和集中式污染治理设施。普查内容包括各类污染源的基本情况、主要污染物的产生和排放数量、污染治理情况等。经过各级人民政府和有关部门及全体普查人员两年多的共同努力，现已完成了第一次全国污染源普查任务。以下为主要数据：

（一）总体情况

1. 各类普查对象数量

普查对象总数 592.6 万个，包括：工业源 157.6 万个，农业源 289.9 万个，生活源 144.6 万个，集中式污染治理设施 4 790 个。

2. 主要污染物全国排放总量

各类源废水排放总量 2 092.81 亿吨，废气排放总量 637 203.69 亿立方米。主要污染物排放总量：化学需氧量 3 028.96 万吨，氨氮 172.91 万吨，石油类 78.21 万吨，重金属（镉、铬、砷、汞、铅，下同）0.09 万吨，总磷 42.32 万吨，总氮 472.89 万吨；二氧化硫 2 320.00 万吨，烟尘 1 166.64 万吨，氮氧化物 1 797.70 万吨。

---

① 选编自：中华人民共和国环境保护部，中华人民共和国国家统计局，中华人民共和国农业部. 第一次全国污染源普查公报，2010 年 2 月 6 日。

（二）工业污染源

1. 基本情况

（1）普查对象数量

工业源普查对象为 1 575 504 家。浙江、广东、江苏、山东和河北省普查对象数量居前 5 位，分别占全国工业源总数的 19.9%、17.1%、11.8%、6.1%和 5.1%。

工业源普查对象数量居前几位的行业：非金属矿物制品业 183 845 个、通用设备制造业 140 222 个、金属制品业 123 274 个、纺织业 107 673 个、塑料制品业 88 087 个、农副食品加工业 82 654 个、纺织服装鞋帽制造业 81 909 个。上述 7 个行业合计占全国工业源普查对象总数的 51.3%。

（2）工业废水全国产生和排放情况

产生量 738.33 亿吨，排放量 236.73 亿吨。工业企业废水处理设施 140 652 套，设计处理能力 2.35 亿吨/日，废水年处理量 458.52 亿吨。

（3）工业废气全国产生和排放情况

产生和排放量均为 612 275.17 亿立方米。工业企业废气处理设施 244 641 套，设计处理能力 172.43 亿立方米/时，废气年处理量 401 513.33 亿立方米。

2. 主要水污染物

（1）产生和排放情况

工业废水中主要污染物产生量：化学需氧量 3 145.35 万吨，氨氮 201.67 万吨，石油类 54.15 万吨，挥发酚 12.38 万吨，重金属 2.43 万吨。

工业废水中主要污染物排放量：1）厂区排放口排放量：化学需氧量715.1万吨，氨氮30.4万吨，石油类6.64万吨，挥发酚0.75万吨，重金属 0.21 万吨；2）厂区排放后，再经城镇污水处理厂及工业废水集中处理设施削减，实际排入环境水体的污染物排放量：化学需氧量564.36万吨，氨氮20.76万吨，石油类5.54万吨，挥发酚0.70万吨，重金属0.09万吨。

（2）主要行业排放情况（以厂区排放口排放量计）

化学需氧量排放量居前几位的行业：造纸及纸制品业 176.91 万吨、纺织业 129.60 万吨、农副食品加工业 117.42 万吨、化学原料及化学制品制造业 60.21 万吨、饮料制造业 51.65 万吨、食品制造业 22.54 万吨、医药制造业 21.93 万吨。上述 7 个行业化学需氧量排放量合计占工业废水厂区排放口化学需氧量排放量的81.1%。

氨氮排放量居前几位的行业：化学原料及化学制品制造业13.16万吨、有色金属冶炼及压延加工业3.13万吨、石油加工炼焦及核燃料加工业2.57万吨、农副食品加工业1.79万吨、纺织业1.60万吨、皮革毛皮羽毛（绒）及其制品业1.49万吨、饮料制造业1.24万吨、食品制造业1.12万吨。上述8个行业氨氮排放量合计占工业废水厂区排放口氨氮排放量的85.9%。

石油类排放量居前几位的行业：通用设备制造业1.25万吨、黑色金属冶炼及压延加工业 0.90 万吨、交通运输设备制造业 0.75 万吨、化学原料及化学制品制造业0.66万吨、金属制品业0.64万吨、石油加工炼焦及核燃料加工业 0.57 万吨、煤炭开采和洗选业 0.46 万吨。上述 7 个行业石油类排放量合计占工业废水厂区排放口石油类排放量的78.8%。

挥发酚排放量居前几位的行业：石油加工炼焦及核燃料加工业

5 110.68 吨、化学原料及化学制品制造业 861.82 吨、黑色金属冶炼及压延加工业 717.72 吨、造纸及纸制品业 346.04 吨、电力燃气及水的生产和供应业 194.41 吨。上述 5 个行业挥发酚排放量合计占工业废水厂区排放口挥发酚排放量的 96.5%。

（3）重点流域排放情况

重点流域（海河、淮河、辽河、太湖、巢湖、滇池，下同）工业源主要污染物排放量：化学需氧量 145.28 万吨，氨氮 2.96 万吨，石油类 1.85 万吨，挥发酚 1 938.63 吨，重金属 0.01 万吨。

3. 主要气污染物

（1）产生和排放情况

工业废气中主要污染物产生量：二氧化硫 4 345.42 万吨，烟尘 48 927.22 万吨，氮氧化物 1 223.97 万吨，粉尘 14 731.49 万吨。

工业废气中主要污染物排放量：二氧化硫 2 119.75 万吨，烟尘 982.01 万吨，氮氧化物 1 188.44 万吨，粉尘 764.68 万吨。

（2）主要行业排放情况

二氧化硫排放量居前几位的行业：电力热力的生产和供应业 1 068.70 万吨、非金属矿物制品业 269.44 万吨、黑色金属冶炼及压延加工业 220.67 万吨、化学原料及化学制品制造业 130.15 万吨、有色金属冶炼及压延加工业 122.04 万吨、石油加工炼焦及核燃料加工业 65.30 万吨。上述 6 个行业二氧化硫排放量合计占工业源二氧化硫排放量的 88.5%。

烟尘排放量居前几位的行业：电力热力的生产和供应业 314.62 万吨、非金属矿物制品业 271.68 万吨、黑色金属冶炼及压延加工业 97.73 万吨、化学原料及化学制品制造业 78.81 万吨、造纸及纸制品业 29.83 万吨、农副食品加工业 26.29 万吨。上述 6 个行业烟尘排放量合计占工业源烟尘排放量的83.4%。

氮氧化物排放量居前几位的行业：电力热力的生产和供应业733.38万吨、非金属矿物制品业201.24万吨、黑色金属冶炼及压延加工业81.74万吨、化学原料及化学制品制造业41.98万吨、石油加工炼焦及核燃料加工业29.80万吨。上述5个行业氮氧化物排放量合计占工业源氮氧化物排放量的91.5%。

粉尘排放量居前几位的行业：非金属矿物制品业222.18万吨、黑色金属冶炼及压延加工业193.92万吨、石油加工炼焦及核燃料加工业59.51万吨、木材加工及木竹藤棕草制品业55.72万吨。上述4个行业粉尘排放量合计占工业粉尘排放量的69.6%。

4. 工业固体废物和危险废物

（1）工业固体废物

工业固体废物产生量38.52亿吨，综合利用量18.04亿吨（其中综合利用往年贮存量2 124.44万吨），处置量4.41亿吨（其中处置往年贮存量1 964.05万吨），本年贮存量15.99亿吨（其中符合环保要求贮存量12.11亿吨），倾倒丢弃量4 914.87万吨。

（2）工业源中危险废物

工业源中危险废物产生量4 573.69万吨；综合利用量1 644.81万吨（其中综合利用往年贮存量68.82万吨），处置量2 192.76万吨（其中处置往年贮存量11.44万吨），本年贮存量812.44万吨（其中符合环保要求贮存量275.64万吨），倾倒丢弃量3.94万吨。

（三）农业污染源

1. 基本情况

农业源普查对象为2 899 638个。其中：种植业38 239个，畜禽养殖业 1 963 624 个，水产养殖业 883 891 个，典型地区（指巢湖、太湖、滇池和三峡库区 4 个流域）农村生活源 13 884 个。

农业源（不包括典型地区农村生活源，下同）中主要水污染物排放（流失）量：化学需氧量 1 324.09 万吨，总氮 270.46 万吨，总磷 28.47 万吨，铜 2 452.09 吨，锌 4 862.58 吨。

2. 种植业

（1）主要污染物流失（排放）情况

种植业总氮流失量 159.78 万吨（其中：地表径流流失量 32.01 万吨，地下淋溶流失量 20.74 万吨，基础流失量 107.03 万吨），总磷流失量 10.87 万吨。

种植业地膜残留量 12.10 万吨，地膜回收率 80.3%。

（2）重点流域排放情况

重点流域种植业主要水污染物流失量：总氮 71.04 万吨，总磷 3.69 万吨。

3. 畜禽养殖业

（1）主要污染物排放情况

畜禽养殖业主要水污染物排放量：化学需氧量 1 268.26 万吨，总氮 102.48 万吨，总磷 16.04 万吨，铜 2 397.23 吨，锌 4 756.94 吨。

畜禽养殖业粪便产生量 2.43 亿吨，尿液产生量 1.63 亿吨。

（2）重点流域排放情况

重点流域畜禽养殖业主要水污染物排放量：化学需氧量 705.98 万吨，总氮 45.75 万吨，总磷 9.16 万吨，铜 980.03 吨，锌 2 323.95 吨。

4. 水产养殖业

（1）主要污染物排放情况

水产养殖业主要水污染物排放量：化学需氧量 55.83 万吨，总氮 8.21 万吨，总磷 1.56 万吨，铜 54.85 吨，锌 105.63 吨。

（2）重点流域排放情况

重点流域水产养殖业主要水污染物排放量：化学需氧量 12.67 万吨，总氮 2.15 万吨，总磷 0.41 万吨，铜 24.62 吨，锌 50.15 吨。

（四）生活污染源

1. 基本情况

生活源普查对象为 1 445 644 个。其中：住宿业 100 084 个，餐饮业 749 023 个，洗染服务业 10 363 个，理发及美容保健服务业 339 911 个，洗浴服务业 65 198 个，摄影扩印服务业 9 848 个，汽车摩托车维护与保养业 61 232 个；医院 32 000 个；独立燃烧设施 56 654 家（普查锅炉数 161 457 台）；城镇居民生活源（以区、县城、建制镇为单位）21 331 个，覆盖城镇人口 5.69 亿人。

生活污水排放量 343.30 亿吨。生活源废气排放量为 23 838.72 亿立方米。

2. 主要水污染物

（1）全国排放情况

化学需氧量 1 108.05 万吨，总氮 202.43 万吨，总磷 13.80 万吨，氨氮 148.93 万吨，石油类（含动植物油）72.62 万吨。

（2）重点流域排放情况

重点流域生活污染源主要污染物排放量：化学需氧量 328.07 万

吨，氨氮 47.00 万吨，石油类和动植物油 22.35 万吨，总氮 65.92 万吨，总磷 3.77 万吨。

3. 主要气污染物

（1）生活源废气排放情况

二氧化硫 199.40 万吨，烟尘 183.51 万吨，氮氧化物 58.20 万吨。

（2）机动车尾气排放情况

总颗粒物 59.06 万吨，氮氧化物 549.65 万吨，一氧化碳 3 947.46 万吨，碳氢化合物 478.62 万吨。

4. 医疗废物

医疗废物产生量 45.02 万吨；无害化处置量 39.42 万吨，无害化处置率 87.6%。

5. 医用电磁辐射设备、放射源、射线装置数量

1 434 家医院拥有医用电磁辐射设备 2 073 台；867 家医院拥有 4 213 枚放射源（密封放射源）；26 599 家医院拥有 56 036 台医用射线装置。

（五）集中式污染治理设施

1. 基本情况

集中式污染治理设施普查对象为污水处理厂 2 094 座，垃圾处理厂 2 353 座，危险废物处理厂 159 座，医疗废物处置厂 184 座。

垃圾、医疗和危险废物焚烧设施主要气污染物排放量：二氧化硫 0.85 万吨，烟尘 1.12 万吨，氮氧化物 1.41 万吨。

2. 污水处理厂

污水处理厂污水年实际处理量 210.31 亿吨。其中：城镇污水处理厂处理 194.41 亿吨，占 92.5%；工业废水集中处理厂（设施）处理（不包括工业企业内仅处理本企业工业废水的处理设施处理量）12.90 亿吨，占 6.1%；其他污水处理厂（设施）处理 3.00 亿吨，占 1.4%。

主要污染物削减量：化学需氧量 590.58 万吨，总氮 28.82 万吨，总磷 4.53 万吨，氨氮 37.62 万吨，石油类 4.29 万吨，挥发酚 463.81 吨。工业废水集中处理设施重金属削减量 0.12 万吨。

3. 垃圾处理厂（场）

渗滤液中主要污染物排放量：化学需氧量 32.46 万吨，氨氮 3.22 万吨，总磷 456.85 吨，石油类 409.32 吨。

垃圾填埋量 1.53 亿吨（占全国垃圾处理量的 90.5%）。其中：无害化填埋量 8 592.92 万吨，简易填埋量 6 726.82 万吨。无害化填埋场已填埋量 3.75 亿立方米，占设计容量的 20.9%；简易填埋场已填埋量 4.29 亿立方米，占设计容量的 30.5%。

垃圾焚烧处理量 1 370.80 万吨，占全国垃圾处理量的 8.1%。

4. 危险废物处置厂

危险废物处置厂设计处置能力 1.13 万吨/日，危险废物实际年处置量 117.42 万吨；其中焚烧处置量 50.37 万吨，占全国危险废物处置量的 42.9%；填埋处置量 31.50 万吨，占 26.8%。

三、有效控制主要污染物排放需要体制和机制新突破

1. 主要污染物排放的市场失灵

近几年，我国大规模的环境污染事件频发不断，主要污染物的

排放量不断增长，原因之一是控污领域存在严重的“市场失灵”。“市场失灵”形成的原因，则可以用经济学中的“外部性”理论与“公共品”理论来解释①。

“外部性”指对他人产生有利或不利的影响，但不需要他人对此支付报酬或进行补偿的活动，包括外部经济性与外部不经济性，前者指为他人提供利益，而他人不需为此承担费用；后者指损害他人利益而自己不需为此承担补偿费用。在我国，存在大量外部不经济性的现象。我国的江河湖海、空气等环境客体正在受到来自企业生产活动和居民生活活动的严重污染，而企业和居民为之支付的补偿费用大大低于消除这种环境损害所需费用；生产者的生产成本和居民的生活成本中没有充分包括由于它们排放的污染物而导致的污染治理成本，这些成本没有进入市场价格体系，而由全部社会成员分担了。市场的价格调节机制在治污方面失去效用，由此导致控污领域的“市场失灵”。

“公共品”是指不管公众是否愿意消费，其效用都会不可分割地影响整个公众的物品，具有“非排他性”、“强制性”、“无偿性”和“不可分割性”。自然环境与生态系统就是公共品，由于它们的“非排他性”与“无偿性”，所以遭到消费者的过度消费甚至滥用，结果导致环境恶化、生态失衡，土壤、水体、大气中的污染物日益增多。市场的价格调节机制对“公共品”完全没有效力，由此更加重了控污领域的“市场失灵”。

2. 政府的直接管理与临界控制

控污领域的“市场失灵”，要求政府必须强力干预。政府干预也称政府管理，主要通过立法和制定标准以及行政强制手段对污染

---

① 王曦. 论新时期完善我国环境法制的战略突破口. 上海交通大学学报（哲学社会科学版），2009（2）.

物排放进行限定。

法律是政府对主要污染排放进行管理的主要手段之一。目前，我国在资源环境方面的法律日益丰富，《中华人民共和国环境保护法》、《水污染防治法》和《大气污染防治法》等法律对企业的排污行为都制定了较详细的管制措施以及相应的法律责任。

在法律的基础上相关部门还制定了污染物排放的详细标准，如《中华人民共和国国家标准 大气污染物综合排放标准》、《排放污染物申报登记管理规定》，对主要污染物的排放进行管理。

3. 主要污染物实现控制过程中的法律法规和道德建设

法律法规具有强制性，是国家对个人的强制约束，这种约束如果缺乏个人的积极配合，缺乏个人的主动参与，效果必然不佳。如果每个人都有环境保护的职业道德，主动保护环境，那么排污控制目标的实现是完全可以预期的。因此，我们必须加强环境道德教育，提高全社会的环境道德意识，促使主要污染物顺利实现控制。

4. 主要污染物实现控制的技术和管理措施

要减少主要污染物的排放量，实现控污目标，除了需要加强法律法规建设和道德建设以外，还需要从技术、监管等多个方面联合推进。具体而言，有以下可行性的技术、管理措施。

首先，加强对企业排污的监管力度。很多污染事件的爆发，总是与有关部门监管不力有相当关系，监管部门要严格审查企业的排污设施，监督企业达标排放。

其次，大力开发污染物排放控制技术。目前，污染物排放控制技术主要从三个方面着手，一是污染物直接处理排放；二是改变生产流程，以减少或消除污染物的排放；三是改变原料构成，以减少或消除污染物的排放。目前，第一种方法最常见，但经济效益最差；第二种可以永久消除污染物，效果最好，但是投入较大；第三种投入的生产成本高，但是排污成本低。适用的污染物排放技术既可以达到排污目标，又可以保证企业发展，是控制污染物排放行之有效的重要途径，应大力开发污染物排放控制技术。

再次，大力推行环境有偿使用制度。可以效法重庆市、广东省采取的环境有偿使用措施，对企业的排污权通过招标、拍卖等方式，实行排污权有偿取得政策，使企业生产成本同环境成本相关联，同时以利益促使企业自觉节能减排。

此外，推广清洁能源，建立清洁、经济的能源供应体系，改变以煤炭为主的能源消费结构，减少污染源。

另外，加快燃煤电厂脱硫设施建设，有效控制二氧化硫的排放。

最后，加快城市污水处理厂建设，控制化学需氧量的排放，降低水体污染。

关联案例：重庆试行主要污染物排放权交易①

2009年9月，重庆市政府下发《主要污染物排放权交易试点方案》（以下简称《方案》），将在有关区县（自治县）中开展排污权交易试点。今后，COD和二氧化硫这两项主要污染物的排放指标，将摆上“柜台”进行买卖。目前，正加紧制定交易管理的具体办法和主要污染物排放权基准价格。

一是COD和二氧化硫两项指标可以买卖，企业削减排污量将获益。按照《方案》规定，重庆市将在流域水环境质量COD指标不达标或区域大气环境质量二氧化硫指标不达标的区县（自治县），以及环境质量达标但已无COD、二氧化硫减排潜力的区县（自治

① 重庆市人民政府. 主要污染物排放权交易试点方案. 2009年9月14日.

县）中开展新增 COD 和二氧化硫排污权交易试点。交易主体分为需求方和转让方。需求方为需要新增 COD、二氧化硫排放的排污单位，转让方为合法拥有可供交易的 COD、二氧化硫排放权的单位。排放权以指标进行交易，一个指标分别对应一年 1 吨的 COD 或者二氧化硫的排放量。《方案》规定，指标转让方每转让一个排放指标，必须相应削减 1 吨 COD 或二氧化硫的排放量。这就意味着，排污权交易将推进排污单位主动减少排污。

二是外购指标必须环境质量达标，主城九区不得购入二氧化硫指标。《方案》规定，排污指标交易必须在满足环境质量要求和主要污染物排放总量控制的前提下开展，在水环境质量 COD 指标不达标的流域或大气环境质量二氧化硫指标不达标的区域内，需求方只能在本流域或本区域内削减指标中购买。《方案》同时要求，主城九区（含北部新区）范围内，一律不得购入二氧化硫排放指标；拥有二氧化硫排放指标的转让方，只能向主城九区（含北部新区）以外的二氧化硫达标地区转让。此外，《方案》还规定，被列为环保信用不良、环保挂牌督办或污染源限期治理期间的排污单位一律不得转让或购入排放指标。

三是将建立排污权交易管理中心。为加强排污权交易的管理，将成立重庆市主要污染物排放权交易管理中心，在市环保局委托下开展工作，对全市主要污染物排放权交易进行监督管理，负责排放总量的技术核算，主要污染物排放许可的技术支撑，交易资格的审核，交易真实性的核定，交易过程的监督，以及负责办理市级统筹的主要污染物排放权的出让，并参与主要污染物排放权交易活动等。

第七节 生态文明观念和生态意识教育在全社会树立和普及

一、生态文明观念概述

1. 生态文明观念的含义

生态文明观念，也称生态文明理念，是指个人对生态文明的内涵、特征、基本内容以及建设生态文明的必要性与重要性等方面有一个基本的认识与了解，并自觉以生态文明的要求约束其行为的一种意识形态。

2. 生态文明观念与生态意识

要形成生态文明观念，首先要具备生态意识。生态意识是从生命与环境整体优化的目标来理解和追求人类社会进步与发展的一种意识要素与观念形态，是从最优角度解决人与自然、自然与社会关系问题的观点、理论和情感的综合。它强调生态价值，强调生态运动规律对社会发展的重要性，反对人对自然的过度征服以及人类永无止境地追求物质享受。生态意识是现代环境意识的重要组成部分，包括生态忧患意识、生态科学意识、生态价值意识、生态审美意识和生态责任意识等。生态意识是生态文明观念形成的基础，生态文明观念则是生态意识的总结与升华，两者密不可分。

二、生态文明意识是生态文明观念在全社会牢固树立的前提和基础

1. 在全社会弘扬生态文化，树立生态意识

目前，我国公民的生态意识还很薄弱，环境保护意识比较缺乏。因此，必须大力弘扬生态文化，在全社会形成强烈的生态文化氛围，使生态文化更好地贴近大众，促进大众生态意识的广泛树立。

生态文化是用生态学的观点去处理环境、经济和社会之间的关系，追求人与自然和谐共生的一种文化，是人类传统价值观的根本变革，有利于解决资源、环境同经济之间的矛盾，有利于社会的可持续发展，是必须倡导和弘扬的一种新型文化。

大力弘扬生态文化，能促使生态理念植根于人的意识与思想中，从而形成牢固的生态意识，生态意识的树立反过来又能促进生态文化的发展，二者是辩证统一的，都着眼于人类社会的可持续发展，都服务于生态文明建设。

2. 生态文明社会教育的目标和主要模式

我国的生态文明建设还在摸索中，社会的生态文明观念还非常淡薄，对生态文明的认识还很不到位。建设生态文明，必须在全社会树立生态文明观念，而要促进全社会生态文明观念的确立，就必须加强生态文明的社会教育。要完成生态文明的社会教育，就必须加强社会环境教育，通过社会环境教育强化全社会的环境意识、生态意识，进而强化生态文明观念，推进生态文明建设。

中国环境教育的社会教育起步较早，20 世纪 70 年代已初步展开，并逐步受到党和国家的重视。1995 年，国务院发布《全国环境宣传教育行动纲领（1996—2010 年）》，提出环境社会教育的目标：

到 2000 年，在全社会基本普及环境科学知识和法律知识，增强环境意识和法律观念，使各级决策者对环境与发展的决策能力有较大提高；到 2010 年，全民族的环境意识和可持续发展观念有明显提高。

环境社会教育经过 30 多年的发展，已形成了环境保护部门宣传、新闻媒体监督、公众参与的环境宣传教育形式①。

具体而言，环境保护部门采取的主要方式有三种，一是组织各种与环境相关的纪念日活动，二是推动环保公益宣传，三是开展公众环保咨询服务。

新闻媒体环境宣传教育采取的主要行为有四种，一是开办环境保护的报刊和专栏，二是在媒体上发布环境质量状况，增加环境信息的透明度，三是环境警示教育，四是环境执法报道。

公众参与的环境宣传教育主要有五种方式，一是参与环境纪念日系列活动，二是参与绿色系列创建活动，三是发挥环境保护民间组织的作用，四是参加环保嘉年华活动，五是举办公众环保论坛。

环境社会教育是生态文明社会教育的重点，有助力提高社会民众的生态意识和环境责任感，有利于生态文明建设，必须进一步巩固和加强。

3. 生态文明建设中的“四位一体”运行新机制②

生态文明建设是一项长期、艰巨而复杂的历史任务，需要社会各界共同努力才能完成。其中，政府、企业、高校与科研机构以及民众是生态文明建设的主要社会力量，对生态文明建设的进程起了

---

① 陈丽鸿，孙大勇. 中国生态文明教育理论与实践. 中央编译出版社，2009：114.

② 严耕，吴守蓉. 生态文明建设中“四位一体”运行新机制 // 张慕津、贺庆棠、严耕. 中国生态文明建设的理论与实践. 清华大学出版社，2008.

重要的推动作用。

但是，政府、企业、高校与科研机构以及民众的根本利益虽然一致，眼前利益却存在差别，因此，建设生态文明，必须建立有效的运行机制，才能整合社会的每一份力量，实现社会最大的整体效益，才能促进社会可持续发展，完成生态文明建设的目标。

衡量目前的社会情况，可以采用“政企学民四位一体”的运行机制。在这个运行机制中，政府部门主要负责相关法律法规的建立完善和贯彻执行；企业主要负责节能减排，控制污染物的排放，降低对生态构成的压力；大学和科研机构主要负责理论创新、科技革新与人才培养；民众则需要提高生态意识，树立生态文明观念，以实际行动参与生态文明建设。

“政企学民四位一体”机制中的各组成因子在社会经济生活中的地位不均衡，政府和企业处于强势地位，高校与科研机构以及民众则处于相对弱势地位，彼此之间在某些方面存在利益冲突。各组成因子只有彼此协调，加强合作，才能保证机制有效运行，才能发挥机制的最大力量，促进生态文明建设。

“四位一体”的运行机制的建立和完善，需要政府的政策激励，需要市场机制对企业节能排污的内在驱动，也需要新闻媒体对生态文化的宣传与教育。具体而言，现阶段建设和完善这个机制可从以下五个方面进行：（1）全面开展生态文明建设中“四位一体”运行机制的研究；（2）制定以“四位一体”为指导思想的生态文明建设区域评价体系；（3）建立生态文明建设中信息公开与共享制度，促进各部门、区域和民众相互之间的交流与合作；（4）进一步完善生态文明建设的政策体系与法律体系；（5）政府设置专项资金，开展生态文明建设中“政企学民四位一体”综合示范项目。

“政企学民四位一体”的运行机制是学术界、理论界对生态文明建设路径的一种积极探索。

4．生态文明建设中的公众参与

（1）公众参与的必要性与必然性。生态文明建设关系到全面可持续发展能否实现，关系到中华民族的整体利益，每个公民都有义务和责任参与。其中，公众享有在环境决策中的参与权，必然会参与生态文明建设。公众的环境参与权是世界民主政治运动的产物。1972 年《人类环境宣言》指出："人类有权在一种能够过着尊严的和福利的生活环境中，享有自由平等和充足生活条件的基本权利，并且负有保证和改善这一代和世世代代环境的庄严责任。"首次明确规定公众享有环境权。1998 年联合国欧洲经济委员会通过《公众在环境事务中获得信息、参与决策和诉诸司法权利的奥胡斯公约》，进一步阐明了公众在环境决策方面的参与权。

2002 年，我国出台《环境影响评价法》规定："国家鼓励有关单位、专家和公众以适当方式参与环境影响评价。"用立法手段对公众的参与权进行保护。因此，公民参与权的能否实现，不仅关系到我国的民主政治建设，而且关系到法治建设。生态文明建设必须有公众参与。

（2）公众参与的主要方式。我国公众参与生态文明建设，主要有以下途径和方式。① 通过人大、政协反映社情民意；② 通过各级政府参与政策制定；③ 通过信访渠道提出控告、诉求；④ 通过大众传媒进行表达、监督；⑤ 通过社会团体表达民意倾向；⑥ 通过实践活动参与环境保护。

我国公众参与的途径和方式比较丰富，但是参与的程度明显不够，尤其是主动性不够，而且真正参与环境决策的难度很大，需要不断的制度创新和法制建设才能发挥公众在生态文明建设中的力量。

第二编

为什么要建设生态文明：

理论基石、现实动因和思想革命

第三章　生态文明兴起的理论基石和现实动因

第一节　生态文明兴起的理论基础

一、生态文明兴起的自然科学基础①

当代生态文明观的嬗变是基于现代自然科学革命对世界真实图景的逐步揭示和人们对自然本质趋向全面认识而渐次发生的。现代自然科学革命对错综复杂地联系着的世界图景的揭示，使我们得以从新的视角去观察自然和解释现实世界。

1．现代自然科学革命孕育了生态价值观

现代自然科学对传统科学研究所揭示出来的简单、机械、线性的世界图景具有颠覆意义。20 世纪初爱因斯坦的“相对论”彻底否定了自牛顿以来的“绝对时空观”；20 世纪 20 年代海森堡和薛定谔的量子力学揭示了微观实在具有量子性、几率性、波粒二相性和不确定性；20 世纪 70 年代之后发展起来的系统自组织理论、耗散结构理论以及混沌理论等揭示了非线性系统有序演化的未来路径具有

① 选编自：魏爱军．现代自然科学革命：当代生态文明观嬗变的深层根据·合肥工业大学学报：社会科学版，2008（3）．

分叉和不确定性；普里高津提出的耗散结构理论认为，非线性系统的动力学方程可以有多重定态解，其中一个解对应于平衡态，其余的解则对应于非平衡态；混沌理论则认为，混沌是确定系统的一种动力学行为方式，只要确定论系统具有稍微复杂的非线性，就会在一定的控制参数范围内产生出内在随机性，由此类内在随机性所引发的系统未来演化的运动方式将是不规则、非周期、异常复杂的。即使在初始条件和外部控制参数都已确定的情况下，系统的未来演化模式仍然是非决定论的。上述自然科学领域的发现开启了人类观察自然的全新视角，并以崭新的方法重新刻画了自然界及其演变的真实图景：自然界不再是一个稳定的实体；非平衡也不是一种转瞬即逝的现象，而是自然界中的常态，相反平衡态只不过是自然界中的特例罢了；非线性、非稳定、不可逆和不规则才是自然界的真实图景。自然科学的这些发现以全新的复杂性的思维模式，开始引导人们以全方位、多维度、全面综合的方法来研究自然、人类社会和科学技术等的互动机制，大大加深了我们对自然和世界本质的理解，丰富和深化了对自然界辩证关系的认识。

生态科学从这场引发科学思维方式变革的科学革命中获得了理论支持，它扬弃了传统的生物学和经典平衡生态学的思维方式，吸收并综合了物理学、化学、生物科学、系统科学等领域所取得的最新成果，开创了一门关系人类及整个生物圈持续存在和演化的综合性、横断性、开放性研究的先河。在生态系统研究中，平衡稳定和自调、自控为核心的奥德姆生态系统理论的主导地位，逐渐被强调随机事件、空间异质性、格局和过程相互作用以及开放系统特征的非平衡观点所取代。当今全球性的生态问题的凸显以及生态科学对一个相互依存的以及有着错综复杂联系的世界的新描绘，使得我们得以从新的视角来观察自然，重新评价关于人与自然关系的价值和基本假设。

当代生态价值观从系统、整体的视角把生物圈看做是一个生态系统，生态系统中的一切事物都是相互关联的、相互作用的，人类只是这一系统中的一部分。在生态系统中，有机体和无机环境之间，生产者、消费者和还原者之间，各生物物种之间、种群之间和群落之间都普遍存在需求与满足关系，这种关系已远远超出人与物的需求满足关系的范围，但又把人与物的需求满足关系包容其中。从更深的层次来考虑，人与物所以存在需求满足的关系，只不过是因为人本身也是一种客观存在物，人作为客观存在物才会有需求，这种需求要通过其他物得到满足，否则就不能发展。人如此，生物如此，万事万物莫不如此。

2. 生态价值观向生态文明观的升华

生态文明观是一种超越工业文明观且具有建设性的人类生存和发展的意识。它跨越自然地理区域、社会文化模式，要求从现代科学技术的整体性出发，以人类与生物圈的共存为价值取向来发展生产力，从人类自我中心转向以人类社会与自然界相互作用为中心，建立生态化的生产关系和经济体制，从而保证人类的世代延续和社会自然复合系统的持续发展。

如果说没有现代科学革命对自然本质的揭示，我们如何能认识和理解生态的价值？如果没有系统科学、混沌研究、自组织理论、耗散结构、信息科学的出现，哪来人们的整体观和复杂性思维？生态文明观既克服了近代以来人类片面追求“理性思维”的经济发展模式，在一个非线性的世界里追求经济线性增长方式的片面性（如人类中心主义），又克服了过分强调环境客体价值，忽视主体人类需求的价值的片面性（如环境中心主义）。在当代，随着现代科学革命向着纵深两个维度的更加深刻的发展，人类对包括人类自身在内的这个生态系统的认识将更加深刻全面。这必将引导生态价值观朝着全面概括生物与环境的多元相互作用的方向发展，也预示着人类在价值取向上将朝着多元特征生态文明观跃迁，最终将会形成不仅考虑主体人的需要、人类与生存环境的关系而且考虑客体生态环境规律并充分发挥人的主观能动性，对主体人的需要做出限制约束的、强调人类与自然之间的相互依赖和相互促进、共处共融的这样一种全面的和谐的生态文明观。这种当代生态文明观以生态系统为中心，以时空耦合为主线，以人地关系为基础，以高效和谐为方向，以持续发展为对象，以生态工程为手段，以整体协调为目标，代表了人类在新的实践水平上对自身生存与外部世界关系的一种新的科学内省。它不仅是现代科学思维方式的重要内涵，同时也对当代人类思维方式的转变产生重大的影响，甚至涉及人类最终极的道德、价值、义务等问题。

现代自然科学革命通过对宇宙性质的重新认识而扬弃了传统的价值观，催生了生态价值观，进而孕育了当代生态文明观，它的意义在于揭示当代人放眼全球、立足本土、满足当代、惠及千秋的重大意义，看到了有效地化解全球化和本土化、长远利益和眼前利益的矛盾，看到了解决复杂的生态环境、资源利用、经济发展、社会进步等全球性问题的曙光。它不仅对于可持续发展战略理论观念的提出起到了至关重要的历史作用，而且也对人类实现可持续发展战略起到了不可估量的现实作用。当代生态文明观正逐渐向一般公众、生产生活和政府部门、国际组织渗透并对人们的行为和有关组织的科学决策产生影响。可以说，生态文明观：在人类生存的时空尺度上，在自然、科技、经济、社会等领域，对人们的伦理道德观及思维方式等方面起到重要的导向作用。从哲学和具体科学的关系角度来说，现代自然科学革命正是引起一系列嬗变、导致社会转型的深层次根据。

二、生态文明兴起的人文社会科学基础

人文社会科学是生态文明广泛而深厚的社会科学基础。人文社会科学相对于自然科学是生态文明的另一科学基础。人文社会科学是人文科学和社会科学的总称。

人文科学，是以人类的精神世界及其沉淀的精神文化为对象的科学。社会科学则是一种以人类社会为研究对象的科学。相对地，人文科学主要研究人的观念、精神、情感和价值，即人的主观精神世界及其所积淀下来的精神文化，社会科学更多研究客观的人类社会而外在于具体的个人及其主观世界。前者常用意义分析和解释学的方法研究微观领域的精神文化现象，其涵盖的学科包括文学、史学、哲学及其衍生出来的美学、宗教学、伦理学、文化学、艺术学等；后者则侧重于运用实证的方法来研究宏观的社会现象，其涵盖的学科主要有经济学、社会学、政治学、法学等。但由于“人”与“社会”在本质上的一致性和不可分割性，人文社会科学通常作为对应于自然科学的一个整体科学。

人文社会科学包含着的诸多科目，与生态文明密切相关。如经济学中的资源经济、环境经济、生态经济、循环经济；社会学中的生态社会学、环境社会学、人口学、生态运动学；政治学中的绿色政治、生态主义、生态平衡；历史学中的世界环境史、世界生态史、文明与环境；文化学中的生态文化、环境文化、环境伦理、生态文明；哲学中的环境哲学、生态哲学等。这些科目能为生态文明建设提供政策选择、制度选择和行为选择，是生态文明得以实现的科学保障。

1. 马克思主义生态学说和对工业文明深刻的分析与批判是生态文明的哲学基础

在人类社会的发展过程中，人与自然的关系经历了三次演变，一是原始文明阶段人对自然的敬畏；二是农业文明阶段人对自然的依赖；三是工业文明阶段人对自然的征服。在工业文明阶段，人类才意识到自身与自然的区分，意识到自身的主体性，因此对自然展开征服，力图改造自然，在改造的过程中形成了“人是自然的主人”的哲学观。工业文明使人类创造出巨大的物质财富，生活物质水平得到极大的提高。但随着人对自然的过度开发与索取，环境问题层出不穷，生态严重恶化，导致全球性生态危机出现，迫使人类对工业文明进行反思，对“人是自然的主人”的哲学观点进行批判。在反思和批判的基础上，人类提出了“人是自然的一员”的哲学观点。生态文明即以“人是自然的一员”为哲学基础，强调人与自然和谐相处。

马克思恩格斯早在 100 多年前就提出了人与自然和谐共生的思想。马克思和恩格斯有关人与自然关系的论述，从理论上探讨了人与自然辩证的、相互影响的对立统一关系，揭示了“人—自然”系统的特点和规律，创立了生态平衡发展的完整观念，为建立“人—自然”系统的最优化和协调化提供了方法论原则，从而形成了独特的马克思主义生态学说。马克思恩格斯关于人与自然的关系的基本观点是：

（1）自然界是第一性的。首先，人类是自然界的产物，在自然发展过程中，人类是 300 万年前才出现的，发展过程是：无生物—生物—植物与动物—人类。其次，自然界是人类赖以生长的基础。自然界向劳动者提供劳动资料与生活资料。没有自然界，劳动者就什么也不能创造。

（2）现存的生产方式没有考虑它对自然环境所造成的影响。传统农业、特别是工业的生产方式都是只考虑“最近的、最直接的有益效果。那些只是在以后才显现出来的、由于逐渐的重复和积累才发生作用的进一步的结果，是完全被忽视的。”①

（3）马克思恩格斯对工业文明的深刻分析与批判。一方面他们充分肯定了工业生产方式伟大的历史作用，指出了工业生产力比过去一切世代创造的全部生产力还要多，还要大。工业生产力打破了与它不相适应的封建社会的所有制关系。另一方面他们又深刻地批判了建立在工业生产力与资本主义制度基础上的工业生产方式，给人类文明带来空前的威胁，主要是：

① 对自然界的破坏。在资本主义的工业生产过程中，一切都从赚钱的目的出发，只单方面追求产值、产量与利润，工业生产的规模与效率确实带来了物质繁荣。但是，在人们物质文明高度发展的同时，马克思、恩格斯已经预见到工业生产严重地破坏了自然生态环境。他们指出，“对于我们每一次这样的胜利，自然界都报复了我们。每一次胜利，在第一步都确实取得了我们预期的结果，但是在第二步和第三步却有了完全不同的、出乎预料的影响，常常把第一个结果取消了。”②他们指的是环境破坏，如水土流失，土壤肥力下降，森林破坏等。

② 经济发展与道德滑坡的强烈反差。首先，工业的发展要以市场为条件，在资本主义制度下，市场交换只认得金钱，只认得货币，“它使人和人之间除了赤裸裸的利害关系，除了冷酷无情的现金交易，就再也没有任何别的联系了。”一切都“淹没在利己主义

① 恩格斯. 自然辩证法//马克思恩格斯全集. 第20卷第521页，人民出版社1972年版.
② 马克思. 1844年经济学—哲学手稿. 人民出版社，1979：517.

打算的冰水之中……把人的尊严变成了交换价值。”[①]其次，工业生产的高投入、高产出必然要求高消费来支撑。在资本主义条件下，必然引发浪费和享乐主义的泛滥。

因而，当前要从根本上解决环境问题，就要把环境问题纳入解决整个社会问题的总体框架之中，实施可持续发展的经济、科技和文化战略。如合理确定最优污染水平和排污费的收费标准；调整原有的产业结构，向有利于提高劳动生产率、有利于环境保护的产业转变，即由第一产业向第二、第三产业转变；推动科技进步和技术创新，实现经济增长方式由粗放型向集约型转变；对资源和产品的价格体系进行干预，合理使用自然资源；明晰产权，保护环境等。

2. 环境伦理学是生态文明的伦理价值基石

生态文明的产生不仅有哲学基础，还有深厚的伦理基石，即环境伦理。

环境伦理学，是一门介于伦理学与环境科学之间的新兴的综合性科学。它的产生，是在人类生存发展活动和生存环境系统发生尖锐对立后，为协调人和生存环境系统的关系，求得人类和生存环境系统共同持续发展的社会需要的产物。人类和生存环境系统之间的矛盾——环境污染、破坏和恶化等问题，说到底，是人类行为的结果，是一个社会问题。对于这个问题的最终解决，必须提高到行为主体——人类环境伦理道德高度去认识和对待才有可能。

传统伦理学是研究人与人、人与社会关系的学科，以人的行为准则和道德规范为研究对象，旨在用道德准则和规范来调节人与人的关系，它不涉及人和自然的关系。随着生态环境的不断恶化，人与自然的矛盾日益尖锐，人与自然之间也迫切需要发挥伦理的协调

---

① 马克思，恩格斯. 共产党宣言 //马克思恩格斯选集. 第 1 卷第 253 页，人民出版社 1972 年版.

功能，传统伦理学不能适应这种需要，环境伦理学由此应运而生。环境伦理学认为人与人的社会关系、人与自然的生态关系都需要发挥伦理的社会功能加以调节。环境伦理学又称生态伦理学，其理论基础是自然价值论，认为天地万物都有价值，都有生存的权利，人类要尊重自然界的一切生命体，尊重它们的价值与权利，将处理人际关系的道德规范用来处理人与其它生物之间的关系。环境伦理的出现，是人类传统道德观的一次变革，是“人类道德进步和道德成熟的表现”[①]。环境伦理是在生态危机全面爆发的情形下出现的，是一种协调人与自然的新型伦理观念，它追求人与自然的和谐发展，与生态文明的核心要义是一致的。因此，环境伦理成为生态文明的伦理基石，生态文明因此具有了强烈的伦理色彩。

3. 中国传统生态文化是生态文明的文化底蕴

中国传统文化具有丰富的生态智慧，为生态文明提供了思想源泉，赋予生态文明深厚的历史文化底蕴。中国传统文化的精髓是“天人合一”思想。“天人合一”最早由庄子阐释，由董仲舒在《春秋繁露》中明确提出：“天人之际，合而为一。”它包含两层含义，一是天与人在本质上一致，二是天人感应，天人相通，人类必须按自然规律办事，达到人与自然的和谐统一。“天人合一”思想后来发展成为中国哲学的基本观点，成为儒道佛三家共同的哲学命题。孔子主张“仁民爱物”，将伦理原则延伸到自然界，要求人以仁心对待自然万物，强调人伦天道，强调人道与天道的统一；认为天道的价值应由人来实现，天人关系中人掌握主动，主张“尽人事而听天命”，凸显出以人为本、顺乎自然的态度。道家崇奉“自然”，老子曾说，“人法地，地法天，天法道，道法自然”，强调人与自然的

① 张慕津，贺庆棠，严耕. 中国生态文明建设的理论与实践. 清华大学出版社，2008：70.

不可分，将“自然”视为最高境界，强调凡事要合于道、要顺乎自然。庄子则言“天地与我并生，而万物与我为一”，认为人和天都是“道”所生，人与万物同源，因此人与天在本质上是一致的。人要遵法自然，达到天与人和谐统一的状态。禅宗认为佛法面前众生平等，万物都有成佛的可能；人和生物具有同一性，对人与自然平等相看，不作区分；处世原则同道家类似，主张一切顺其自然。概而言之，传统文化以“和”为核心，追求人与自然的和谐统一，与生态文明的内在要求一致，对我们今天的生态文明建设有着重要的指导意义。

第二节　生态文明兴起的现实动因

一、生态危机是生态文明兴起的直接动因

1．全球若干特大环境污染事件回顾

20 世纪以来，世界范围内爆发多起大规模的污染事件，造成了严重的社会生态危机，危及到人类的生存和发展。如 20 世纪 30 年代比利时马斯河谷发生烟雾事件，造成 60 多人死亡，数千人生病。1948 年美国宾夕法尼亚州多诺拉城发生烟雾事件，导致 6 000 多人受伤，17 人死亡。1952 年英国伦敦发生烟雾事件，前后死亡 12 000 多人。1976 年意大利塞维索发生化学污染事件，剧毒化学药品二噁英扩散，致使多人中毒，多年后该地畸形儿的出生率增加。1979 年美国宾夕法尼亚州三哩岛发生核电站泄漏事件，迫使周围 80 千米范围内的 200 万居民撤离。1984 年墨西哥城郊石油公司发生爆炸，造成上千人死亡，50 万人逃难。同年，印度博帕尔市农药厂发生毒气泄漏事故，致使 2 500 人死亡，20 万人受害。1986 年，前苏联切

尔诺贝利核电站爆炸起火，使上万人蒙难，周边国家也受到放射性尘埃的污染。同年，瑞士一家化学公司仓库起火，有毒化学品流入莱茵河，造成部分生物绝迹。1990 年，海湾战争期间，大量原油入海，使数万海鸟绝迹，部分生物灭绝。

2. 近年发生在我国的重大生态破坏事件

近年来，我国的环境污染事件频发不断，同样造成了严重的社会生态危机，给社会造成巨大损失。如 2004 年的四川沱江水污染事件，造成沱江周围五个市区上百万居民饮水困难，直接经济损失达 2 亿多元。2005 年的松花江水污染事件，事件起因于中国石油吉林石化公司双苯厂发生爆炸，苯类污染物流入松花江，致使松花江水严重受污，以松花江为饮水来源的哈尔滨市被迫停水四天。2006 年，甘肃徽县发生铅污染事件，导致 300 人血铅超标。同年 9 月，湖南岳阳发生砷污染事件，岳阳县的水源地新墙河水砷超标 10 倍多，威胁 8 万居民的饮水安全。2009 年 2 月，江苏盐城发生自来水污染事件，一家化工厂偷排污水，使酚类化合物流入自来水厂的源水，导致全市停水三天，上万人饮水困难。2009 年 7 月，内蒙古赤峰市发生水污染事件，致使 4 000 多人就医，5 万多人饮水困难。如前文已述，2009 年 8 月，湖南浏阳发生的镉污染事件，使周围 500 多人镉中毒，多人死亡；附近几百里内地下水不能饮用，给当地的生态环境造成严重损害。我国重大的环境事件大多与水污染有关，直接威胁人们的身体健康，不仅造成健康问题，而且引发社会问题，导致多种冲突，不能不引起高度重视。

3. 我国生态环境的严峻形势

据 2009 年“六·五”世界环境日发布的《2008 年中国环境状

况公报》介绍，我国总体环境状况如下：

——地表水污染严重。长江、黄河、珠江、松花江、淮河、海河和辽河等七大水系总体水质与上年持平。200 条河流 409 个断面中，Ⅰ～Ⅲ类、Ⅳ～Ⅴ类和劣Ⅴ类水质的断面比例分别为 55.0%、24.2%和 20.8%。珠江、长江总体水质良好，松花江为轻度污染，黄河、淮河、辽河为中度污染，海河为重度污染。在监测营养状态的 26 个湖泊（水库）中，呈富营养状态的湖（库）占 46.2%。

——全国近岸海域水质总体为轻度污染。一、二类海水比例为 70.4%，比上年上升 7.6 个百分点；三类海水占 11.3%，与上年持平；四类和劣四类海水占 18.3%，下降 7.1 个百分点。四大海区近岸海域中，黄海、南海近岸海域水质良，渤海水质一般，东海水质差。与上年比较，渤海湾、长江口、珠江口和北部湾一、二类海水比例上升 10%以上。

——城市空气质量总体良好，比上年有所提高，但部分城市污染仍较重；全国酸雨分布区域保持稳定，但酸雨污染仍较重。2008 年度，全国有 519 个城市报告了空气质量数据，达到一级标准的城市 21 个（占 4.0%），二级标准的城市 378 个（占 72.8%），三级标准的城市 113 个（占 21.8%），劣于三级标准的城市 7 个（占 1.4%）。全国地级及以上城市的达标比例为 71.6%，县级城市的达标比例为 85.6%。113 个环境保护重点城市空气质量有所提高，空气质量达到二级标准的城市占 57.5%，三级的占 41.6%，劣于三级的占 0.9%。与上年相比，达标城市比例上升了 13.3 个百分点；劣于三级城市比例无变化。

——全国 71.7%的城市区域声环境质量处于好或较好水平，环境保护重点城市区域声环境质量处于好或较好水平的占 75.2%。全国 65.3%的城市道路交通声环境质量为好，环境保护重点城市道路交通声环境质量处于好或较好水平的占 93.8%。城市各类功能区昼间达标率为 86.4%，夜间达标率为 74.7%。

——全国辐射环境质量总体良好。环境电离辐射水平基本保持稳定状态，核设施、核设备周围环境电离辐射为正常环境水平；环境电磁辐射水平总体情况较好，除个别大功率发射设施局部环境综合场强略超国家标准外，其他电磁辐射设施、设备周围电磁辐射水平满足国家标准。

——生态建设取得进展。截至 2009 年年底，全国已建立各种类型、不同级别的自然保护区 2 541 个，保护区总面积约 147 万平方公里。其中，国家级自然保护区 319 个，面积 9 267 万公顷，分别占全国自然保护区总数和总面积的 11.9%和 61.2%。有 28 处自然保护区加入联合国教科文组织“人与生物圈保护区网络”，有 20 多处保护区成为世界自然遗产地组成部分。

——农村环境问题日益突出，生活污染加剧，面源污染加重，工矿污染凸显，饮水安全存在隐患，呈现出污染从城市向农村转移的态势。

总体来看，水和大气污染严重，生物多样性受到严重威胁。我国面临的环境形势十分严峻。生态环境所面临的问题，不仅说明生态环境本身更加脆弱，而且制约了经济和社会的协调发展：一是经济损失巨大。环境污染所导致的经济损失近年来呈不断上升的态势。据 20 世纪末世界银行调查估算，中国仅空气和水污染造成的经济损失，每年就高达 540 亿美元，相当于同期国内生产总值的 8%。二是影响社会安定。一些地区由于植被破坏，水土流失，生态失调，致使土地荒漠化越来越严重。当地农民被迫远走他乡，成为“生态灾民”。三是加剧了自然灾害。在类型众多的自然灾害中，除了火山活动之外，许多自然灾害都与人类破坏生态密切相关，特别是洪涝、干旱、泥石流、沙尘暴等频繁发生，可以说是生态环境恶化导致的直接后果。四是制约社会、经济的可持续发展。江河断流使水资源供需矛盾更加激化，给下游地区的社会经济发展造成了严重影响。另外，生物资源的过量消耗和物种的大量消失，也进一步削弱了工农业生产的原材料供给能力，制约了经济社会的协调发展。

4．中国能源环境的危机与严峻挑战

除生态破坏、生态形势严峻外，我国的能源现状令人堪忧。能源是指能直接提供某种能量和动力的物质和运动，是能量的源泉。它是国民经济发展的命脉，关系到国家的经济安全，也关系到子孙后代的发展。我国是人口大国，也是能源消费大国，人均能源资源占有率低于世界平均水平。近年来，随着经济的发展，能源消耗剧增，能源短缺开始凸显。如何降低能耗，妥善处理能源与环境问题，促进国民经济可持续发展，是当前急需解决的难题。

目前我国的能源消费仍以煤为主，石油、天然气、水能等能源只占能源生产与消费的 25%左右，对煤的需求总量还在上升，煤炭的开采与使用引发的环境污染和生态恶化问题不断增加。能源利用效率低，能源综合利用率只有发达国家的一半左右。综合来看，我国的能源面临五个严峻挑战，一是总量需求的巨大压力；二是液体燃料短缺；三是环境污染严重；四是温室气体排放；五是 8 亿农民及城镇化所需能源的供应。

二、中国的能源资源和能源结构是生态文明兴起的深层动因[①]

1. 能源弹性系数大幅度上升，中国进入到重化工业阶段

20世纪80～90年代，中国的能源消费弹性系数平均为0.4，即GDP增长1个百分点，能源消费增长0.4个百分点。据此中国在考虑长期发展战略的时候，曾经设想到2020年以前，能源弹性系数为0.5，但由于近年来能源的消费增长率大大超过了经济增长率，2004年和2003年的能源弹性系数已经分别上升到1.32和1.6。

能源弹性系数的大幅度上升，是中国进入到重化工业阶段的标志。20世纪90年代初，在工业产出中轻重工业基本上各占一半，但是重工业比重去年已经上升到67.5%，2005年前7个月又进一步上升到69.1%。由于重工业单位产出的能耗是轻工业的4倍，工业化进入到重化工业阶段必然会带来能源消耗强度的上升，这一点与其他工业先行国在进入重工业阶段后的能源消费特点没有什么不同。

2. 中国重工业发展阶段与能源结构转换的现实矛盾

然而，世界工业化国家的历史经验证明，在各国进入到重工业阶段后，从能源消费结构看，都出现了从以煤为主向以石油和天然气为主转变。由于石油和天然气被称为“清洁能源”，热值高而有害气体排放少，虽然在进入重工业阶段后能源消费的增长率会加速，但对环境的破坏性影响却不会随着能耗的上升而显著增强。

反观中国近年来的情况，进入重工业阶段后却没有出现能源结构的转换，从石油消费在能源消费中的比重看，1999年为24.6%，2004年却下降到22.7%。虽然从2000年以来原油进口量以年均15.7%

① 王建. 能源结构转换困难与未来十年之环境挑战年. 搜狐财经，2005-09-05。

的速度增长，到2004年已超过1.2亿吨，但是由于同期国内原油产量的增速明显下降，石油在能源消费中的比重仍然下降了。能源消费结构的逆转反映了一种长期趋势。其原因为：

（1）世界资源的不可供给性。中国是石油资源稀缺国家，根据目前预测，中国在未来石油的最大年产出量只能在2亿吨左右，但是从国际比较看，在工业化完成阶段，按桶计算的石油消费量，美国为人均28桶，日本和韩国为人均17桶，中国目前人均只有1.7桶，只相当于美国的十六分之一，日、韩的十分之一。美国是世界上最浪费能源的国家，日、韩却是工业化国家中能源利用效率最高的国家，如果按日、韩的石油消费水平计算，到2030年中国基本上完成工业化的时候，中国的石油总消费量就要增加到36亿吨。由于中国在未来的最大石油产能只有2亿吨，这就意味着将需要有34亿吨石油需要依靠进口。但是世界石油资源并不丰裕，目前每年世界全部的石油生产量约为45亿吨，其中可贸易量为22亿～23亿吨。当然世界石油产量和可贸易量还会增长，但是相对于中国的巨大需求来说仍是远远不够的。

日本和韩国也没有什么石油资源，是依赖世界资源完成从以煤为主的能源结构向以石油为主转换，但他们从人口看是中小国家，人均石油进口量很高，但石油需求总量却不大。而中国是人口大国，就没有可能依靠世界资源完成这个转换。2003年中国原油加成品油进口已达1.2亿吨，2004年又上升到1.5亿吨，已经把世界当年新增石油贸易量的40%拿到中国，许多人甚至把油价上涨的主要因素归结到中国需求，即便如此，还是难以挡住石油消费在中国能源总消费中的比重下降，已经充分说明了中国依赖世界资源转换能源消费结构的困难。

（2）中国大量进口石油还可能导致越来越激烈的国际冲突，

使进口石油的增长受到严重限制。在目前的世界石油可贸易量中，超过三分之二为世界工业发达国家所占有，2004 年，美国的石油进口量为 6.4 亿吨，欧盟为 6.2 亿吨，日本超过 2 亿吨。如果中国的石油进口超过了国际石油贸易的新增量，就会影响到发达国家已经占有的国际石油贸易份额，从而引发同发达国家的石油矛盾。因此，中国在未来的石油进口量肯定还会上升，但是进口达到一定规模，不仅有经济的可能性问题，还有政治和军事安全问题。由于石油是现代工业的基础，控制了石油就可以控制一个国家的经济命脉，所以在大国的国力较量中，石油就成为国家经济、政治和军事较量中的焦点。如果中国的石油高度依赖某一地区进口，不仅在未来的经济安全度会难以预测，甚至政治上的独立都会受到威胁。因此依赖海外资源实现能源结构转换，即便经济上可行，政治上也不安全。

所以从长期看，中国的工业化将很难实现与其他工业化国家同样的能源结构转换，由于中国的煤炭资源相对于石油来说还比较丰富，在未来发展中，中国必将更多地依靠煤炭来支持，因此煤炭在能源消费比重中的持续上升和石油消费比重的下降，将会是一个长期趋势。

（3）以煤为主的能源结构带来巨大的环境挑战。如果中国在进入重工业阶段后的能源结构是以煤为主，就将面临日益艰巨的环境挑战。到目前为止，世界上还没有一个国家是在以煤为基础的能源结构上完成工业化的，而在目前的中国，燃煤所导致的有害气体排放，已经占到各种有害气体排放量的 65%～90%，每年排放总量约 8 000 万吨。如果按 2000 年以来中国能源消费的增长率和石油消费比重下降的情况来推算，到 2020 年中国的能源消费总量将达到 90 亿吨标准煤，而煤炭消费的比重将不得不上升，占全部能源消费的 75%，折合煤炭产量就是近 95 亿吨，由煤炭燃烧所排放的有害气体按目前的环保水平来推算，也要达到近 4 亿吨，即比目前增加 5 倍，这当然是一个灾难性的后果。

三、现代化发展的新阶段是生态文明兴起的时代动因

现代化是当代世界发展的大趋势，必须从这个时代背景出发，认识建设生态文明走向必然。

1. 生产方式的变革

（1）工业化生产方式的兴起。18 世纪 70 年代，以近代科学技术为基础的英国工业革命，开始了世界现代化的历史进程。在短短的两百多年内，人类的物质生产方式发生了从传统农业向现代工业的变革，人类社会进入了现代化的工业化阶段。

工业化阶段分为三个时期：第一时期，以 1776 年第一台瓦特蒸汽机的投产使用为标志，开始了生产过程的机械化；第二时期，19 世纪 30 年代直流电机的产生和发展，开始了生产过程的电气化；第三时期，1946 年第一台电子计算机的诞生，20 世纪 70 年代开始在工业生产过程中使用微型计算机，在设计、加工制造、试验等重要环节中辅助人脑工作（计算机辅助技术），开始了生产过程的自动化。

工业化生产方式是先进的生产方式，工业生产力是先进的生产力，工业成为竞争力与经济成就的关键。工业是国民经济的主导产业。

（2）信息化生产方式的兴起。20 世纪 40 年代以信息科学技术为基础、以美国为策源地的信息革命，把世界现代化进程推向一个新的发展阶段——信息化阶段。

信息技术在 20 世纪 60～70 年代接连发生了几个重大突破：一

是 1968 年大规模集成电路的开发，推动了传统工业的改造；二是 1969 年创办了制造半导体的英特尔公司，它成为芯片之王，控制全球 90%以上计算机微处理器市场；三是 1971 年研制出世界上最早的微型计算机（PC），计算机从此进入了家庭、办公室；四是 1970 年研制出光导纤维，开始了光电通信时代。五是 1969 年计算机网络技术的开发，促进了“数字数据交换网”的建立，开始了以传真为基础的图像通信时代。

信息化生产方式是先进的生产方式，信息与知识生产力是先进的生产力，它是竞争力与经济成就的关键。信息业成为国民经济的主导产业。

2. 文明的转型

按照马克思主义的观点，一定的文明是与一定的物质生产方式紧密相联系的。随着生产方式的变革，必然引起文明的转型。与工业化（工业经济）和信息化（信息、知识经济）两种生产方式的变革相适应，发生了两次文明转型，它们是：

（1）工业文明。工业文明的基础是工业化生产方式，它的物质技术基础是工业，工业生产的劳动工具是机器，它生产过程的基本特点是：

以无生命的东西为劳动对象，材料与能源（物质资源）是其主要资源；

以工业科学技术为手段，主要是依靠力学、物理学与化学等科学技术；

在不依附自然条件的工厂中进行。

作为主导产业的工业，它使用的物质资源主要是煤、石油等能源和金属矿产与非金属矿产等物源。

工业生产带来极为严重的环境与资源问题：工业资源是不可再生的，工业中的废气、废水造成环境污染。随着工业生产的发展，随着工业化运动在全球的扩张，工业生产造成日益严重的环境污染与资源枯竭的危机，人类赖以生存的生态圈面临巨大的冲击。

（2）信息文明。信息文明的基础是信息化生产方式，它的物质技术基础是信息业，是信息与知识的生产、交换与使用，它的劳动工具是电子计算机，其生产过程的基本特点是：

以信息为劳动对象，信息与知识（非物质资源）是其主要资源；

以信息科学技术为手段，主要是信息科学（信息论、系统论、控制论）和信息及技术（感测、通信、控制与人工智能）；

在不受制于自然条件的家庭、办公室、工厂中进行。

作为主导产业的信息业，它使用的资源是信息与知识，它既不是物质，也不是能量，是取之不竭，用之不尽的非物质资源。

信息业生产的环境与资源问题：信息与知识的生产造成的环境污染主要是电磁辐射和电子计算机工业的废品。但利用信息通讯与管理，可以减轻环境、资源与人口带来的压力。

3. 生态产业（绿色产业）的崛起

当前，现代化走可持续发展道路，必须实现生产和产业结构的生态化。首先，促进生产生态化。生产生态化就是在生产过程中，正视生态的存在，并且将生态视为影响生产的一大要素，在生产的同时，维持生态的平衡与良性循环，实现生产与生态的紧密结合。其次，实现产业结构生态化。产业结构生态化是产业生态化的核心，其原理是把产业结构视为一个生态系统，应用生态系统中物物共生、物物循环的原则，利用现代科技和系统工程的方法制造工艺链与生态链，达到物质的多层次利用，实现产业结构的最优化，从而实现经济和社会效益的最大化。产业结构生态化是工业、农业、商业、制造业、交通运输业等产业生态化的过程，促使人类生态良性发展。产业结构生态化是生态文明理念的具体实践。

产业结构生态化要借助生态产业这个工具来完成。生态产业是新型的产业发展模式，是以生态平衡为基点，遵循生态规律，利用现代生态科技实现资源的高效利用，包含生物与环境以及物质产品的集合体。生态产业将社会各行各业都纳入生物圈中，在资源利用与保护、发展与环境之间建造一种平衡，最终获取最大的生态效益，促进人与自然、社会协调发展。目前，中国的生态产业正在崛起，生态养殖业、生态农业在全国部分城市已经展开，通过生态基地的示范，生态产业正逐步走进人们的视野，引起人们的兴趣。生态技术的创新方兴未艾，国家在此方面的投入也在逐年增加。

生态产业的崛起为绿色现代化的实现提供了物质基础，同时也证明了生态文明建设的可行性，是生态文明建设的时代动向。

关联案例：生态文明建设需要命脉和动脉①支撑

中国铁建中铁十四局集团公司是经国家建设部核准的具有综合施工能力的铁路特级施工总承包企业，并经国家商务部批准，享有对外经营权。集团公司注册资本金5.1亿元，总资产118亿元。1994年，集团公司入选“全国建筑企业500强”第15位，“全国铁路、公路、桥梁、隧道行业100强”第9位。1998年，集团所属单位全部通过ISO 9001质量管理体系认证。2003年集团公司和所属子公司均取得ISO 9001质量管理体系、ISO 14001环境管理体系、GB/T 28001职业健康安全管理体系“三标一体”认证。2006年至2007年度“全

① 中国铁建股份公司总裁赵广发曾指出，在祖国西部的广大地区，水是命脉，路是动脉，生态文明建设要解决水和路的问题。本案例入编时，得到时任中铁十四集团董事长韩风险确认。

国企业文化建设优秀奖”、“全国工程建设质量管理优秀企业”、“全国技术先进企业”、“创鲁班奖工程特别荣誉单位”和“中国文化管理先进单位”。2008年，集团公司共获得国优银质奖3项、山东省优质工程“泰山杯”奖3项、铁道部优质工程“火车头杯”奖16项、交通部优质工程奖4项、中国电力优质工程奖2项等奖项。2009年，集团公司有3项纪录上榜第十四批中国企业新纪录。

生态兴，文明兴。一条铁路是否具有生命力和向心力，铁路的生态品位是决定性因素。多年来，中铁十四局集团在培育铁路建设生态文化，提升铁路生态建设水平上，以植树造林、绿化祖国作为建设生态文明、增加人民福祉的重要举措，以打造铁路生态文明线、实现人与自然和谐为目标，持续抓好以绿化、美化为主要内容的“绿色工程”；以文化、现代化为主要内容的“完善设施建设工程”；以整脏治乱为主要内容的“洁净工程”等三大工程，以贯通祖国大江南北的铁路大动脉建设，为构建属于人民的和谐铁路和推动生态文明建设倾注了大量的心血，做出了巨大的贡献。

“渝怀线”（重庆至湖南怀化）是西部大开发的重要铁路建设工程，它穿越渝东和湘西的崇山峻岭，这里有许多自然林和国家自然保护区，如在施工中不加保护则极有可能对当地的生态和自然环境造成破坏。2002年，十四局渝怀指挥部确定了“建绿色长廊，留青山绿水”的指导方针，把环境保护和水土保持作为在渝怀铁路实施精品战略的重中之重去抓。为绿化周边环境，共开挖土石800立方米，共植绿地1.27公顷，坡地绿化2万多平方米。

2003年3月，国务院新闻办公室在北京发表《西藏的生态建设与环境保护》白皮书。在白皮书第四部分，“建设生态环境保护型铁路——青藏铁路”，书中写道：“2001年6月29日，经中央政府批准，青藏铁路二期工程格尔木至拉萨段正式动工修建。该铁路全长 1 142 公里，预计总投资 262.1 亿元，工期六年。建成一条生态环境保护型铁路，是青藏铁路在建设论证之初就已确定的目标。”

白皮书写道：“青藏铁路建设的关键是保护好铁路周边的生态环境，各参建单位在施工中都做出了极大的努力。例如中铁十四局在进行科技攻关的 13 个施工工艺难题中，涉及环保施工的就占了一半。他们设置了六名生态环境保护监管员，负责施工现场沿线的生态保护工作。要求在营地设置、人员设备进场、施工道路开设、采石、取土场、路堑开挖等施工活动中，尽量缩小工作面，对生活区范围进行画线监控，力求保护好高原的脆弱植被。”

2005 年，担负浙赣铁路电气化提速改造工程 Z2 标段施工的十四局集团二公司浙赣项目部，在施工中脚踏实地地执行各项环保措施，想方设法把浙赣铁路建成生态工程、环保工程，得到了沿线群众的称赞和各级检查组的肯定。Z2 标段位于江西省玉山县境内，沿线山峦交错，水陌纵横，植被茂盛，动物繁多。项目部一进场就把环保工作当做重要工作来抓，首先下发了《加强环境污染治理，防止水土流失工作》的通知；制定车辆、噪声、弃土场设置、废弃物处理等各项管理措施；成立了环境保护领导小组；层层签订了《环保责任状》；在施工中，环保部门与技术、安全部门一起下达《环保交底单》，每月将环保施工与质量、安全一起进行检查验收。

2006 年，在国家级风景名胜区、国家级自然保护区、中国四大避暑胜地之一的鸡公山脚下，在京广线铁路河南信阳至陈家河改造工程工地上，十四局集团的建设者们，推行了严格正规的环境保护监理和水土保持监理制度。开工伊始，就根据有关法律、法规，结合管段内的实际情况，制订非常详尽具体的环保、水保方案，共 3 章 200 条。建设者们精心组织，文明施工，开展深入扎实的创样板文明工地活动，最大限度地减少施工对周边环境的不良影响，尽可能多地绿化美化周边环境。他们在路基工程施工时，充分做好土石方调配，多余的弃渣采取远运或设置挡渣墙的措施，防止水土流失污染环境。在路基边坡植草防护增设植被，美化绿化边坡。他们在桥涵施工时，对废水采取治沙、隔油、沉淀处理后，才允许排放。

2008 年 12 月，建设部、北京市建设委员会和北京轨道交通建设管理公司领导对中铁十四局北京地铁九号线项目工地进行了施工安全、质量大检查，并召开了浅埋暗挖施工管理经验现场会。检查组认为中铁十四局管理科学、措施有效、落实得力、效果明显。对其推行的“三严、五控、一监、一巡”暗挖控制管理法和暗挖施工智能身份验证通道预警机制十分满意，称中铁十四局项目的管控做法可以作为北京地铁施工项目的样板，值得推广。

2009 年 7 月，铁道部副部长卢春房和各铁路局领导、各部管铁路公司负责人、市域公司主要负责人、各工程监督站站长、中国铁路工程、中国铁建总公司及所属工程局（集团）负责人、各设计咨询集团以及各监理单位负责人等共 224 人参观了十四局集团京沪高铁项目部宿州大店梁场和宿州 CRTS Ⅱ 型板场，进行了观摩学习。

第四章 建设生态文明是一场伟大的思想和科技革命

第一节 建设生态文明是高举中国特色社会主义伟大旗帜的必然要求

一、生态文明是中国特色社会主义题中应有之义①

生态文明深化了我们党对社会主义文明的认识。对社会主义文明的重新认识，有一个逐步深化和完善的过程。邓小平同志明确认为中国特色社会主义必须以经济建设为中心，在建设高度物质文明的同时，努力建设高度的社会主义精神文明。党的十六大第一次明确地将政治文明与物质文明和精神文明一起确定为社会主义现代化建设的三大基本目标。跨入 21 世纪以来，胡锦涛同志提出要加快建设资源节约型、环境友好型社会，在党的十七大上正式提出生态文明概念。生态文明成为我国社会主义现代化建设的第四个基本目标。十七大把生态文明纳入人类文明范畴，丰富了社会主义文明的内涵，也扩展了人类文明的内涵，凸显了人类文明的整体性，使人类文明从人类社会扩展到与人的生存和发展相关的自然界，在人类

---

① 丁晋清. 建设生态文明是中国特色社会主义的重要内容. 社会主义论坛，2008（2）.

社会发展的意义上把人与自然的关系和人与社会的关系统一起来。从提出社会主义物质文明、精神文明，到提出社会主义政治文明，又到提出生态文明，表明我们共产党在对人类文明的认识上是一脉相承、与时俱进的。

生态文明使中国特色社会主义事业总体布局更成体系、更加完善。生态文明体现了社会主义社会全面发展的战略构想。十七大将生态建设纳入中国特色社会主义事业总体布局，由经济建设、政治建设、文化建设、社会建设“四位一体”发展为经济建设、政治建设、文化建设、社会建设和生态建设“五位一体”的崭新格局。我们要从建设中国特色社会主义的高度来认识生态问题，应把生态建设与经济建设、政治建设、文化建设、社会建设相并列，提高到战略地位，作为社会主义现代化建设总体布局的一个组成部分，推进经济建设、政治建设、文化建设、社会建设和生态建设等方面建设密切配合、协调发展，促进生产关系与生产力、上层建筑与经济基础相协调。“五个建设”互为条件、互为目的、相辅相成，统一于建设中国特色社会主义的历史进程之中。

建设生态文明，前提是发展。建设生态文明是深入贯彻落实科学发展观的必然要求。科学发展观，第一要义是发展。只有发展，才能不断满足人民群众日益增长的物质文化生活需要。十七大报告提出建设生态文明，就是要着力把握发展规律，创新发展理念，转变发展方式，破解发展难题，提高发展的质量和效益，实现又好又快发展；要着力树立人和自然的平等观，把发展与生态保护紧密联系起来，在保护生态环境的前提下发展，在发展的基础上改善生态环境，做到经济发展和生态保护两不误。因此，建设生态文明，不是人类消极地回归自然，而是积极地与自然实现和谐，促进可持续发展，实现人类与自然的协调发展。

建设生态文明，核心是人与自然和谐相处。生态文明是人、经济、社会与自然的全面协调可持续发展的现代文明。人与自然共同生息，实现经济、社会、环境的“共赢”，关键在于人的主动性，在于人尊重自然规律的自觉性。人和自然的和谐是人与人、人与社会的和谐的前提和基础。人与自然的关系不和谐，往往会影响人与人的关系、人与社会的关系。如果生态环境受到严重破坏、人的生产生活环境恶化，资源能源供应高度紧张、经济发展与资源能源矛盾尖锐，人与人的和谐、人与社会的和谐就难以实现。发展的可持续性体现在人与自然、人与社会、人与生态的和谐共生上，要统筹好人与自然的关系，消除经济活动对大自然自身稳定与和谐构成的威胁，使经济建设与资源、环境相协调，逐步形成与生态相协调的生产生活与消费方式，实现经济效益、社会效益和生态效益的统一。

建设生态文明，目的是不断提高人的生活质量。建设生态文明是深入贯彻落实科学发展观的必然要求。“以人为本”是科学发展观的核心，促进人的全面发展是建设生态文明的终极价值追求。生态文明建设，就是要从解决人民群众最关心、最直接、最现实的利益问题入手，着力解决好群众普遍关注的环境问题。环境问题解决不好，就会使人们生活的环境质量下降，影响人们的生活质量、身体健康和生产活动。严重的污染事件不仅带来健康问题，也造成社会问题。随着人们生活水平的提高，人们对生活质量提出了更高的要求，对洁净的空气、清洁的淡水和绿色食品等生态条件和良好生态环境的需求越来越迫切。生态文明建设，就是要创造一个适合于人的本性的良好生态环境，使人不要脱离自然环境而过分依赖人造生活环境，让人们在优美的环境中工作和生活。

建设生态文明，重要途径是加强生态文化建设。马克思主义认为，意识对物质具有反作用。全部哲学，特别是近代哲学的重大的基本问题，是思维和存在的关系问题。环境理念的形成对于生态文明建设有极大作用。资源和环境危机的实质不仅仅是单纯的经济和技术问题，而是文化观念和价值取向问题。只有有了生态意识，才能有符合生态要求的生活和生产行为。只有在全社会牢固树立与保护生态相适应的政绩观、消费观，形成尊重自然、热爱自然、认识自然、善待自然的良好氛围，弘扬人与自然和谐相处的核心价值观，使生态文明的理念深入人心，才能从根本上搞好生态建设。因此，生态文明建设不仅包括生态环境保护和污染治理，维护生态安全，而且更应该在全社会大力普及和提升生态文明理念，发展生态文化，培育生态道德。还要把生态建设融入社会的各个领域，渗透到各项经济、社会、教育活动之中，引导公众自觉参与生态环境保护和建设，树立全新的人与人、人与社会、人与自然和谐相处的生态观。

中国特色社会主义社会是全面发展、全面进步的社会。马克思主义认为，人类社会是一个由各个部分相互联系和交互作用而组合构成的社会有机体，并且不断地从较低的层次向更高的层次发展变化，是受一定规律支配的自然历史过程。中国特色社会主义社会正是这样的社会有机体，是人与自然、人与社会、人与生态的和谐共生的社会，是社会系统和自然系统以及社会系统内部所包含的不同领域相互适应、相互促进、共同发展的社会发展形态，是经济、政治、文化、生态相互协作、相互推动、相互配合、相互影响而形成的社会发展形态。经济建设提供物质基础，政治建设提供政治保障，文化建设提供精神动力和智力支持，社会建设提供有利的社会环境和条件，生态建设提供生存基础和条件。中国特色社会主义的发展和进步是经济、政治、文化、生态协调发展的结果。

中国特色社会主义与生态文明具有内在一致性。马克思主义认为，共产主义社会是实现了人类同自然的和解以及人类本身的和解的生态文明社会，是人和自然界之间、人和人之间的矛盾的真正解决的和谐社会。未来社会是促进人的全面发展的社会，实现人的全面发展必须促进人与自然协调发展，使人们在优美的生态环境中工作和生活。人和自然协调发展处理得不好，不仅经济和社会得不到可持续发展，而且人也不能实现全面发展。因此，要促进人的全面发展，还必须促进人与社会、人与自然间的相互协调与和谐。人与自然不和谐，社会就不可能和谐，就谈不上促进人的全面发展。迄今为止，人类文明的发展大致经历了原始文明、农业文明和工业文明三个阶段。就文明的发展阶段来看，生态文明是农业文明、工业文明发展的一个更高阶段。工业文明以人类征服、主宰甚至掠夺自然为主要特征，而全球性生态危机需要开创一个新的文明形态——生态文明来延续人类的生存。生态文明作为对工业文明的超越，代表了一种更为高级的人类文明形态，它与中国特色社会主义所追求的理想形态具有内在的一致性。

生态文明是中国特色社会主义文明体系的基础。马克思主义认为，社会的发展是经济、政治、文化以及生态环境协调推进的过程，社会文明的发展是由物质文明、政治文明、精神文明和生态文明四大要素交互作用而向前推进的过程。因此，物质文明、政治文明、精神文明、生态文明是人类社会文明发展的基本组成部分。生态文明与物质文明、精神文明、政治文明共同构成文明系统整体。生态文明是物质文明、政治文明和精神文明的基石，如果生态系统不能持续提供资源能源、清洁的空气和水等环境要素时，物质文明的持续发展就失去了载体和基础，精神文明和政治文明也无法持续发展。也就是说，没有生态文明，就不可能有高度发达的物质文明、政治文明和精神文明。没有生态文明，人就不可能有高度的物质享受、政治享受和精神享受。在中国特色社会主义建设的实践中，物质文明、政治文明、精神文明和生态文明共同构成了完整的中国社会主义文明体系。

从现实环境看，中国生态环境建设能力的逐年增强，公众环保意识和参与能力的逐步提高，是建设社会主义生态文明坚实的有利条件和群众基础。

生态环境能力建设是中国扭转生态环境恶化趋势的关键所在，从 1973 年中国环保机构的建立到 80 年代环境保护列为国家的基本国策，再到 90 年代中期以后可持续发展被确立为中国的基本发展战略，生态环境问题日益受到党和国家的重视。随着环境政策和环境法律的演变和框架体系的建立，生态环境能力的制度支撑体系逐步完善；生态环境问题终究要依靠科技进步来解决，通过不断开发和应用先进的技术体系降低资源的消耗强度，提高资源的利用效率，生态环境能力建设的技术体系进一步完备；环境污染综合治理和生态建设力度不断加大，经济结构调整步伐加快。这些趋势说明，中国的生态环境能力建设正在不断加强，这是建设生态文明的有利条件，在未来社会主义生态文明建设的大潮中还将大有作为。

改革开放的历史进程走到今天，“社会主义生态文明”的提起与实施，不能仅仅由政府部门或环保部门唱独角戏，从一定意义上说，公众环保意识和参与能力的提高将促进全社会环保意识的觉醒和环保责任的增强，从而使公众成为主角。毋庸置疑，我国人民的环保意识和参与意识与发达国家相比还非常薄弱，但是近年来公众的环保意识和参与能力正在逐步提高。从国家的环保政策、重大的环境问题到日常生活及身边的环境污染，人们对环境问题的关心和思考在网络上表现得非常明显。环境教育已经纳入中小学的教育体系，环保部门主动欢迎公众对环保的“深度参与”，并通过立法保障环境信息的公开，“生态平衡”、“绿色环保”、“绿色食品”、“阳光环保”、“绿色 GDP”、“循环经济”等概念开始深入人心，以生命捍卫人类家园的绿色和平组织、地球援助者——绿十字会、环保NGO（保护地球的志愿者）这些民间的自发组织与力量正如雨后春笋般地涌现。这些令人欣喜的迹象，说明公众环保意识和参与能力正在逐步提高，社会主义生态文明建设的群众基础正在逐步扩大。

当今中国必须生态文明，当今中国也完全能够建成生态文明。建设社会主义生态文明，是中国特色社会主义题中应有之义，是高举中国特色社会主义伟大旗帜的必然要求。

二、有中国特色社会主义旗帜下的生态文明的历史地位

1. 从三个文明建设走向四个文明建设

生态文明是有中国特色社会主义的题中应有之义，建设有中国特色社会主义，必须建设生态文明。

一直以来，中国特色社会主义理论都强调物质文明、精神文明和政治文明是相辅相成、缺一不可的关系，强调有中国特色会主义必须实现物质文明、精神文明和政治文明的协调统一发展。但是 30 多年的发展历程已经证明，有中国特色的社会主义现代化建设不能仅以物质文明、精神文明、政治文明“三大文明”为目标，还必须包括生态文明。

生态文明是对工业文明的继承与超越，它一改工业文明阶段的人类中心主义态度，承认人是自然中的一员，以资源和环境的承载力为基点发展经济，追求社会的可持续发展，是人类社会发展道路的必然选择。中国目前正处在社会主义初级阶段，既承担着发展生产力、建设现代化的重任，又面临治理环境、保护生态的压力，传统的工业文明发展模式无法带领中国人民实现经济与环境的“双赢”。

生态文明与物质文明、精神文明、政治文明是对立统一的关系。生态文明是“三大文明”发展的生态基础，并且能使人类更好地享用已有的物质文明、精神文明和政治文明成果；同时，物质文明为生态文明的发展提供物质基础，精神文明为生态文明的发展提供精神动力和智力支持；政治文明为生态文明的发展提供制度保证。“四个文明”紧密相连，缺一不可。

因此，中国特色社会主义必须将生态文明纳入现代化建设目标中，实现物质文明、精神文明、政治文明和生态文明“四个文明”共同发展，最终才能实现有中国特色的社会主义现代化，实现全面建设小康社会的目标。

2. 从“四位一体”建设走向“五位一体”建设

全面建设小康社会的社会主义现代化建设目标经历了不同的发展阶段。1975 年，四届全国人大通过的《政府工作报告》，正式提出了“工业、农业、国防和科学技术现代化”的建设目标。1982 年，党的十二大提出我国经济建设总的奋斗目标是“人民生活达到小康水平”。1987 年党的十三大进一步指出“小康水平”是“三步走”发展战略的第二个目标，并提出“经济、政治、文化等多方面的现代化建设”，认识到了现代化的全面性，但现代化建设的基本内容仍以经济建设为重，仍以是否有利于提高生产力为检验一切工作的标准。2002 年，党的十六大提出社会主义现代化建设要采用经济、政治、文化全面发展的“三位一体”布局来实现全面建设小康社会的奋斗目标。2005 年，党的十六届五中全会进一步指出，我国社会主义现代化建设包括经济建设、政治建设、文化建设和社会建设四个方面，将“和谐社会建设”纳入现代化建设目标中，形成经济建设、政治建设、文化建设和社会建设“四位一体”的新的战略布局。

2007年，党的十七大又提出了生态文明建设的要求，并将生态文明建设纳入全面建设小康社会的战略总目标中，表明了对生态问题的高度重视。在此情形下，我国的社会主义现代化建设的战略布局应该从经济建设、政治建设、文化建设、社会建设的“四位一体”发展到经济建设、政治建设、文化建设、社会建设和生态文明建设的“五位一体”，才能凸显生态文明的战略地位，凸显有中国特色社会主义现代化建设战略布局的全面性与科学性。

经济建设、政治建设、文化建设、社会建设和生态文明建设是“五位一体”密切配合、协调发展的。经济建设为社会的发展提供物质基础，政治建设为社会的发展提供政治保障，文化建设为社会的发展提供精神动力和智力支持，社会建设为社会发展提供和谐的社会环境，生态文明建设为社会发展提供生态基础和条件。

因此，社会主义现代化建设必须将生态文明纳入战略目标，将生态文明建设纳入战略布局，积极建设生态文明。

第二节　建设生态文明是一场伟大的科技产业革命①

由于推动社会文明进步的终极动力是生产力，特别是先进生产力，而在生产力结构中，劳动资料是表明社会经济发展阶段的标志。各种经济时代的区别，不在于生产什么，而在于怎样生产，用什么劳动资料生产。换句话说，社会经济形态演进的直接动力来自社会技术结构的变化升级。所以，我们需要研究支撑生态文明大厦的技术体系特征。

① 中国数字科技馆.人与生态网．生态文明的科学技术体系，2008-02-09。

第一，智能化微制造技术。工业文明的科技体系主要是为采掘冶炼各种天然化学物质以加工制造成各种工业品服务的，是高度发达的机器体系的生产制造技术。生态文明的主导科技和标志性生产力首先是智能化的微制造科学技术。智能化微制造技术，不仅将渗透到社会生产的方方面面，也将渗透到社会生活的方方面面，它对于“采掘和利用天然化学物质”的工业文明向生态文明的转型，将发挥先导作用。

智能化微制造技术，包括微加工和微电子的应用，而微电子已应用在集成电路和电脑晶片上，微米技术加工的实质应用可算是起步阶段，在汽车零件和军事上已开始使用此项技术。而微米机械加工技术能将各组件加工至微米级的大小，再组成一个微型系统，这种系统不但可降低成本，而且可拥有更多的附加功能。

微技术引申新控制器，以微电机为例。微电机（MEMS）是将微电子的基本原理和结构应用在机械加工上，达致微型化的效果，可分为矽微加工及以机械或物理加工的非矽微加工。而矽微加工的发展最早，是以化学液或电流进行蚀刻加工，造成“V”形或“U”形槽的物件供光学应用。微系统是将多个微型零件装组成一个全面系统，用做感应器、驱动器、调节器或电子控制器，例如撞车时弹出安全气袋的预测装置、微型通讯器材和医疗器材等。

微电机的发展及应用已成为全球制造业的新兴趋势，其中美国、欧洲和日本已在微电机技术上投入大量发展资源，亚洲地区的韩国、新加坡和台湾也已开始进行研究和开发。

第二，生态化农业技术。生态文明社会仍然离不开农业，因此，发展生态化农业技术具有广泛的现实意义。这里的农业是指大农业，即包括种植业、畜牧业、林业等在内的农业体系。仅在种植业范围内就应发展基因工程技术、栽培技术、机械技术、无害化肥料生产技术、无害化农药生产技术、病虫害防治技术、水利工程技术和农产品加工与保鲜技术等。在畜牧业方面，应发展种畜培育与改良技术、疫病防治技术、科学饲养技术、畜产品加工技术和畜产品保鲜与包装技术等。同时，农业机械与计算机、卫星遥感等技术组合，新型材料、节水设备和自动化设备应用于农业生产。农田水利化、农地园艺化、农业设备化以及交通运输、能源运输、信息通讯等的网络化、现代化，将成为今后生态农业发展的基本趋势。

第三，生物工程技术。生物技术涉及的范围十分广泛，人们常把基因工程、细胞工程、酶工程和发酵工程看成是构成生物技术主体的四大先进技术。随着生物技术的开发及产业化发展，生化工程、生物电子工程也会随之迅速崛起。

生物技术革命是人类技术思想的巨大飞跃。生物技术的实用转化将形成一大批新兴产业群，包括新生物化学和材料产业、新生物能源产业、新生物信息产业、新生物农牧业、新生物机械产业、新生物医药产业、新生物食品产业、新生物环保产业等。可见，生物技术是渗透于生态农业、生态工业和人类健康和环境保护各个方面的技术体系，是支撑生态文明的核心技术体系。

第四，循环经济技术。包括洁净生产技术和资源循环利用技术。不同的生产技术，产生的废弃物的种类与数量不同。具有环保指向的先进生产技术，产生的废弃物种类与数量都较少，而忽视生态效益的落后的生产加工技术，产生的废弃物种类纷繁复杂并且数量也较多。传统的线性经济发展方式的核心就是以高消耗、高能耗、高污染为特征的落后的生产加工技术，这些生产技术使企业沿着“资源—产品—污染排放”的路径形成物资单向流动经济。更为重要的是，洁净生产技术的普及与推广，不仅缩小了生产者所承担的成本与他们实际上所造成的成本之间的差距，而且还减轻了末端治理的负担，因而从源头上提高了社会效益和生态效益。

第五，清洁化的新能源技术。具体来说，就是以洁净的自然能源（光能、风能、水能、生物质能）技术替代化石能源技术，以低污染的化石能源（如天然气、石油）技术替代高污染的化石能源（如煤炭）技术，以加工形态的煤炭能源（如发电、洁净煤等）技术替代初级形态的煤炭能源技术。在这里，只有自然能源技术不对环境产生污染，而化石能源技术与煤炭能源技术均对周围环境产生不同程度的污染。从某种意义上讲，清洁化能源技术是所有国家的奋斗目标。

第六，新材料技术。新材料是科学技术发展不可缺少的物质基础。没有新材料的发展，很多高新技术都不能转化为现实的生产力。新材料技术包括以半导体材料、信息记录材料、传感器敏感材料、光导纤维等为代表的信息材料技术；以超导材料为代表的能源新材料技术；新型金属材料技术；高分子有机合成技术、纳米技术等。

第七，健康与环保技术。包括末端污染控制和治理技术等。

第三编

怎样建设生态文明：

实现路径和机制设定

第五章 生态文明建设实现路径的战略背景与选择

第一节 建设生态文明离不开物质文明、政治文明和精神文明

一、生态文明体现在物质、精神、政治和制度等多个领域

历史唯物论的基本观点：一定的文明是建立在一定的物质生产方式的基础上的：物质生产—社会制度—思想意识。因而生态文明包括三个层面。

第一个层面是物质文明（物质生产）

历史唯物论认为：人类历史的发展规律是，“人们首先必须吃、喝、住、穿，然后才能从事政治、科学、艺术、宗教等”。所以，物质生活资料的生产是人类社会发展的基础，国家制度、法的观点、艺术以至于宗教观念，是从这个基础上发展起来的。物质生产是文明的基础。

第二个层面是制度文明（社会制度）

社会的政治、经济、法律、教育等制度是为了维护物质生产建

立起来的，是人们思想行为的规范、准则。这是树立在物质生产基础之上的上层建筑，属于制度文明。

第三个层面是精神文明（思想意识）

各种观点、思想、理论，其核心是哲学的世界观、认识论、方法论与价值论（最重要的是价值观念与思维方式），它直接影响和指导人们的行动。这是与物质生产及上层建筑相适应的意识形态，属于精神文明。

生态文明是协调人与人、人与自然、人与社会多样关系的文明形态，内涵非常丰富，涉及自然与人类社会的方方面面，不仅仅局限于资源节约、生态恢复和环境治理，它广泛地体现在社会的物质、精神、政治和制度等多个领域。

二、建设生态文明离不开物质文明、政治文明和精神文明

1. 物质文明、政治文明、精神文明和生态文明是人类文明的完整体系

党的十二大报告指出，我们在建设高度物质文明的同时，一定要努力建设高度的社会主义精神文明，这是建设社会主义的一个战略方针问题。党的十六大报告把发展社会主义民主政治，建设社会主义政治文明，确定为全面建设小康社会的一个重要目标。党的十六大通过的新党章也作出了建设社会主义政治文明的规定。这是我们党在全国代表大会的文件中，第一次明确地将政治文明与建设社会主义物质文明和精神文明一起，确定为社会主义现代化建设的三大基本目标。“三大文明”的协调建设和发展，促进了我国经济、文化和政治的发展，推动了社会进步，促进了和谐社会的构建。

党的十七大确立了生态文明的战略地位，使生态文明在已经实

施和创造的物质文明、政治文明和精神文明“三大文明”基础上，作为第四种文明，成为人类文明体系的重要组成部分。“四大文明”和谐协调统一发展，相互促进和制约。

2. 物质文明、政治文明、精神文明和生态文明相互依存，关系密切

四大文明体系中，生态文明是基础和前提。社会主义的物质文明、政治文明和精神文明离不开社会主义的生态文明。没有良好的生态条件，人类既不可能有高度的物质享受，也不可能有高度的政治享受和精神享受。没有生态文明，就不可能有高度发达的物质文明、政治文明和精神文明。

四大文明体系中，生态文明是对现有文明的整合与重塑。就文明的发展阶段来看，生态文明是农业文明、工业文明发展的一个更高阶段；就文明的当代构成体系来讲，生态文明与物质文明、精神文明和政治文明是并列的文明形式，是协调人与自然关系的文明。在生态文明理念下的物质文明，致力于消除经济活动对大自然自身稳定与和谐构成的威胁，逐步形成与生态相协调的生产生活与消费方式；生态文明下的精神文明，更提倡尊重自然、认知自然价值，建立人自身全面发展的文化与氛围，从而转移人们对物欲的过分强调与关注；生态文明下的政治文明，尊重利益和需求多元化，注重平衡各种关系，避免由于资源分配不公、人或人群的斗争以及权力的滥用而造成对生态的破坏。生态文明是对现有文明的超越，它将引领人类放弃工业文明时期形成的重功利、重物欲的享乐主义，摆脱生态与人类两败俱伤的悲剧。

四大文明体系中，人类自身作为建设生态文明的主体，必须将生态文明的内容和要求内在地体现在人类的法律制度、思想意识、生活方式和行为方式中，并以此作为衡量人类文明程度的一个基本标尺。也就是说，建设社会主义的物质文明，内在地要求社会经济与自然生态的平衡发展和可持续发展；建设社会主义的政治文明，内在地包含着保护生态、实现人与自然和谐相处的制度安排和政策法规；建设社会主义的精神文明，内在地包含着环境保护和生态平衡的思想观念和精神追求。

第二节　时代的呼唤和转折点上的时代的抉择[①]

一、历史性转变和时代的呼唤

1. 历史性转变

历史性转变是对我国经济发展和环境保护规律认识的一个新飞跃。它的产生有着深刻的历史背景，反映着时代的客观要求。

党的十六大以来，中央提出树立和落实科学发展观、构建社会主义和谐社会的重大战略思想；提出建设资源节约型、环境友好型社会，加快转变经济增长方式，大力发展循环经济；要求明确不同区域的功能定位，形成各具特色的区域发展格局。党中央的一系列战略决策表明，我国环境与发展的关系正在发生重大而深刻的变化。环境容量成为区域布局的重要依据，环境管理成为结构调整的重要手段，环境标准成为市场准入的重要条件，环境成本成为价格形成机制的重要因素。这些重大变化，都标志着环保工作进入了以保护环境优化经济增长的新阶段。随着综合国力的增强和环保事业

① 周生贤. 机遇与抉择：松花江事件思考. 新华出版社，2007.

的发展，实行历史性转变的基本条件已经具备，推进历史性转变已经成为时代进步的迫切要求。

历史性转变是落实科学发展观的必然产物。科学发展观是指导发展的世界观和方法论的集中体现，是我国推动经济社会发展、加快推进社会主义现代化建设必须长期坚持的重要指导思想。以人为本是科学发展观的本质和核心。单纯的经济增长“见物不见人”，遮蔽或偏离了发展的根本目的，也就背离了经济建设的初衷。只有把经济增长与环境保护摆上“并重”的位置，在实际工作中同步推进，才能促进人与自然和谐，实现经济发展与环境保护相协调，走生产发展、生活富裕、生态良好的文明发展道路，切实提高人民群众的生活质量，保证一代接一代地永续发展。

历史性转变是完成建设环境友好型社会战略任务的必然要求。《2006 年中国可持续发展战略报告》指出：当前中国生态系统整体功能仍在下降，抵御各种自然灾害的能力在减弱。正在以历史上最脆弱、最严峻的生态环境，供养着历史上最大规模的人口，负担着历史上最大规模的人类活动，造成了最严重的环境资产损失和经济损失，生态和环境安全成为影响国家安全和可持续发展的重要方面，也是中国 21 世纪最突出的问题之一。这就决定着必须采用更加珍爱环境的生产生活方式，建设环境友好型社会就是一项重大的战略选择，它要求重塑人与自然的关系，尊重自然规律，以最小的环境代价取得最大的经济社会效益。加快推进历史性转变正是基于建设环境友好型社会的客观要求提出来的。

历史性转变是新阶段经济发展与环境保护的客观需要。我国经济社会发展已经进入了人均 GDP 从 1 000 美元向 3 000 美元过渡的关键时期。根据国际经验，这个时期既是一个“发展机遇期”，又是一个“矛盾凸显期”，同时，也是环境压力最大的时期。如果处理不好，不仅人与自然的矛盾进一步尖锐，而且也会加剧人与人、人与社会的矛盾。我国的现代化建设已经不具备发达国家工业化初期的发展环境，我国所面临的环境挑战，比任何一个大国在工业化过程中所遇到的形势都更加严峻。也不具备发达国家现在改善环境的条件，通过向发展中国家采购污染密集型产品转嫁污染。先污染后治理的路子不能走，也根本走不通。高代价、低效率的环保道路不仅会断送我国环保事业蓬勃发展的前程，而且会严重挤压中国的经济社会发展空间，并最终危及已经取得的发展成果。加快推进历史性转变，摒弃以牺牲环境换取经济增长的做法，坚持以保护环境优化经济增长，是探索中国特色环境保护道路的唯一选择。

历史性转变是当今世界最新环保理念的集中反映。1972 年在斯德哥尔摩召开的人类环境会议，开启了世界各国共同保护环境的征程。1992 年的里约环发大会，世界各国达成了可持续发展的共识。2002 年世界可持续发展首脑会议，将相互协调的经济发展、社会进步、环境保护作为可持续发展的三大支柱。在 30 多年的发展进程中，人们逐步认识到单靠末端治理不可能根本解决环境问题。随着污染预防、清洁生产和可持续发展等概念的提出，环境保护战略出现了重大转折：从单纯地解决环境问题转向将发展与环保协调起来，环境保护覆盖范围由末端治理向生产、消费的各个领域延伸，由微观控制向宏观控制拓展。以源头预防、全过程控制和废弃物资源化来替代末端治理成为环境与发展政策的主流。污染控制政策体系越来越趋向综合化、多样化，并强调政策的灵活性。特别是强制性政策与经济激励手段相结合取得了明显的成效。历史性转变的提出，吸收了多年来世界各国环境保护的经验，借鉴了国际社会环境保护理论的有益成果，反映了当代最新的环保理念，顺应了当今世界环境与发展事业前进的潮流。

2. 时代的呼唤

在深刻了解历史性转变产生背景的同时，也要充分认识到全面落实科学发展观、全面建设小康社会、构建社会主义和谐社会、环保事业蓬勃发展都在要求必须加快推进历史性转变。

我国人口基数大，人均资源相对不足，生态环境脆弱。粗放型经济增长方式不仅使经济发展质量难以提高，资源环境也不堪重负。国内外经验表明，加强环境保护是优化经济结构、转变经济增长方式的重要手段。从 20 世纪 70 年代开始，日本通过执行严格的环境政策，促进了经济结构调整，仅用了十几年时间就基本解决了产业污染问题，经济质量也迅速提高。我国太湖的五里湖污染治理投入了 25 亿元，带来的土地增值可以产生 50 亿元以上的直接经济效益，既美化了群众的生活环境，又拉动了经济增长。

“十一五”时期是全面建设小康社会的关键时期。

《国民经济和社会发展第十一个五年规划纲要》明确要求，到 2010 年，在 GDP 年均增长的同时，单位 GDP 能源消耗降低 20%，主要污染物排放总量减少 10%。这是约束性的指标，是必须实现的目标。如果继续沿袭以牺牲环境换取经济增长的老路，不仅环保目标难以实现，还将影响经济社会发展全局。因此，必须加快推动历史性转变，确保全面建设小康社会目标的顺利实现。

人与自然和谐发展，是和谐社会的重要组成部分。人与自然的矛盾越尖锐，环境保护在构建和谐社会中的地位就越重要。近年来，环境问题已严重影响到社会稳定。自松花江水污染事件发生以来，截至 2006 年 4 月底，由国家环保总局直接指导处理的各类突发环境事件 76 起。如果环境保护继续被动适应经济增长，这种状况将难以遏制，甚至有愈演愈烈之势。因此，环保工作必须加快推动历史性转变，下大力气解决涉及人民群众利益的突出环境问题，有效化解各类环境矛盾和纠纷，维护社会和谐稳定。

经过 30 多年的努力，我国环保事业取得重要进展。随着经济规模的不断扩大，环境压力将持续增加。当前和今后一个时期，我国环境问题日益严重与增长方式转变缓慢的矛盾突出，协调经济与环境关系的难度越来越大；人民群众改善环境的迫切性与环境治理长期性的矛盾突出，环境问题成为引发社会矛盾的“焦点”问题；污染形势日益严峻与国际环保要求越来越高的矛盾突出，环境与发展空间的关系受到挑战。必须以更高的层次、更宽的视野看待环境问题，从经济社会发展的全局准确判断环境形势，从全面建设小康社会的目标看待群众环境需求，在再生产的全过程中全面防控环境污染，加快推动历史性转变。

历史性转变是具有中国特色、基于中国国情、符合发展实际、融入发展全局的转变，是承上与启下相连、希望与困难同在、机遇与挑战并存时期的转变，是中国环保事业转折点上的正确抉择。

二、转折点上的历史性抉择

站在环境保护发展的战略高度，历史性转变是对环境保护与经济发展关系的根本性调整，是环境保护方式的根本性变革，是环保事业成败的关键所在。推动这一转变，必须坚持从国家战略层面解决环境问题、坚持保护环境优化经济增长、坚持全面推进重点突破、坚持从再生产全过程加强环境保护、坚持从经济全球化的战略高度驾驭环境保护及坚持思想、组织、作风、业务、制度“五大”建设，弘扬中国环保精神，唯有站在更高远的角度看待和处理环境问题，确立新时期环境保护的长远战略，树立环保工作前进的航标，环保事业才会得到蓬勃的发展。

坚持从国家战略层面解决环境问题。环境问题是一个“世界问题复杂体”，不仅涉及科学技术，而且涉及经济发展、社会进步、政治文明，甚至关系伦理道德。单纯依靠技术手段治理环境污染，必然是“头痛医头，脚痛医脚”，无法摆脱“先污染后治理”的道路。只有将环境保护上升到国家意志的战略高度，融入经济社会发展全局，才能从源头上减少环境问题。进入 21 世纪，环境保护开始与经济、社会、文化高度融合，循环经济的理念付诸实践，循环型社会的构架初现端倪。20 世纪 80 年代，上海提出了建设国际金融、贸易、航运中心的战略构想，经过 20 多年的不懈努力，产业结构不断升级，空间布局趋于合理，生态环境大有改观。从战略上解决环境问题，必须将环境友好的理念贯彻到发展的战略方向上，体现在发展的战略目标中，落实在发展的战略举措上，将环境保护的要求渗透到产业政策、货币政策、价格政策、财税政策和贸易政策之中，以环境友好的政策确保发展战略的顺利实施。

坚持保护环境优化经济增长。环境保护与经济发展是对立统一的矛盾体。传统的发展模式，消耗的资源多，产生的污染大，经济增长与环境保护的矛盾十分尖锐。科学发展就是消耗的资源越少越好，产生的污染越小越好，最好是“零排放”，总括起来就是又好又快。在我国汽车工业的发展中，环保标准曾经被认为是“拦路虎”。实践证明，严格的环保标准不仅没有阻碍汽车工业的发展，反而推动了技术革新，提高了市场竞争力。2006 年，我国汽车产量达到 700 万辆，全球排名第三位。近年来，天津市坚持以环保计划优化国民经济和社会发展计划，以规划环评优化城市空间布局，以环境准入优化产业结构，以循环经济优化增长方式，以环境治理优化环境容量，“十五”期间，以水资源消耗的零增长和能源消耗的低增长，实现了经济总量翻一番，二氧化硫和化学需氧量排放量比 2000 年分别削减 20%左右，成为环渤海地区一道亮丽的风景线。长期以来，人们认为重化工业的发展必然带来严重的环境污染。江苏省在沿江经济带开发中，坚持环保优先，以循环经济理念安排企业布局，提高技术门槛，推动企业进园入区，在经济快速发展的同时，污染负荷大幅削减，土地大量节约，被誉为江苏“环保新现象”。坚持保护环境优化经济增长，必须以环境准入促进产业结构优化升级，以功能分区促进产业布局合理有序，以减排污染促进生产技术换代升级，以环境成本促进资源优化配置。

推进历史性转变，要严格环境准入和污染淘汰。对于新建项目，通过提高环境准入“门槛”，既可以将高能耗、高物耗、高污染的建设项目挡在“门外”，又能遏制固定资产投资过快增长。国务院《决定》明确提出，要努力使环境标准与环保目标相衔接，就表达了提高环境“门槛”的决心。要优化环境标准、调整产业政策，提高环境准入的“门槛”。要降低污染企业退出“门槛”，将严重危害群众利益、资源消耗高、环境污染重、治理价值小的违法建设项目淘汰“出局”。

推进历史性转变，要实行分区管理。生产力布局要充分考虑各地的资源禀赋、环境容量、人口状况。在经济发达、环境容量有限、自然资源不足的地区实行优化开发，依靠科技进步和产业结构升级降低污染物排放总量；对发展潜力大、环境容量较为充裕、资源比较丰富的地区实行重点开发，在严格遵守环保法律法规的基础上，合理利用环境容量；在生态环境脆弱的地区和重要生态功能区实行限制开发，选择对环境危害小、有利于生态功能恢复的开发方式；在自然保护区和具有特殊保护价值的地区实行禁止开发，依法实施强制性保护。

推进历史性转变，要促进环境成本内部化。我国资源、能源利用效率低下，污染排放严重，既有资源价格不合理的因素，也有环境成本没有内部化的原因。针对排污费征收标准偏低的情况，要逐步提高工业企业排污收费标准，建立企业保护环境的激励机制和减少污染排放的约束机制；针对城镇污水处理和生活垃圾处理收费不到位的问题，要全面实施城市污水、生活垃圾处理收费制度，收费标准要达到保本微利的水平，凡收费不到位的地方，当地财政要对运营成本给予补助；针对矿山生态恢复问题，要建立矿区环境和生态恢复的新机制，督促矿山企业承担资源开采的环境成本；针对环境无价的状况，要在落实污染物排放总量控制制度的前提下，实行排污权有偿取得，改变目前企业随意排污、不计成本的状况。同时，采取有效措施，真正把企业污染治理的责任落到实处，使企业生产成本完整地反映环境成本，使企业形成保护环境的内在压力。

第三节 中国模式的战略反转：绿色现代化[①]

一、绿色转型的历史使命

中国要在2050年基本实现现代化，不仅需要30多年的国际和平环境，更需要30多年的全球稳定气候环境。与美国合作领导和共同推动全球减排行动，既是中国的机会，也是中国的责任。

2007年6月，中国成立以温家宝总理为首的国家气候变化及节能减排工作领导小组，发改委制定了《中国应对气候变化国家方案》，这标志中国形成比较完整的气候变化政策体系，在发展中国家中做出了表率。方案还首次明确了到2010年中国应对气候变化

① 胡鞍钢. 绿色转型的中国图景. 文化纵横，2009（5）.

的具体目标。不过，确切地讲，针对长期性、全局性的气候变化挑战，这一方案还只是（2007—2010 年）短期行动方案，没有给出中国中长期 CO_2 排放总量限制指标及减排路线图。

由于全球气候变化不仅是每天发生的危机，而且也是长期愈演愈烈的最大危机，它的影响远超过全球金融危机的短期影响，也成为制约中国长期发展的最大限制因素。我们需要制定更加富于长远的、战略性的、前瞻性的中国气候变化政策及目标，给出更加清晰的减排温室气体的路线图。

这里，我们要跳出减排的十分狭义的思路，把应对气候变化放在整个中国现代化的历史进程中加以考虑。

纵观已经或大体实现工业化的国家的传统发展战略，无论是欧美还是日本，尽管各自的国情特点、发展条件等方面有所不同，但仍有两个显著的发展特征：一是对资源（特别是不可再生资源）的高消耗来支撑经济的高速增长，二是对生活资料的高消费来刺激经济的高速增长。我们称为传统的发展模式。对比中国的条件，我们认为，中国不可能按照传统的发展模式实现现代化，从而实现国家的崛起，其主要理由是：第一，欧美、日本等在发动工业化时，就积极参加了国际贸易，与世界市场相互联系起来，以战争和殖民方式积累原始工业资本，开拓国际市场，靠工业化和国际贸易两个轮子促使经济起飞。中国经历了百年磨难开始对外开放时，国际市场早就分割完毕，以初级产品为主的贸易结构使之处于极其不利的地位；第二，中国发动工业化的时间晚，经济发展起点低，与工业化国家相比，生产技术和开发、利用资源能力差距甚大，虽有后发优势，但障碍重重；第三，中国人均资源占有量只及欧美国家的几分之一甚至几十分之一，没有条件实现高消耗资源生产型、高消费生活型的物质高度现代化；第四，中国是一个人口大国；第五，中国不可能像过去的工业化国家那样通过战争和资源掠夺实现资本原始积累，只能从中国的内部改革和发展之中寻找出路；第六，按照传统发展模式实现经济增长的局限性越来越明显。

目前，中国能源消费结构极不合理，形成了以煤炭为主的基本格局，具有巨大的社会负外部性和社会成本。1996—2001 年期间，因国内能源需求下降，政府首次对煤炭这一产业进行关闭“大扫除”，这一比重持续下降，但是此后这一比重又强有力地再次上升。

鉴于此，中国的发展战略必然要不同于传统的现代化发展模式，而应采取符合中国国情的非传统现代化发展模式，其核心思想就是实行低度消耗资源的生产体系，适度消费的生活体系，使经济持续稳定增长、经济效益不断提高的经济体系，保证社会效益与社会公平的社会体系，不断创新，充分吸收新技术、新工艺、新方法的应用技术体系，促进与世界市场紧密联系的、更加开放的国际经济体系，合理开发利用资源、防止污染、保护生态平衡等。

可以认为，中国的现代化道路是一条创新之路，它将不同于从 1750 年英国工业革命以来，经济增长与温室气体排放共同增长的传统发展模式，而是在 21 世纪上半叶创新的，一种经济增长与温室气体排放下降乃至脱钩的绿色发展模式。

中国应对全球气候变化，发展绿色经济，调整产业结构，发展绿色产业，投资绿色能源，促进绿色消费，不仅不会影响中国的长期经济增长率，还会大大提高经济增长质量和社会福利，实现经济发展与环境保护、生态安全、适应气候变化的“多赢”。与此同时，中国作为世界人口最多、经济总量最大、发明专利最多的国家，一定会通过和平发展与绿色发展、国际合作与绿色合作，为世界应对气候变化、实现“450 ppm 稳定”方案、温室气体减少一半作出重大贡献。

二、中国气候政策争论的焦点

中国气候政策既包括国内政策，也包括国际政策。在国内政策上，已经在科学发展观指导下形成高度的政治共识，中国是世界上减排行动做得最好的、执行最有力的国家。但是在国际政策上，却大为不同，2009 年 12 月将召开的哥本哈根高峰会议上，发达国家将被强制性减排，发展中国家将非强制性自主减排。目前，中国公布的目标是到 2020 年全国单位 GDP 二氧化碳排放比 2005 年下降 40%至 45%，这是国内自愿、自主的行动。公开承诺中长期 CO_2 排放总量限制指标，这对中国既是最大的外部压力和挑战，又是最大的机遇和外部条件。这将使中国与世界同行，也使中国成为全球减排行动的倡导者、领导者和创新者。

三、中国在绿色地缘政治中的挑战与机遇

（1）中国已经是世界上污染排放第一大国。世界银行研究表明，1990 年以来，全球二氧化碳排放量呈加速增长的趋势，已经增长了 28%。各国的二氧化碳排放量发展趋势以及各国对全球气候变化的影响存在极大不同，美国和中国对全球气候变化的影响最大。中国早就是世界最大的二氧化硫排放国，从 1990 年以来，中国是世界上二氧化碳排放量增长最快的国家，约占 1990—2004 年期间世界新增二氧化碳排放量的 41.5%，而美国为 19.5%。无论是中国国情还是世界世情，都决定了 21 世纪中国的发展必须是“自律”发展、“自我约束”发展、绿色发展。

（2）中国一直是世界上深受气候变化影响的第一大国。中国作为世界第一人口大国和农业生产国家，一直是世界上自然灾害影响最大的国家，无论是受灾面积还是成灾面积规模都是世界最大

的，也是成倍增长的；与此同时，中国还是灾害造成粮食损失最大的国家，从20世纪50年代起，平均每年直接损失量占粮食总产量的2.1%，上升至2001—2006年期间的7.38%。

据国家防汛抗旱总指挥部提供的信息，近年来，受全球气候变化影响，我国气候异常，强暴雨、台风、高温干旱和冰冻低温等极端天气事件明显增多，水资源时空分布不均问题更加突出，对经济社会发展和生态系统的影响增大。

中国是受气候变化影响最为严重的国家，极端天气气候事件发生频率和强度均呈上升趋势。据国家气候中心提供的资料，2009年7月，我国共有20个地区（省、市、自治区）151个站点日最高气温达到极端高温事件的标准，其中有8个地区的23个站点超过历史极值；共有17个地区61个站点日降水量达到极端强降水事件标准，其中有6个地区15个站点日降水量超过历史极值。

（3）地球是一个越来越小的地球村，又是一个全球共有的家园。绿色世界需要绿色中国。中国的气候变化政策及态度对世界是否能够达成人类共识是举足轻重的，中国主动作出公开承诺带头自主减排，就会促进哥本哈根会议取得“全球共识”，制定“全球行动的方案”，为挽救地球、呵护家园发挥关键性的领导作用，成为十七届中央政治局作出重大决策的成功案例，如同十五届中央政治局力排众议，作出中国加入WTO的重大决策成功案例。

（4）当中国已经成为经济全球化最大的受益者和推动者，也成为全球共同利益的最大利益相关者时，中国的任何行为，包括经济快速发展在内，都将考虑人类共同利益，宁可使经济增长慢一点，宁可牺牲自己的一些眼前利益。

（5）无论对全球还是对中国而言，全球气候变化，可以描述为两个“前所未有”：一是“前所未有”的发展挑战，本质上是对传统的黑色发展模式的最大挑战；二是“前所未有”的发展机遇，本质上是创新绿色发展模式的最大机遇。

（6）中国已经采取了减排行动，是世界上最严格也是执行力最强的国家之一，世界上没有哪一个发达国家敢提出并做到 5 年节能 20%、减少主要污染物 10%这两大目标。这就为中国公开承诺、兑现诺言提供了“信誉”和“美誉”。中国将驶入科学发展、绿色发展的成功之路，成为世界绿色革命的旗帜，为人类作出巨大的绿色贡献。

第四节　气候变化与绿色经济和低碳经济

一、哥本哈根联合国气候变化大会综述

2009 年 12 月 7 日至 18 日，哥本哈根会议召开，商讨《京都议定书》第一个承诺期（2008—2012 年）结束后全球应对气候变化的发展路线，为后京都时代定下行动基调。

会议于 2009 年 12 月 7 日开幕。在开幕式上，政府间气候变化专门委员会（IPCC）主席帕乔里发言，他在发言中称 IPCC 是由全球顶尖的 2 000 多个科学家组成的，数据源也是多元化的，从 IPCC 的整体来讲，所作的科学报告是有坚实基础的，不影响对全球气候变暖的整体判断。

这次大会的重点包括三个方面：1）发达国家到 2020 年的中期减排目标；2）发展中国家根据自身能力采取应对气候变化的行动；3）发达国家帮助发展中国家适应、减缓气候变化的短期和长期资金和技术支持。

与哥本哈根气候变化大会相关的若干重要问题是：

（1）哥本哈根会议及其达成协议的重要性

人类给大气层制造了足够多的温室气体以至于全球温度上升到了一个非常危险的高度，同时这又极大地增加了世界各地干旱、热浪和暴雨的发生频率。一份成功有效的国际气候变化协议的达成是为了避免灾害性的气候变化以及帮助那些最脆弱的国家适应气候变化带来的影响。全世界只有一个专门为建立新型低碳社会和避免科学家最糟糕的估计变为现实的渠道，哥本哈根大会暨联合国气候变化峰会将是人类接受艰巨任务的机会，将是历史上的一个重要时刻。

新协议的达成至关重要。现存具有法律约束力的协议只有规定每个国家温室气体排放额的《京都议定书》，而这份议定书将于 2012 年失效。为了使全人类拥有一个可持续的公平的未来，一份新的有效协议亟须在哥本哈根会议达成，这样国际社会才能为 2012 年以后执行新协议做准备。

哥本哈根会议达成的协议并不需要囊括所有细节，但是它必须在四点关键问题上清晰明确：第一，工业化国家减排额的中期目标是多少？第二，发展中国家应该如何控制温室气体的排放量？第三，如何稳定和具有预见性地对发展中国家减少温室气体排放以及适应不可避免的气候变化带来的影响进行财政资助？第四，该如何建立在制定决策的进程中把发展中国家当成平等的合作伙伴并为它们提供技术和资金支持这样的机构？

（2）发达和发展中国家关注的焦点异同

当发展中国家明确希望为减排出力的时候，它们关注的焦点是它们将会被强制接受不利于它们经济发展和束缚它们与贫穷作战的手脚的这样的一个协议。另外，哥本哈根的最后议定书必须解决发达国家关注的问题，即它们害怕，当发展中国家不用遵守减排规定，而它们为了遵守减排的规定又不得不资助发展中国家，这无疑加剧了竞争。因此，哥本哈根的一个关键任务是保证协议对各方都是公正的。

发展中国家对哥本哈根的最后协议的达成起到了关键作用。根据国际能源署（IEA）有关数据，截至 2030 年全球能源需求将会上升到 55%。在从现在开始到 2030 年的这段时间，对全球能源供应基础设施建设的投资将达到 22 万亿美元，而这其中将近一半投资将在发展中国家。同时，发展中国家对于气候变化带来的冲击最为脆弱，为了适应这种影响尤其需要大量的资金援助。

二、哥本哈根大会与中国

气候变化、能源安全、环境危机给中国带来的挑战越来越多，但气候变化对中国来说也是一个发展机遇。

首先，气候变化挑战下孕育着机会，历史上的每一次能源革命都带动了全球经济竞争格局的转移，煤炭和石油对英美经济的发展不可忽视。在新能源领域，各个国家是在同一个起跑线上的。以低碳经济为目标的清洁能源革命也许将成为未来全球竞争的制高点。如果中国能够在太阳能、风电、生物能、电动汽车等领域有所进展的话，并可以很便宜地使用清洁能源的同时，中国在新能源领域也会有一席之地。从这种角度来看，积极应对气候变化是对自身负责，气候危机对于中国来说其实也是一种发展机遇。

其次，从国家战略和形象来看，中国也更多地表示了自己的责任，尤其是在对外交流与谈判的时候，应该更多地表明中国积极主动的态度，强调中国已经进行和未来将要进行的行动，表明和世界进行合作的决心，这样中国在外交上会有更多的主动性，也有助于树立“负责任的大国”形象。

中国要加强在气候变化科学和政策方面的研究、发布与交流。谈判涉及科学事实、政策措施、发展战略、制度安排、国际政治等各个方面复杂而又重要的问题。因此，中国在气候变化领域需要有自己的“国家队”，为中国谈判的进展提供坚强的基础和强大的支持。在国际舞台上，也让中国更有能力参与到制度设计、规则制定的过程当中，为中国争取更大空间的同时，也为全球应对气候变化作出更大贡献。

三、气候变化与绿色经济、低碳经济①

1．低碳化：逐鹿世界“绿色话语体系”制高点

观念决定行为、思路决定出路、话语权决定投票权，在全球性金融危机尚未走出谷底的时刻，应对气候变化与发展低碳经济悄然成为最热门的世界级话题。美国奥巴马政府上台后一反布什政府在气候变化问题上拒绝与国际社会合作的态度与做法，声称应对气候变化有助于恢复经济走出金融危机；奥巴马政府还利用各种机会积极推动联合国气候谈判，其国务卿希拉里·克林顿在多种场合一再说“美国已准备好在哥本哈根气候变化谈判中起主导作用”。欧洲和日本由于自然和人文的原因，一直是《联合国气候变化框架公约》（1992）及其工作方案《京都议定书》（1997）的积极推进者。如果没有这场金融危机，它们很愿意也很有可能成为第四次工业革命的倡导者和生产方式全球性转变的举旗者。然而，历史不是以任何人的意志为转移的，几乎是出乎所有人意料的是，英国这个虽为欧盟主要成员，但世界经济政治格局中经常同美国保持高度一致的老牌工业化国家，却高举起“低碳经济”旗帜同美国人一起成为“绿

① 杨志，张洪国．气候变化与低碳经济、绿色经济、循环经济之辨析．广东社会科学，2009（6）．

色经济”的推手。

气候变化所以成为全世界最热门的话题有其深刻而复杂的原因：

（1）以气候变暖为主要特征的气候变化已成为21世纪人类面临的最重大环境发展问题。

（2）应对气候变暖已成为当前及今后相当长时期内全人类最紧迫的任务。

（3）全人类生存环境在空间上分布在世界各国，并深受世界各国在科学认知、文化传统、政治意愿、经济利益、技术水平等实际状况方面巨大差异的制约。

（4）以遏制气候变暖为题展开的世界各国“博弈”，不仅直接影响广大发展中国家的现代化进程，如中国“构建和谐社会”的进程，而且直接影响发达国家在全球生存环境和生态资本再分配方面的角逐，如美国的“绿色金融与绿色新政”的实施、欧盟和日本在新一轮“低碳经济”竞争中占据“制高点”的行动。

（5）以“绿色经济”、“低碳经济”为特征的生产方式、交换方式、分配方式、消费方式、生活方式、行为方式、信息沟通方式的全球性转变及其效果，既受制于发达国家和发展中国家之间在资金和技术方面的真诚合作，还要受制于各国由生产力水平实际状况支撑的国家整体运行能力的制约。

2. 绿色经济和低碳经济之间的内在联系

（1）金融危机使“绿色”和“低碳”成为“主流话语体系”中的“亮点”

绿色经济作为一个概念，最早见之于英国环境经济学家皮尔斯的《绿色经济蓝图》（1989），但是作为一种新的能够引领世界经济活动走向的话语却最早出自联合国秘书长潘基文之口。在2007年底联合国巴厘岛气候会议上，潘基文高瞻远瞩地指出：“人类正面临着一次绿色经济时代的巨大变革，绿色经济和绿色发展是未来的道路”；“绿色经济正在为发展和创新产生积极的推动作用，它的规模之大可能是自工业革命以来最为罕见的”。同样，低碳经济作为一种话语依然是由英国人发明（2003），但作为一种能够聚集全世界“注意力”的应对气候变暖的战略对策，也是依然是由于联合国环境日口号“转变传统观念 推行低碳经济”而被全球所接受。联合国对绿色经济和低碳经济的全力推广，标志着“联合国共识”已经完成从一种可持续发展观（1987）、一种应对气候变化的思路或公约（1992）、一种可操作的经济机制（1997）转化为一种切实可行的生产方式和生活方式。应该说，“联合国共识”经 22 年的推广终于有了真正的认同。

应该说，《美国清洁能源安全法》标志着奥巴马政府为应对金融危机和气候危机而积极推行的“绿色金融”和“绿色新政”取得了美国法律的支持。以此为转机，美国完成了嘲讽遏制气候变暖向积极推动绿色经济发展的“变脸”。面对美国方略的调整，英国不甘坐视自己的地位被取代，2009 年 7 月颁布的《英国低碳转换计划》欲将英国打造成世界绿色能源及制造业中心在海岸风能、海洋能、低碳建筑、超低碳汽车等方面引领世界绿色革命大潮，同时还计划在 2020 年提供 120 万个“绿色经济”就业岗位。英国商务大臣曼德尔森说：“我们决定通过制定清晰的政策，使英国在经济和环境两方面同时受益”。

欧盟和日本也试图借“气候变化拯救人类共同家园”占领道德高地，使自己成为全球致力于解决气候变化问题的领袖，并由此掌握制定新国际规则的“话语权”和“制定权”，即掌握与低碳、减排、绿色、环保等方面相关的指挥权、支配权、定价权，这是欧盟和日本的如意算盘。然而，由金融危机引起的利益冲突而导致欧盟内部在如何发展绿色经济问题上出现了极度不和谐的话语。在 2008 年 12 月的欧盟峰会上，德国总理默克尔明确表态说，德国“反对任何危及德国就业和投资的措施”；意大利总理贝卢斯科尼说，“如果保护本国制造业的要求得不到满足，我将对欧盟一揽子计划行使否决权”。由此，欧盟便失去对其他主要工业国家产生影响的地位。日本和其他“伞形国家”包括俄罗斯、加拿大、澳大利亚、挪威等，在波兹南会议上遇到的情况与欧盟内部差不多。所以金融危机使美国底牌变得举足轻重。

（2）“低碳经济”和“绿色经济”与不同话语体系中有不同的含义

如果说在美国的话语体系中，绿色能源与绿色金融就是绿色经济的代名词，那么在欧盟和日本的话语体系中，绿色经济则是以绿色技术体系为物质基础，以改善环境问题为价值基础的经济形态。绿色技术是能减少污染、降低消耗、治理污染或改善生态的技术体系，是由相关知识、能力和物质手段构成的动态系统。绿色技术的结果是承载环境价值的绿色产品，其功能特色是保护环境和改善生态。绿色产品价值包括：① 内部价值，即绿色技术开发者或绿色产品生产者获得的价值，如绿色技术转让费，清洁生产设备、环保设备和绿色消费品在市场获得的高占有率等；② 直接外部价值，即绿色技术使用者和绿色产品消费者获得的效益，如用高炉余热回收装置降低能源消耗，用油污水分离装置清除水污染，食用绿色食品降低了人们的发病率等；③ 间接外部价值，指未使用绿色技术（产品）者获得的效益，这是所有社会成员均能获得的效益（如干净的水，清新的空气），也是绿色技术负载的最高经济价值。需要指出的是，在欧盟和日本，绿色贸易及其壁垒也是其绿色经济的重要组成部分。

在英国话语体系中，绿色经济和低碳经济首先是一种绿色的生产方式，因此，低碳经济与绿色经济不仅都是实体经济，而且它们之间还有着紧密的内相关联系：低碳经济是实体经济领域中的绿色经济，绿色经济是能够降低能耗、减少温室气体排放、改变对化石能源依赖的新能源经济，包括新能源技术和新能源技术装备等基础经济。例如，英国为达到 2020 年比 1990 年减少 34%的温室气体排放的目标，届时发电量的 31%将来源于风能、潮汐能等可再生能源，8%来源于核能。在生活方式方面，英国还要发展超低碳汽车和发展支持家庭自我发电的设备。

需要强调的是，发达国家无一例外地都非常重视用绿色金融导引绿色经济和低碳经济的发展。例如，奥巴马的绿色金融就是他振兴美国经济和提高其在全球的竞争力的主要政策手段；在奥巴马那里，绿色经济有两种含义：一是变金融“危机”为发展低碳经济的“机会”，奥巴马曾把石油暴政比作法西斯主义，他在就职演说中指出，“我们利用能源的方式助长了我们的敌对势力，同时也威胁着我们的星球”；二是把“绿色金融”不仅作为导引“新能源技术（设备）贸易”和“绿色产品贸易”的令旗，而且作为重构未来世界金融体系的突破口。当然，在奥巴马那里，作为绿色金融典型形态的“碳交易市场”是以“自愿减排”为特征而区别于联合国和欧盟“强制减排碳市场”的；作为绿色经济主体的新能源技术（设备）和绿色产品贸易市场是由“绿色知识产权”和“绿色环境壁垒标准”来保驾护航的。最近（2009 年 9 月 12 日）美国对中国轮胎实行“碳关税”就是例证。

第六章　物质文明为生态文明建设提供坚实的物质基础

第一节　生态文明的物质基础是生态产业

一、生态文明的物质基础是生态产业

建设生态文明首先要有建设文明的物质基础，把工业化与信息化的生产方式改造为生态化的生产方式，在建立生态产业的基础上，实现从工业文明、信息文明向生态文明的转型。

工业文明的物质基础是工业，它的国民经济结构是三次产业：农业、工业、服务业。

工业化发展战略是：以农业为基础，以工业为主导；以物质与能量为中心，推动经济、社会的发展；工业化就是用工业科学技术武装农业和服务业。

信息文明的物质基础是信息业，它的国民经济结构是四次产业：农业、工业、信息业、服务业。

信息化发展战略是：以农业为基础，以工业为支撑，以信息业为主导；以信息与知识为中心，推动经济、社会的发展；信息化就是用信息科学技术武装农业、工业和服务业。

生态文明的物质基础是生态产业，生态产业是“以人与自然协

调发展为中心”，以“自然—社会—经济”复杂巨系统的动态平衡为目标，以生态系统中物质循环、能量转化与生物生长的规律为依据，进行经济活动的产业。它把国民经济的产业活动放在自然生态环境中进行，形成了生态产业的结构：生态农业、生态工业、生态信息业、生态服务业。

生态化发展战略是：以生态农业为基础，以生态工业与生态信息业为支撑，以生态产业为主导；以人与自然的和谐发展为中心，推动经济、社会的发展；生态化就是用生物科学技术武装工业、信息业和服务业。

1. 生态产业的含义及特征

生态产业是生态优化的产业，是按照生态学原理和生态经济规律，因地制宜地设计、组装、调整和管理产业生产和经济的系统工程体系。利用传统产业精华和现代科技成果，通过人工设计生态工程、协调发展与环境之间、资源利用与保护之间的矛盾，形成生态与经济两个良性循环，经济、生态与社会三大效益的统一。包括生态农业、生态工业、生态信息业和生态服务业等。

生态产业以生态平衡为前提，以生态与经济的协调发展为目标，具有综合性、高效性、多样性和持续性等特点。

2. 生态产业与产业生态化的关系

生态产业与产业生态化既有区别又有联系。区别表现在两者含义不同。产业生态化是指工业、农业、制造业、交通运输业、商业等产业或者商业活动生态化的过程，包括农业生态化、工业生态化、交通运输业生态化和商业生态化等。

联系表现在产业生态化是生态产业的实现目标，生态产业则是产业生态化的实现工具。

3. 生态产业与传统产业的区别

生态产业是对传统产业发展模式的一次革命，与传统产业存在本质上的区别。传统产业是在三次科技革命的基础上发展起来的产业，包括钢铁、机器制造业、化工业、有色金属业、纺织业和采矿业等，生产过程中物质和能量的流动都是单线性的，对环境和资源造成巨大压力。生态产业将生产、流通、消费、回收和环境保护等环节相结合，促进物质能量以及产品生命周期的全循环，具有能量的循环性、排放的低碳性。生态产业是世界产业发展的新方向。

二、总量生态经济反映生态文明的繁荣程度

1. 生态经济概述

生态经济是在 20 世纪 60 年代初期产生的，旨在摆脱现实社会面临的诸多困境的一种理念、一个目标和一条路径，是生产不断发展与资源环境容量有限的矛盾运动的必然产物，是实现可持续发展的一种具体形式，是把经济社会发展与生态环境保护和建设有机结合起来，使二者互相促进的一种新型的经济活动形式。最初的生态经济，其理念没有确切的含义，其目标缺乏系统的构想，其路径也缺乏现实可行性。经过多年的发展，生态经济作为一种理念正在被越来越多的人所理解和接受，而且由理念上升为一种理论体系，并走向实践。

生态经济是实现经济发展与环境保护、物质文明与精神文明、自然生态与人类生态的高度统一和可持续发展的经济。生态经济既不为加速经济发展而牺牲生态环境，也不为单纯保护生态环境而放弃经济发展；既遵循经济规律搞好经济建设，也遵循生态规律搞好

资源的开发利用；既为当代人创造优质的生态环境，也不削弱后代人满足自身需要的发展能力。

生态经济的本质是把经济社会发展建立在生态环境可承受的基础之上，在保证自然再生产的前提下扩大经济的再生产，形成产业结构优化，经济布局合理，资源更新和环境承载能力不断提高，经济实力不断增强，集约、高效、持续、健康的社会、经济、自然生态系统。①

生态经济强调建设生态环境也是发展生产力，力求实现经济社会发展与生态保护和建设的动态平衡，实现当前利益和长远利益、整体利益和局部利益的统一，实现社会的和谐和可持续发展。

生态经济是生态和经济的并重与双赢，它有四大发展原则：① 生态环境保护与生态环境建设并举；② 突出地区特色与发挥资源优势相结合；③ 区域联合协作、社会共同参与和投资主体多元化相结合；④ 经济效益、生态效益和社会效益相统一。

生态经济以生态产业为标志，以生态产业园区的形成作为发展方向。从全球范围来看，生态经济正在进入快速成长时期，向着产业生态化方向发展。

2. 生态经济在中国

中国生态经济的理论研究始于 1980 年。中国生态经济学的倡导者、奠基者、经济学家许涤新在 1980 年 8 月首次提出“要研究我国生态经济问题，逐步建立我国生态经济学”，并于同年 9 月出版了中国第一部生态经济学论文集——《论生态平衡》，拉开了中国生态经济理论研究的序幕。

---

① 姬振海. 生态文明论. 人民出版社，2007：244.

20 多年来，中国生态经济理论研究大致经历了三个发展阶段①：

第一阶段，从 1980 年至 1984 年，是以维护生态平衡为核心的研究阶段，强调经济的发展必须遵循经济规律和生态规律。

第二阶段，从 1984 年至 1992 年，是以生态经济协调发展为核心的研究阶段。1984 年，全国生态经济科学讨论会暨中国生态经济学会成立大会召开，会上中国经济学家、生态学家、环境学家等专家在以生态与经济协调发展的思想指导经济建设上达成共识。自此，中国生态经济理论研究主要围绕生态与经济协调发展展开，一直延续到 90 年代初期。其间，学者们提出了社会经济与自然生态协调发展的各种新理论，既丰富了我国的生态经济协调可持续发展理论，又为我国生态环境与经济社会可持续发展战略的实施提供了科学依据。

第三阶段，从 1992 年至今，是以生态环境与经济社会可持续发展为核心的研究阶段。此阶段，中国生态经济学理论研究向深度和广度发展，向可持续发展领域渗透，最终形成了可持续发展经济理论。可持续发展理论的形成，不仅丰富了生态经济学理论体系，而且为我国的生态经济协调、可持续发展提供了指导思想。

在生态经济的理论不断发展的同时，生态经济的实践也取得进展，主要体现在区域和产业两个层面上。

首先，区域生态经济发展取得成就。近年来，生态省建设方兴未艾，海南、吉林、黑龙江、福建、浙江、山东、安徽、江苏、河北、广西、四川、辽宁、天津、山西等省、市都展开了生态省建设工作，生态产业有新的发展。例如海南省通过退耕还林、天然林保护等生态工程，有效地保护了中部和沿海生态敏感区的生态环境，森林覆盖率已连续5年年均递增一个百分点，天然林面积恢复到19%

① 李周. 中国生态经济理论与实践的进展. 江西社会科学，2008（6）：8-9.

左右；新建文明生态村 1 079 个，累计达到 2 938 个，占全省 23 310 个自然村的 12.6%，全省无公害农业基地面积达到 10.7 万公顷，无公害瓜果菜产量 240 万吨，产值约 38 亿元，有 23 家企业的 45 个产品被评为国家绿色食品。黑龙江省在 2003 年新增生态示范乡、镇、农场 55 个，生态示范村、队 34 个，生态示范区及试点 112 个，启动了一批集约化畜禽养殖污染防治项目，农用薄膜回收率达 88% 以上。绿色食品生产基地达到 120.7 万公顷，绿色食品年产量 710 万吨，产值 190 亿元。①

其次，产业循环经济开始起步。共生企业群组成的生态园区成绩显著，如广西贵港国家生态工业（制糖）建设示范园区、广东南海国家生态工业园、甘肃黑河生态科技产业园、四川沱牌酿酒工业生态园区、湖南浏阳市工业园，生态产业特别是生态农业发展较快，创立了多种发展模式。但是目前我国循环经济的发展还处于试点阶段，初级阶段，要使循环经济成为“稳态经济”，还有很长一段路要走。

我国的生态经济发展在取得一定成绩的同时，也存在很多问题。当前，社会上由于对生态经济的理解存在偏差，在发展生态经济的过程中存在不少问题，两种问题尤为明显：一是以生态换经济的行为。一些地区原本山清水秀、空气清新、树木繁茂、资源丰富，有着良好的生态环境，但在以经济发展为首要目标的政策驱动之下，资源遭到过度开发，水和空气遭到污染，自然风光遭到破坏。二是以经济换生态的行为。某些地方本没有可以作为旅游的生态环境，但是该地出于某种考虑，投入大量资金建设生态旅游景点。对于这类行为，应该用成本收益加以分析，如果生态旅游的投入能够以收益的形式存在，并且能够盈利，那么可以视这种行为为一种投

① 李周. 中国生态经济理论与实践的进展. 江西社会科学，2008（6）：10.

资；但实际情况往往与此相悖，很多地区旅游开发根本没有进行投资论证，只是一种盲目跟风，游客稀少，投入的资本难以回收，而这些资本原本可以用作他途。这种以经济换生态的行为也是不正确、不可取的。

3. 中国要有发展生态经济的生态自觉

目前，中国要发展生态经济，建议从以下方面进行努力：

首先，进一步解放思想，更新观念。切实认识到时代发展的方向，认识到实现可持续发展必须走生态经济发展的道路，认识到实现山川秀美与经济翻两番同等重要，真正提高各级政府和全社会、全民的生态意识，使发展生态经济成为全社会的共识。为此，要加强宣传教育，确立生态是资源的观念，既要保护好生态资源，又要合理地、高品位地、永久地、可持续地开发利用开发生态资源；确立生态是商品的观念，不断满足人民群众的生态消费需求；确立生态是优势的观念，积极利用好各地的生态产品，争取更大的竞争优势；确立生态是品牌的观念，提高所在地的知名度，带动区域经济的协调发展；确立生态是市场的观念，促进经济活动的开展，创造更多的经济效益；确立生态是形象的观念，生态问题不仅是技术问题、经济问题，不仅体现一个地方的文明程度，更是一个重大的政治问题。①

其次，大力发展循环经济。循环经济是资源的闭环反馈式循环发展，以清洁生产、资源的循环利用和废物的高效回收为主要特征，努力将环境的污染降到最低程度，并最大限度地利用资源，从而大大降低经济发展的社会成本，其本质是一种生态经济。

再次，要积极转变经济增长方式。我国现行的粗放型经济增长

① 姬振海. 生态文明论. 人民出版社，2007：253.

方式是一种高投入、高消耗、高排放的经济增长方式，能源消耗大，污染重，效益低，与生态经济的内在要求不相符，必须努力改变。

第四，制定支持生态经济发展的法律和法规体系，把生态环境保护纳入法制轨道，用严格的法律规范控制人们对自然环境、生态资源的行为，依法发展生态经济。

此外，制定经济政策，运用利益激励机制促使人们从物质利益上关心保护生态环境。生态经济政策就是运用经济手段特别是经济杠杆来调节经济利益关系，并为保护生态环境提供行动准则。生态经济政策的内容很多，但从层次上看主要有：一是资源利用政策，其核心是资源价格政策。这类政策旨在消除资源无价、低价现象，消除对共生、伴生资源的浪费现象。二是环境保护政策，其核心是排污收费政策。这类政策旨在削减或降低污染物的排放量，提高资源利用率。三是优惠鼓励政策，其核心是生态投资优惠政策。这类政策旨在通过价格、税收、财政、贷款、收费等方面的优惠，鼓励从事有利于生态环境保护的各项投资建设事业。①

最后，加强生态经济理论研究，形成科学的生态经济理论体系，使生态经济理论深入广泛地应用于指导经济和社会发展的实践中。

第二节　生态农业是生态文明社会的基础

一、生态农业概述

1. 生态农业定义

在国外，生态农业又称自然农业、有机农业、生物农业等。在中国，生态农业是指遵循生态经济学规律，以保护和改善农业生态

① 陈池波. 论生态经济的持续协调发展. 长江大学学报：社会科学版，2004（2）.

环境为前提，利用系统工程手法和现代化科技手段集约经营，实现经济效益、生态效益和社会效益相统一的现代化农业。尽管名称和内涵不尽一致，但是基本宗旨和目的相同，都强调农业要以自然规律和生态学原理为基础，维持系统的平衡，实现农业的可持续发展。生态农业是未来农业的发展方向。

2. 生态农业是生态产业的基础产业

第一，农业与自然生态环境有密不可分的关系。土地是它的生产资料，阳光、空气、水分、气候和地理环境等是它的生产条件。

第二，农业是人类生存与发展的基础。农业是人类最基本的生活资料（衣、食、住、行）的最终来源。

第三，农业是其他产业得以产生和发展的基础。没有农业向工业、信息业与服务业提供生活资料与原料，工业、信息业与服务业就不能发展。

3. 生态农业不同于工业的根本特点

第一，农业生产过程是经济再生产过程和自然再生产过程交织在一起的。工业生产过程是单纯的经济生产过程。

第二，农业资源是可更新资源，是通过天然作用或人工经营能为人类反复利用的各种自然资源，主要是土地资源、水资源、气候资源和生物资源等。生物资源是农业的劳动对象，包括各种农作物、林木和牧草等植物；鱼类、家畜、家禽、野生的兽和鸟类等动物以及微生物，还包括由它们组成的各种种群和生物群落。

工业的资源是不可更新的，是经过漫长的地质年代形成的矿产资源，主要是金属矿产（如金、银、铜、铁、锡、锰、铝等）和非金属矿产（如煤炭、石油、金刚石、石膏、水晶等），它们的储量是有限的。我国煤储量 1996 年探明的储量为 10 272 亿吨；石油储量 1995 年探明的储量为 179 亿吨。

二、我国生态农业的主要分类

1. 生态林业

森林是陆地最大的生态系统、陆地上最大的微生物资源库，是自然界物质与能量交换的枢纽，其生物量占全球植物的 90%以上。森林在生态平衡中的作用十分重要：涵养水源，防风固沙，保护环境（制氧、吸尘、隔音、消毒、杀菌）。森林的经济价值也很高：提供木材、木本粮食、油料、药材和纤维等。

林业要从传统的采集式林业向现代的栽培式林业转变，包括选种、育苗、栽树、管理、采伐和综合利用等多环节。我国土地总面积为 960 万平方千米，森林为 133 万平方千米。

（1）生态林业的含义

生态林业是指以生态经济学和生态规律为基础，以人类自然环境最优为目标，最大限度地实现森林和湿地的生态效益和社会效益的现代林业发展模式。生态林业担负着净化环境、平衡森林生态系统和湿地生态系统的功能，在自然环境的改善、生态的修复和保障国土生态安全等方面有着重大影响，对生态文明建设、社会的可持续发展以及人的价值的全面实现等方面有着非常重要的意义。

（2）我国发展生态林业的必然性

进入 21 世纪，我国积极推进以生态建设为核心的林业发展战略，林业发展取得成就。首先，森林覆盖率由新中国成立初的 8.6%上升到 18.21%，森林总面积由 11 528 万公顷增为 17 491 万公顷。其次，我国建立了 2 000 多个林业自然保护区和 500 多个湿地自然保护区，有效地保护了森林生态系统和湿地生态系统。再次，我国开展“三北”、长江、珠江、沿海等重点林业建设工程，使土地沙化的趋势得到一定程度的遏制。此外，我国制定了推进林业发展的法律法规，如《森林法》、《野生动物保护法》等，将保护森林和野生动植物资源纳入法制轨道。最后，林业产业发展步伐加快，2008 年我国的林业产业总产值已达 14 400 亿元，跃居世界林产品生产和贸易大国。

另一方面，我国林业发展也出现了很多问题。如林业产权不明晰，所有权和经营权不明确，导致多重利益主体纠纷；滥砍乱伐、非法占用林地现象严重，资源保护环节非常薄弱；林业管理手段落后，林业检查验收与情况监测体系尚未建立等。要解决这些问题，必须改变传统发展思路，以生态林业为战略指导思想，发展现代林业，将生态建设与林业发展相结合，实现生态效益、经济效益和社会效益的统一。因此，生态农业是我国林业发展的必然选择。

（3）我国发展生态林业存在的认识误区

当前，社会各界对生态林业的发展还存在认识上的误区，表现在两方面：第一，把生态林业等同于生态建设，等同于植树造林，认为只要多植树、种好树、保护好森林就达到了生态林业的要求。实际上，生态林业是一个系统的、复杂的生产体系，是生态效益和经济效益的统一，不仅要搞好生态建设，而且要发挥林业的综合经济功能。生态林业不仅仅是植树造林这么简单。第二，对林业发展的生态规律认识有误，认为树越多越好，禁砍禁伐，不能有效利用林木资源。

（4）我国发展生态林业的举措

发展生态林业，必须在思想上形成对生态林业的正确认识，对生态规律和经济规律有正确的把握，用科学的思想来指导我国生态林业的发展。具体而言，有以下几个措施：

首先，要进一步推进绿化事业，加强对全国的植树造林规划。

其次，要加强森林自然保护区和湿地自然保护区建设，强化林业生态示范区的引导力量。

再次，加快林业产业结构调整，促进林、牧、渔、贸相结合的立体发展模式，推进林业产业化之路。

此外，尽快建立和完善森林生态补偿机制，提高森林生态效益补偿标准，用经济手段保护森林资源。

最后，推进集体林权改革，明确林业的所有权和经营权，保护农民发展林业的积极性，维护农民利益。

2．生态畜牧业

（1）生态畜牧业的含义

生态畜牧业是以生态规律为基础，以生态平衡为前提，运用系统工程方法和现代生态科技促进物质循环再生，实现草业、饲料行业、驯养业等全面发展，实现生态效益、经济效益、社会效益相统一的现代畜牧业发展模式。

（2）世界生态畜牧业的主要模式①

世界各国根据各自资源条件，在生态畜牧业的实践过程中探索出了各具特色的发展模式，但综观世界各国生态畜牧业的发展现状，世界生态畜牧业的发展模式主要有四种：

一是以集约化发展为特征的农牧结合型生态畜牧业发展模式，这种模式以美国和加拿大为典型代表。

二是以草畜平衡为特征的草原生态畜牧业发展模式，这种模式以澳大利亚和新西兰为典型代表。

三是以农户小规模饲养为特征的生态畜牧业，这种模式以日本

① 颜景辰，张俊飙，罗小锋、刘歆海．世界生态畜牧业发展现状、趋势及启示．

和中国为典型代表。

四是以开发绿色、无污染天然畜产品为特征的自然畜牧业，这种模式以英国、德国等欧洲国家为典型代表。

（3）我国发展生态畜牧业的必然性

我国畜牧业的发展现状决定了我国必须走生态畜牧业之路。

新中国成立以来，我国畜牧业生产经历了恢复和发展期、曲折和缓慢发展期、改革起步期、全面快速发展期、结构调整期和发展方式转变期等阶段。畜牧业从家庭副业成长为农业农村经济的支柱产业、畜产品供应从严重匮乏到供应充足，为改善我国居民的膳食结构和营养水平、增加农民收入、促进农村劳动力就业和保障国家食品安全作出了巨大的贡献。具体表现在，第一，我国畜牧业的生产规模不断扩大，综合生产能力稳步提高；第二，畜牧业转变生产方式，加快规模化、标准化、产业化和区域化进程；畜禽和牧草品种选种选育、饲料生产及安全、主要畜禽营养及饲养管理、产品标准和检验方法、草原建设和生态保护等方面科技成果显著；第三，畜禽良种繁育体系的基础已初步确立，育种、扩繁、推广、应用相配套的构架基本形成。①

但是，畜牧业发展还存在很多急需解决的问题。首先，饲料短缺现象严重。其次，放牧业的生态系统失衡，草原退化、沙化、潜在沙漠化趋势加剧，导致自然灾害频繁，许多植物、动物灭绝；畜牧业对生态环境造成污染，特别是水污染和大气污染严重。再次，草原产权不明晰，管理手段滞后。此外，传统的分散养殖方式给动物疾病的防治带来极大困难。最后，畜牧业科技整体水平相对落后，与发达国家存在很大的差距。

要解决这些问题，必须以生态文明为指导思想，走生态畜牧业

① 农业部新闻办公室. 新中国成立 60 周年：畜牧业发展成就.

之路，在发展畜牧业的同时，兼顾生态、经济和社会三方面效益的统一，拉动农村经济，增加农民收入，保护生态环境。

（4）我国生态畜牧业的发展举措

要促进我国生态畜牧业的发展，必须做好以下几方面的工作：

第一，推进畜牧业由分散经营向集中经营、规模经营转变，促进畜牧业规模化、产业化进程。通过规模化、产业化经营降低生产成本，提高经济效益。

第二，因地制宜推行休牧、禁牧制度，恢复植被，保护草原资源，构建良好的草原生态系统。

第三，加大畜牧业污染整治力度，推进沼气工程建设，加强畜禽排泄物治理，减轻环境污染。

第四，加快生态畜牧业生产技术体系的完善和普及推广，加强生态畜牧业技术的研究和推广，改革兽医管理体制，强化动物疫病防治工作，建立生态畜产品质量安全检测体系和生态畜牧业的环境监测体系。

畜牧业的发展关系到农业产业结构调整，关系到整体农村经济的发展，关系到服务行业的发展，还关系到百姓生活水平的提高，具有重要的战略地位，必须深化对发展生态畜牧业的认识，积极推进生态畜牧业的发展。

3. 生态渔业

鱼类是世界上最丰富的生物资源之一，鱼类的繁殖力极强，有巨大的生产力，是供给人类动物蛋白的重要来源。

渔业的自然再生产过程：繁殖—发育—生长—成熟的无限循环；渔业的经济再生产过程：养殖—捕捞—加工—综合利用。

渔业包括海洋渔业、海洋养殖种植、河湖养殖种植及其水生动植物食品加工业等，它的生物基础是水生动植物，其饲料来源于农业废弃物，也可用各种人工牧草组合或发酵而成的饲料。

（1）生态渔业的含义。生态渔业是指按照生态学和经济学的原理，实现自然调控与人工调控相结合，使养殖的水生生物与其周围的环境因子进行物质良性循环和能量转换，使之达到资源配置的合理性，经济上的高效性，鱼、畜、禽、瓜、果、菜和水稻相得益彰，它是无污染的高效渔业。[①]生态渔业以生态平衡理论、物种共生理论、生态经济学理论等为基础，是生态与经济协调发展，兼顾生态规律与渔业自身发展规律的渔业发展模式。生态渔业具有综合性、适应性、高效性和持续性等特点[②]。

（2）我国渔业的发展现状。新中国成立至今，我国渔业发展取得了辉煌的成就，表现在：①经济总量大幅提升，2008 年我国水产品产量 4 896 万吨，是 1949 年的 108 倍；②水产品实现了有效安全供给，解决了城乡居民“吃鱼难”问题，2008 年水产品人均占有量由 1949 年的 1 公斤左右提高到 36 公斤，是世界人均水平的 1.6 倍；③渔业给农业和农村经济发展注入了新的活力，2008 年渔业从业人员 1 454 万人，渔民人均收入由 1978 年的 93 元增加到 2008 年的 7 575 元，增长 81 倍；④渔港等基础设施建设明显加快，水产原种良种体系建设成效明显，养殖集约化程度显著提高，水产品加工能力和水平已跃居世界前列。

60 年的积极奋斗，我国渔业已摸索出一条有中国特色的渔业发展道路，形成了“以养为主”的发展模式，提高了渔业的可持续发展能力。

与此同时，由于我国整体的环境污染日益严重，水域生态系统

① 陈广城. 论生态渔业在结构调整中的作用. 中国渔业经济研究，2000（4）：27.
② 李明锋. 关于生态渔业问题的初步研究. 现代渔业信息，2004（11）：6.

遭到破坏，加上过度捕捞，导致渔业资源衰退，生态安全成为影响渔业的重要问题。此外，渔业生产技术创新不足，科技成果向现实的转化率低，科技与生产缺乏紧密结合，渔业进一步发展面临挑战。

（3）生态渔业在我国的实践。面对渔业发展过程中产生的弊端以及遭遇到的种种障碍，我国引进生态渔业的发展理念。1989 年 11 月全国水产工作会议召开，明确指出“我国水产养殖要持续发展，要保持较好的比较效益，必须大力推广鱼畜禽、种养加配套的生态养殖方式。”此次会议为我国渔业的发展指明了方向。自此，我国渔业开始走生态与经济相结合的发展道路，开展生态渔业的实践。

目前，我国的沿海省份及华中地区积极探索生态渔业的发展道路，在实践中积累了许多宝贵的经验，形成了多种发展模式。主要有：① 渔—农综合经营型。主要有：鱼—草、鱼—桑、鱼—蔗、鱼—菜、鱼—稻、鱼—林和鱼—果等，其中鱼—稻型推广的较为普遍；② 渔—牧综合经营型。是指养鱼和畜牧饲养结合起来，也可称为鱼—畜、禽类型。目前，与养鱼结合的畜禽有猪、牛、鸭、鹅、鸡等，而鱼—猪，鱼—鸭，鱼—鹅类型比较普遍；③ 渔—农—牧多元综合经营型，这种多元化结合的综合经营型，使水陆资源得到更加充分利用，系统中的物质循环和能量流动更趋完善合理，并使生态经济效益提高到更高水平，该类型的主要形式有鱼、牛、猪、鸭、草、禽模式，或者是鱼、猪、粮、草、禽模式等；④ 渔—牧—工—商综合经营型，这种类型把养殖、捕捞、加工、畜牧、销售形式一条龙，使综合经营达到更高形式，极大提高综合生产力，从而提高整体的渔业生态经济效益。①

我国的生态渔业还处在初期阶段，还没有形成全方位的发展格局，需要采取更多措施予以促进。

---

① 胡笑波. 关于生态渔业若干问题的探讨. 中国渔业经济研究，1999（5）：36.

（4）我国生态渔业的发展举措。生态渔业的发展是一项系统的复杂的工程，在 21 世纪，必须以科学发展观为指导，采取有针对性的措施，切实推进我国生态渔业的发展。具体来说，要抓好以下几个方面的工作：

首先，大力开展生态渔业的基础理论研究，为生态渔业的发展提供科学指导。

其次，加强生态渔业的技术支持体系的研究与开发，特别是生态防治鱼病技术，鱼类种质控制和改良技术，生态环境综合治理技术等方面。“充分发挥龙头企业、中介组织、渔业专业合作组织和科技示范户的作用，加快渔业新技术、新成果的推广应用。”①

再次，改革渔业的生产管理方式，规范养殖业的管理，建立养殖业管理的各种配套制度，增加养殖病害的防控能力。

最后，进一步做好我国渔业的对外工作，加强我国渔业与国际间的交流与合作，维护我国渔业利益以及水域安全。

4. 草产业

草地是人类生存和发展的土地资源。全世界草地面积约占地球陆地面积的 51%，除森林以外的农用土地中，草地占 70%。在把太阳能转变为生物能的绿色植物中，草是种类最多、适应性最强、覆盖面最大、周转速度最快的可更新资源。

我国有 3 亿公顷草地，占国土 41%，位居世界第二，但草地生产力落后于发达国家半个世纪以上。钱学森院士于 1984 年提出创建知识密集型草产业的设想，认为：“草产业就是要运用生物、机械、化工、信息等一切可以利用的现代科学技术手段，综合地开发草地上以牧草为主的共生资源，在种植优良牧草、改良土壤、建立

---

① 王宪璋. 浅谈生态渔业建设. 内陆水产，2008（8）：5.

优化生态系统基础上，发展草、牧、林、渔、工、商、旅等连锁产业，建立起高度综合的、能量循环的、科学管理的、生态优化的、多层次、高效益的产业巨系统。”

5．沙产业

面积辽阔、干旱少雨的荒漠和半荒漠，占陆地面积近 1/3，这些地带植被稀疏，第一性生产力低，是所谓“不毛之地”。我国北方沙漠、戈壁和沙漠化土地共 150 万平方千米。沙产业的根本含义是最大限度地采收太阳能；它的关键技术是合理利用天然降水和降水变成的径流以及渗入地层的地下水。

三、我国生态农业主要发展模式与面临的困难及应对措施

1．发展历程

1980 年，全国农业生态学学术研讨会首次提出“生态农业”的概念。1982 年，中国农业环境保护协会向有关部门提出发展生态农业的建议，随后，我国开始了生态农业的试点工作。1993 年，全国 51 个县成为生态农业试点县，在生态农业建设方面取得了一定成效。

1994 年，国务院通过《关于加快发展生态农业的报告》，在技术、资金等方面对生态农业的发展作了规定。1995 年 9 月，中共十四届五中全会通过《关于国民经济和社会发展“九五”计划和 2010 年远景目标建议》，要求大力发展生态农业。2000 年，我国第二批生态农业示范县建设启动，不同省市的 50 个县成为试点县。到目前为止，我国的生态农业试点已有 2 000 多个。

2．主要模式

在 20 多年的发展历程中，我国各生态农业试点县因地制宜、因时制宜，在资源、环境以及相关条件的基础上，积极探索符合本地实际的生态农业发展道路，形成了多种生态农业的发展模式。其中，主要的发展模式有：

（1）北方“四位一体”模式。该模式在农户土地上，以太阳能、沼气为能源，将沼气池、猪禽舍、厕所和日光温室等因素结合起来，形成猪—沼—厕所—日光温室的实施模式，使种植业与养殖业相结合，实现物质能量的良性循环。该模式能改善北方冬天猪舍的圈养条件和温室蔬菜的培育状况，在广大的北方农村，特别是辽宁、山西等地区得到良好推广。

（2）南方猪—沼—果模式。该模式以沼气为纽带，用沼液饲料养猪，沼肥施果树，以“户建一口沼气池，人均年出栏 2 头猪，人均种好一亩果”为主要形式，促进畜牧业和林业的共生发展，不仅利于农民增收，而且使农村的生活环境向清洁、卫生发展，实现经济效益与生态效益的结合。在南方各省特别是江西地区得到广泛应用。

（3）平原粮饲—猪—沼—肥模式。该模式将饲料饲草作物分化为独立的产业，形成粮食作物、经济作物、饲料饲草作物三元发展的新格局；将秸秆转化为饲料，并将粪便转化为有机化肥与沼气，形成粮饲—猪—沼—肥循环共生的实施模式。该模式主要在平原地带如安徽、河南等地推广。

（4）西北牧、沼、粮、草、果“五配套”模式。该模式以沼气为纽带，将人厕、猪圈、沼气池相结合，以“一个沼气池、一个果园、一个暖圈、一个蓄水窖和一个看营房”为具体形式，促进农、牧、沼、果的良性循环与配套发展。该模式主要在缺水的西北干旱地区特别是黄土高原地区得到应用。

（5）观光生态农业模式。该模式将农业生产、观光、休闲、教育等因素相结合的新型农业发展模式，包括高科技生态农业观光园、精品生态农业公园、生态观光村、生态农庄四种具体模式。观光生态农业模式近年来在全国得到了广泛推广。

3. 面临的困难

我国生态农业试点虽然已经取得很大成就，但是我国生态农业的进一步发展面临很多困难，集中表现在以下几方面：

首先，生态农业的技术支持落后。生态农业发展的配套技术非常少，如农副产品的加工、增值技术，节水灌溉技术、蔬果生产技术、植保技术等水平落后，缺乏完整的技术体系的支撑。

其次，农业生态环境污染严重。农村水域、土壤受污程度惊人，农田灌溉用水得不到保障，有害化学物质对农产品形成污染，制约生态农业的发展。

再次，生态农业的服务水平低，社会化服务体系落后。如种植业方面，还没有形成提供品种、幼苗、肥料、信贷服务的社会化服务体系，向农民提供科技信息的渠道尚未健全。

第四，生态农业的资金投入不足。部分地区在发展生态农业时，资金投入少，而且分散，还未形成多元化、社会化的投入机制。

最后，生态农业发展的体制保障不健全。生态农业是经济效益和生态效益的统一，而在实际生活中，农民为了单一性地提高经济收入，对生态环境难免放任不顾。而地方政府为了提高财政收入，扩大政绩，也不会关心生态效益，不会大力支持收效甚慢的生态农业建设。生态农业的发展缺乏相应的法律法规的保障和政策的激励。

4. 主要应对措施

针对我国生态农业发展存在的困难，应该采取相应措施，积极推进我国生态农业的发展。具体而言，要做好以下几方面的工作：

首先，推进农业产业化发展。农业产业化能够有效整合资源，促进农、林、牧、渔以及农产品的加工、销售相结合，形成一体化服务体系，实现经济效益与资源节约相统一。因此，生态农业的发展，必须走农业产业化之路。推进农业产业化，必须调整农业结构，发展集群经济、规模经济，加强政府的资金扶持与技术扶持力度。

其次，加强农业科技创新，加快农业信息化技术的应用与推广，建立生态农业信息化服务体系。

再次，拓宽融资渠道，增强对生态农业的资金投入。完善农村信贷服务；将农业发展与乡镇企业相结合，以企业带动农业。

此外，加强生态教育，提高农民的生态意识，形成生态农业发展的内促力。

最后，加强生态农业的法律法规建设，为生态农业发展提供法律支持；制定相关政策，将生态农业发展纳入国民经济发展计划。

四、生态农业是建设社会主义新农村的必然选择

第一，生态农业就业门路广，附加值高。早在 1984 年钱学森在《工业革命的挑战和我们的对策》中就已经提出：现代科学技术革命要引起生产体系的组织结构和经济结构的变化，要考虑它对我国农村的重大影响。这就是仿照工业加工的办法，延伸它的价值链，利用现代科学技术把农业变成一个知识密集、技术密集的高效能的大农业，中间插入一些环节，如中和饲料，发酵饲料；利用牛粪种

蘑菇，养蚯蚓；把饲料投入池塘养鱼，等等。把现代科学技术用到农业、林业，就形成一个大的综合性农业，它包括：农、林、牧、禽、鱼、虫（蜜蜂、蚯蚓）、菌（蘑菇）、微生物（单细胞蛋白）、副（副业）、工（加工业），这十项产业并举。

第二，生态农业可以充分开发和利用我国广大的农业资源，如森林、草地、滩涂、海洋和沙漠等。

五、从传统农业向生态农业转变

建设生态文明，发展生态农业，要按照“市场化、信息化、集约化和生态化”模式，走“农业一体化”与“农业生态化”之路，逐步完成从传统农业向生态农业的转变。

1. 农业一体化

在国民经济的产业结构中，农业和工业、信息业、服务业是互相联系、互相制约与互相促进的，农业不可能孤立地发展。农业一体化就是把农业整个生产经营活动，产前：种子、化肥、农药、农机；产中：播种、中耕、除草、收割；产后：烘干、贮藏、加工、包装、销售，纳入整个国民经济体系中。因而农业的产前、产中和产后是一个包括产供销、农工贸和经科教在内的一体化体系。它以市场为导向，以效益为中心，从宏观上对农业资源优化配置，对生产要素重新组合。因此农业一体化是农业现代化的道路与方向。

2. 农业生态化

农业有它自身的产业结构。

（1）广义的农业包括：种植业、林业、畜牧业、副业和渔业。

调整时主要考虑地理环境的特点，如东北大兴安岭的林业，山东沿海的渔业和饮食营养的需要，“以蛋白质为纲”取代“以粮为纲”。

（2）狭义的农业是指种植业，包括：粮食作物、经济作物和其他作物。种植业的生产是第一性生产，其它的生产都直接或间接地源出于植物（生态系统中的生产者），因此种植业结构是农业结构的基础结构。

生态农业最基本的生产资料是土地，是由土壤、养料、水分、空气和热量等组成的自然综合体，是进行农、林、牧、副、渔生产活动的地壳表层，具有对农作物生长发育的培育能力。

3. 生态农业发展方式

党中央、国务院对农业的生态环境建设采取了重大措施，主要是：（1）植树——建设林业生态系统。（2）种草——建设牧业生态系统。两者是建设农业生态系统的前提，是发展生态农业的基础。

在植树与种草的基础上，首先，把农业生态系统中的生产者、消费者和分解者之间的物质循环、能量转化与生物增长的过程，联结成一个动态的、平衡的良性循环过程。这就需要把生态农业的三大产业——种植业、畜牧业和食品加工业——结合起来，应用生态技术、生物工程改造传统的农业大田耕作制，形成以“种植业—畜牧业—食品加工业”为链条的产业结构。

关联案例：浑善达克沙地与京北农牧交错区生态环境综合治理

浑善达克沙地与京北农牧交错区是我国西部大开发重要战略前沿阵地。由于长期人为活动干扰，该区域的生态屏障与草地畜牧业生产功能日益减弱，严重影响到首都北京及周边地区的生态安全。中国科学院知识创新工程重大项目“浑善达克沙地与京北农牧交错区生态环境综合治理试验示范研究”正是针对京津风沙源治理这一重大国家需求以及恢复生态学前沿科学问题进行设计和开展工作。

本案例主要介绍“浑善达克沙地与京北农牧交错区生态环境综合治理试验示范研究”专题蒋高明研究组的成果。

1. 在科学研究方面的成果

浑善达克沙地的降水量变化在 250~350 毫米之间，生长季节的平均温度在 15~25℃之间，但是沙地分布的植物种类远大于周围的草地，沙地有植物 800 多种，而典型草原植物不到 300 种，同时沙地的生物生产力也远高于草地，草地上没有树，而沙地上有榆树等。什么原因使得两者在相同的气候带上相差如此之大？这些问题的回答首先要弄清其生理生态的机制。如果这些基本科学问题不清楚，就不能找出合理的退化生态系统恢复路线。为此，课题组对大量植物的光合、水分和叶绿素荧光等特征进行了大量分析和控制实验，基本的结论有：

——浑善达克沙地植物的光合作用对植株体内的氮素水平有着很强的依赖性，但是，并非所有的豆科植物都比非豆科植物有着显著高的光合速率。实验的三种豆科植物中，除了木岩黄芪表现出显著高的光合速率外，其它两种豆科植物的光合速率和羊草、黄柳的差异并不显著，甚至低于后者。

——木岩黄芪在浑善达克沙地的沙丘上是优势种，甚至是流动沙丘的先锋种，除了其植株体内显著高的氮含量外，在光合生理上对沙丘的恶劣生境有着怎样的适应性值得研究。

——木岩黄芪光合酶的研究结果表明该植物体内 C_4 光合酶的活性很高，在整个生育期内至少是黄柳的 5 倍以上，但稳定性同位素 ^{13}C 的测定结果表明木岩黄芪是 C_3 植物，因此，课题组认为 C_3 植物木岩黄芪体内有着 C_4 光合途径，这使得其对于沙丘的恶劣生境有着高的资源利用效率和强的适应性。

——浑善达克沙地不同生境下植物叶片渗透势值和含水量，表现出不同功能型上的差异。总体变化趋势为，深根系、低叶片含水量和多年生木本植物的渗透势相对较低，浅根系、草本植物、高含水量植物具有较高的叶片渗透势；分布在湿地和丘间低地的植物叶片渗透势和含水量较高，而生长在沙丘上的植物叶片渗透势较低，需要有发达的根系吸收土壤深层的水。不同植物具有的独特的水分利用特性，使它们能共存于同一生态系统中。这些不同植物功能型表现出的植物水分生理生态特性，表明浑善达克天然分布的植物群落发育有高效利用有限水资源的能力，能够保证在很大降水波动条件下分布有丰富的植物群落和较高的生物生产力，构成该特殊类型的生态系统很强的恢复潜力。另外，浑善达克沙地生境类型的多样性，是该类生态系统可逆转性较高的另一重要原因。

——本地种与引入种在生理生态上表现出不同的适应能力。在相似的太阳辐射和叶片温度下，引入种旱柳比其它两个本地种具有较低的净光合速率和气孔导度以及较高的叶片水势；相应地，其水分利用效率也较低。当土壤水分可利用程度降低而导致水分竞争时，引入种很可能在竞争中被淘汰。另外，引入种较低的最大光化学效率表明它较低的抵抗环境胁迫的能力。因此，在生态恢复中，应尽可能避免引入外来种。

2．在实验示范方面的成果

课题组通过 66.7 公顷的高效饲料地建设和 2 666.7 公顷的天然沙地草地植被恢复实验，首次提出了对退化生态系统尚没有达到生态阈值的地区实行“自然力恢复”的新理念，即在生态退化尚没有达到生态阈值的广大地区，自然力恢复是最直接、最经济、最有效的措施。2002 年 6 月 18 日《人民日报》(内部参阅)，介绍了蒋高明研究员沙尘暴治理的新思路。“自然力修复”观点被中国科技创新网评为2003年全国科技、经济、社会120条重要观点之一；同时，这个观点也被《发明时空》杂志誉为“治沙人的创新”。在“自然力恢复”理念的指导下，从解决示范区生产生活和生态恢复的实际问题出发，提出了“以地养地”的生态治理模式：种植1亩高效人工草地，可使10亩天然草地得到休闲改良，或使100亩严重退化的草地实现全面禁牧，最终借助“自然力”得到全面恢复。“以地养地”和“自然力修复”的理念在浑善达克沙地（正蓝旗境内）得到了广泛的认可，截止到2004年，累计在推广面积达到105万亩，取得了良好的生态效益、经济效益和社会效益。

在课题研究中，提出了沙地草地生态恢复的“以地养地”模式（2001）和“借助自然力”恢复（2001）的新观点。借助自然力恢复退化生态系统由理论进入了实际应用，在全国广大的草原地区、荒漠地区甚至林区取得显著的效果。目前甘肃、宁夏、河北、新疆、内蒙古和陕西等地采取了课题组所提出的建议，如建立无人区、全年禁牧等都是采取的利用自然力恢复的做法。

第三节　发展生态工业是建设生态文明的关键

一、生态工业概述

1. 生态工业的含义

生态工业是模拟生态系统的功能，建立起相当于生态系统的“生产者、消费者、还原者”的工业生态链，以低消耗、低（或无）污染、工业发展与生态环境协调为目标的工业。

2. 生态工业的生产方式

生态工业的生产方式是从“生产—流通—消费”一体化的系统原则出发，把传统工业“原料—生产—产品使用—废品—弃入环境”这一单向的开环的线性过程改造成“原料—生产—产品使用—废品—再生资源”的循环的闭环系统。

3. 生态工业的原理

生态工业按照自然界再生产过程中物质循环、能量转化与生物增长的规律，把工业生产过程放在自然生态环境中安排，力求节能、减排，投入—生产—产出—循环使用。

4. 生态工业的目标

生态工业的目标是：通过①资源的综合利用、短缺资源的代用、二次资源的利用；②节能、省料、节水，把工业生产过程组织成“资源—产品—废弃物—再生资源”的反馈式循环流程，实现“低开采、高利用、低排放、再利用”的良性循环，以缓解人口、资源、环境与发展的矛盾。使工业生产系统与自然生态系统的物质循环过程协调发展，促进资源永续利用。

二、清洁生产

1. 清洁生产的内涵

清洁生产从本质上来说，就是对生产过程与产品采取整体预防的环境策略，减少或者消除它们对人类及环境的可能危害，同时充分满足人类需要，使社会经济效益最大化的一种生产模式。具体措施包括：不断改进设计；使用清洁的能源和原料；采用先进的工艺技术与设备；改善管理；综合利用；从源头削减污染，提高资源利用效率；减少或者避免生产、服务和产品使用过程中污染物的产生和排放。清洁生产是实施可持续发展的重要手段。

清洁生产的观念主要强调三个重点：

（1）清洁能源。包括开发节能技术，尽可能开发利用再生能源以及合理利用常规能源。

（2）清洁生产过程。包括尽可能不用或少用有毒有害原料和中间产品。对原材料和中间产品进行回收，改善管理、提高效率。

（3）清洁产品。包括以不危害人体健康和生态环境为主导因素来考虑产品的制造过程甚至使用之后的回收利用，减少原材料和能源使用。

根据经济可持续发展对资源和环境的要求，清洁生产谋求达到两个目标：

（1）通过资源的综合利用，短缺资源的代用，二次能源的利用，以及节能、降耗、节水，合理利用自然资源，减缓资源的耗竭，达到自然资源和能源利用的最合理化。

（2）减少废物和污染物的排放，促进工业产品的生产、消耗过程与环境相融，降低工业活动对人类和环境的风险，达到对人类和环境的危害最小化以及经济效益的最大化。

清洁生产是生产者、消费者、社会三方面谋求利益最大化的集中体现：

（1）它是从资源节约和环境保护两个方面对工业产品生产从设计开始，到产品使用后直至最终处置，给予了全过程的考虑和要求。

（2）它不仅对生产，而且对服务也要求考虑对环境的影响。

（3）它对工业废弃物实行费用有效的源头削减，一改传统的不顾费用有效或单一末端控制办法。

（4）它可提高企业的生产效率和经济效益，与末端处理相比，成为受到企业欢迎的新事物。

（5）它着眼于全球环境的彻底保护，为人类社会共建一个洁净的地球带来了希望。

2．清洁生产的产生及发展

清洁生产的起源来自于 1960 年的美国化学行业的污染预防审计。而“清洁生产”概念的出现，最早可追溯到 1976 年。当年欧共体在巴黎举行了“无废工艺和无废生产国际研讨会”，会上提出“消除造成污染的根源”的思想；1979 年 4 月欧共体理事会宣布推行清洁生产政策；1984 年、1985 年、1987 年欧共体环境事务委员会三次拨款支持建立清洁生产示范工程。

自 1989 年联合国开始在全球范围内推行清洁生产以来，全球先后有 8 个国家建立了清洁生产中心，推动着各国清洁生产不断向深度和广度拓展。1989 年 5 月联合国环境署工业与环境规划活动中心（UNEP IE/PAC）根据 UNEP 理事会会议的决议，制定了《清洁生产计划》，在全球范围内推进清洁生产。该计划的主要内容之一为组建两类工作组：一类为制革、造纸、纺织、金属表面加工等行业清洁生产工作组；另一类则是组建清洁生产政策及战略、数据网络、教育等业务工作组。该计划还强调要面向政界、工业界、学术界人士，提高他们的清洁生产意识，教育公众，推进清洁生产的行动。1992 年 6 月在巴西里约热内卢召开的“联合国环境与发展大会”上，通过了《21 世纪议程》，号召工业提高能效，开展清洁技术，更新替代对环境有害的产品和原料，推动实现工业可持续发展。中国政府亦积极响应，于 1994 年提出了《中国 21 世纪议程》，将清洁生产列为“重点项目”之一。

自 1990 年以来，联合国环境署已先后在坎特伯雷、巴黎、华沙、牛津、汉城、蒙特利尔等地举办了六次国际清洁生产高级研讨会。在 1998 年 10 月韩国汉城第五次国际清洁生产高级研讨会上，出台了《国际清洁生产宣言》，包括 13 个国家的部长及其他高级代表和 9 位公司领导人在内的 64 位签署者共同签署了该《宣言》，参加这次会议的还有国际机构、商会、学术机构和专业协会等组织的代表。《国际清洁生产宣言》的主要目的是提高公共部门和私有部门中关键决策者对清洁生产战略的理解及该战略在他们中间的形象，它也将激励对清洁生产咨询服务的更广泛的需求。《国际清洁生产宣言》是对作为一种环境管理战略的清洁生产公开的承诺。

20 世纪 90 年代初，经济合作和开发组织（OECD）在许多国家采取不同措施鼓励采用清洁生产技术。例如在西德，将 70%投资用于清洁工艺的工厂可以申请减税。在英国，税收优惠政策是导致风力发电增长的原因。自 1995 年以来，经合组织国家的政府开始把它们的环境战略针对产品而不是工艺，以此为出发点，引进生命周期分析，以确定在产品寿命周期（包括制造、运输、使用和处置）中的哪一个阶段有可能削减或替代原材料投入和最有效并以最低费用消除污染物和废物。这一战略刺激和引导生产商和制造商以及政府政策制定者去寻找更富有想象力的途径来实现清洁生产和产品。

美国、澳大利亚、荷兰、丹麦等发达国家在清洁生产立法、组织机构建设、科学研究、信息交换、示范项目和推广等领域已取得明显成就。特别是进入 21 世纪后，发达国家清洁生产政策有两个重要的倾向：其一是着眼点从清洁生产技术逐渐转向清洁产品的整个生命周期；其二是从大型企业在获得财政支持和其他种类对工业的支持方面拥有优先权转变为更重视扶持中小企业进行清洁生产，包括提供财政补贴、项目支持、技术服务和信息等措施。

3. 我国清洁生产的发展历程

我国在20世纪90年代就开始了清洁生产的进程。1992年，我国开始引进清洁生产的概念。随后，理论界开始对清洁生产的定义、内涵以及发展对策等方面展开研究，宣传清洁生产的观念，推动清洁生产走向实践。同时，国家展开了企业的清洁生产审核示范工作，系统地展开清洁生产实践。北京、上海、天津、陕西、江苏、安徽、山东、云南等地都开展了清洁生产项目，为其他各地企业的清洁生产起到了良好的示范作用。

1995年，我国颁布《中华人民共和国固体废物污染环境防治法》，明确指出"国家鼓励、支持开展清洁生产，减少固体废物的产生量。国家鼓励、支持综合利用资源，对固体废物实行充分回收和合理利用，并采取有利于固体废物综合利用活动的经济、技术政策和措施。"1996年8月，国务院发布《关于环境保护若干问题的决定》，规定"所有大、中、小型新建、扩建、改建和技术改造项目，要提高技术起点，采用能耗物耗小、污染物排放量少的清洁生产工艺"。

1997年4月，原国家环保局发布《关于推行清洁生产的若干意见》，明确要求企业开展清洁生产。1999年5月，国家经贸委发布《关于实施清洁生产示范试点的通知》。2001年，《中华人民共和国国民经济和社会发展第十个五年计划纲要》指出，要"推行清洁生产，抓好重点行业的污染防治"，政府对清洁生产重要性的认识不断提高，对清洁生产的管理力度日益加强。2002年，全国人大制定《中华人民共和国清洁生产法》，使我国的清洁生产进入法制化、规范化轨道。2004年8月，国家发展和改革委员会与国家环境保护总局联合发布《清洁生产审核暂行办法》，提高了清洁生产审核办法的可操作性。2005年底，国家环境保护总局发布《重点企业清洁生产审核程序的规定》，进一步规范清洁生产的审核工作。

目前，我国已在20多个省、市、自治区的20多个行业、400多家企业开展了清洁生产审计，建立了20个行业或地方的清洁生产中心，10万多人次参加了不同类型的清洁生产培训班。①

中国清洁生产当前发展的最新态势表明，以《清洁生产促进法》为基础，多种政策手段构成的清洁生产推进机制和以生产经济综合部门挂帅的多部门协调配合的推进清洁生产的组织体系，正在促使中国的清洁生产在新的起点上迈步。但是，要使《清洁生产促进法》得到有效实施，切实发挥清洁生产在可持续发展主战场的作用，真正获取清洁生产的效益，中国还面临着巨大的挑战。②

4. 推进清洁生产的举措

要进一步推进清洁生产，发展生态工业，建设资源节约型、环境友好型社会，必须做好以下几方面的工作：

首先，加快产业结构调整，大力发展节能、降耗、减污、增效的高科技产业，控制高能耗产业项目。

其次，加强清洁生产技术创新，特别是汽车、冶金、水泥、电镀、造纸、建材、装备、印染等重点行业的技术开发。发挥龙头企业的示范作用。

再次，加强清洁生产专业队伍建设，完善清洁生产管理制度，确保清洁生产审核工作有序、有效展开。

此外，大力宣传清洁生产理念以及清洁生产技术，使清洁生产

---

① 段宁. 清洁生产、生态工业和循环经济. 环境科学研究，2001（6）：2.
② 张天柱. 中国清洁生产的十年. 产业与环境，2003，增刊：26.

的观念在全社会牢固树立。

最后，进一步完善清洁生产法律法规体系，制定可操作性的实施细则。

清洁生产只是发展生态工业的一种手段，生态工业的主要发展模式是建设生态工业园区，以生态工业园区带动整个国家的生态工业发展。

三、生态工业园区

1. 生态工业园概述

生态工业园区是在工业生态系统基础之上发展起来的园区。在我国，生态工业园是继经济技术开发区、高新技术开发区之后我国的第三代产业园区。

所谓工业生态系统，就是一批相关的工厂、企业组合在一起，它们共生共存，相互依赖，其联系纽带是废物，即这家工厂、企业的废物是另一家或几家工厂、企业的原料。这个系统的最大特点是使资源的利用率达到最高，而将工厂、企业对环境的污染和破坏降到最低。这些都是各国企业家竭力追求的。与自然生态系统相比，工业生态系统是人造的，是人类仿照大自然而着意设计出来的。

工业生态系统的首创者是丹麦的凯隆堡。在那里，斯达托炼油厂将其废物硫输送给一家硫酸厂以生产硫酸；将其废气输送给奇普洛建筑板材厂以生产石膏板材；将其余热输送给周围的温室以生产蔬菜、花卉；将其废水输送给阿斯奈斯的一家发电厂以冷却发电机，而这家发电厂又将其余热输送给附近的一家鲆鱼养殖场和凯隆堡的居民住宅；将其水蒸气输送给斯达托炼油厂和一家生产人工合成酶和胰岛素的生物制剂厂。此外，上述阿斯奈斯的那家烧煤的发电厂还用石灰回收废气中的硫而生产了石膏，而奇普洛建筑板材厂则用发电厂的石膏作原料来生产板材，从而不再从西班牙进口石膏了。凯隆堡工业生态系统的成效是极其明显的：它每年能够节约石油 1.9 万吨、煤 3 万吨、水 60 万立方米，回收并再利用了 13 万吨二氧化碳、3 700 吨二氧化硫、2 800 吨硫和 8 万吨石膏等。

生态工业园是生态工业的主要发展形势。生态工业园是依据循环经济理念建立的一种新型工业组织形态，它通过把不同的企业联合起来形成资源和互换副产品的产业共生组合，使一个企业的废弃物或副产品成为另一个企业的原料或能源，模拟自然系统，在产业系统中建立“生产者—消费者—分解者”的循环途径，寻求物质闭环循环、能量多极利用和废物产生最小化。①

目前，欧洲和美洲以及亚洲的一些国家已经启动了多项生态工业园项目，建立了新型的生态工业园。其中，比较知名的有英国的 Knowsley 工业园，英国的国家工业共生项目（NISP），德国法兰克福 Hoechst 工业园，德国莱比锡 Value 工业园，澳大利亚的佩斯生态工业园，日本的北九州生态工业园。这些生态工业园成功地实现了物质的循环利用和废物的减排，收到了良好的经济效益和生态效益，为世界其它地区生态工业园的发展提供了范例。

2. 我国生态工业园的发展状况

1999 年，我国建立了第一个国家级贵港生态工业（制糖）示范园区，标志着生态工业示范园区建设试点工作正式启动。

2003 年，我国出台《生态工业示范园区规划指南》，对生态工业园的建立与发展做出了具体的规划，使我国生态工业园发展迈向一个新的台阶，我国生态工业园的试点工作开始向全国推广，各省、

① 中国 21 世纪议程管理中心，环境无害化技术转移中心. 生态工业园规划与管理指南. 化学工业出版社，2008：1.

市、自治区都开展了生态工业园的建设工作。截止到 2008 年 3 月，国家环保部批准建设的生态工业示范园已有 29 家，如广西的贵港国家生态工业建设示范园区，广东的南海国家生态工业建设示范园区，山东的鲁北国家生态工业建设示范园区，江苏的苏州工业园区国家生态工业建设示范园区，福建的福州经济技术开发区国家生态工业示范园区等。

此外，我国出台了建设生态工业园的一系列政策，制定了相关的法律法规，如《清洁生产促进法》、《固体废物污染环境防治法》等，从法律上促使工业污染从末端治理走向全过程防控，对工业园区的发展提供硬性发展导向。

当前，我国的生态工业园发展也存在一些问题，如开发区发展建设出现“过热”、“过滥”现象；部分工业园区竞争力比较脆弱；部分工业园区对当地环境造成了破坏。[①]此外，生态工业园区的发展还存在技术、经济、管理和法律等方面的障碍。

要实现生态工业园在全国范围内的构建与发展，必须采取有力措施克服已有的弊病和存在的障碍。

3. 我国生态工业园的发展对策

生态工业园的发展是一个长期、复杂和系统的工程，必须采取有效手段进行合理规划，规范生态工业园的建设，并进行积极引导。具体来说，有如下发展对策：

第一，明确部门分工和职责。建立起国家经济贸易主管部门、环保、计划、科技、农业、建设、质量技术监督等部门依据各自职责分工协作的管理体制，明确地方政府负责区域内的清洁生产和推

① 宋马林. 我国生态工业园发展现状及存在的主要问题. 中国环保产业，2008（12）：28.

进生态工业的职责。[①]

第二，健全生态工业园区发展的政策、法规体系。国家应建立一套完整的资源综合利用和环境保护的法律法规，并制订与之相适应的实施细则，使其更具可操作性；政府要与时俱进地研究并建立有效的行政管理体制和机制，在政策上对生态工业园区建设工作中的关键项目予以重点支持，包括财政、税收、投资、技术等促进循环经济的政策，以促进循环型生态工业产业的形成和发展。[②]

第三，调整产业结构，大力发展节能、降耗、减污、高效的高科技产业，淘汰和关闭落后工艺、设备和企业，提高资源利用率。

第四，加强生态技术支持体系建设，加大对环境工程技术、废物资源化技术、清洁生产技术等高新技术开发的支持力度，依靠科技实现企业之间、产业之间的物质和能量循环。

第五，加强生态工业园的宣传力度，提高社会各界对生态工业园的认识水平，构建信息交流平台，拓展各生态工业园之间的交流渠道，促进国内生态工业园示范区的交流与合作。

关联案例：生态文明建设的济南高新区模式

生态工业园区是继传统工业园区、高新技术园区之后的第三代工业园区，是工业系统可持续发展的集中体现，代表了未来工业生态系统的发展方向。

济南高新区是 1991 年 3 月经国务院批准设立的首批国家级高新区之一，一期规划面积 15.9 平方千米。经过几次大的区域规划调整和十几年的开发建设，目前已形成了中心区（23.3 平方千米）、

① 中国 21 世纪议程管理中心，环境无害化技术转移中心. 生态工业园规划与管理指南. 化学工业出版社，2008.

② 李国成，周江梅，徐慎娴，刘荣章. 我国生态工业园的发展现状及对策. 台湾农业探索，2009（6）：25.

出口加工区（3.2 平方千米）和孙村新区（104.5 平方千米）三大片区，总面积达到 131 平方千米，辖一镇一办 61 个村庄，常住村（居）民约 13 万人。

建区以来，整个开发建设取得了显著成效。尤其是近几年，在济南市委、市政府作出“举全市之力支持高新区发展”的重大决策后，高新区也相应明确了“形成全市经济增长极，建设全国一流高新区”和建成全市“高新技术产业密集区、先进制造业聚集区、对外开放示范区和现代化新城区”的目标定位，思想更加解放，重点更加突出，措施更加有力，开发建设的步伐越来越快，经济社会发展的势头也越来越好。

全区经济快速发展，综合实力明显增强。2009 年上半年，实现 GDP 91.4 亿元，增长 19%；规模以上工业实现主营业务收入 163.9 亿元，增长 15.7%；实现地方财政一般预算收入 4.77 亿元，增长 19.1%；完成全社会固定资产投资 85.3 亿元，增长 58%；出口创汇 1.82 亿美元，增长 33.8%。

骨干企业不断膨胀，主导产业初具规模。目前，区内共拥有各类企业 3 891 家，其中规模以上工业企业 190 家、服务业企业 173 家，销售收入过亿元企业达到 81 家；纳税总额过百万元企业 247 家，其中过千万元的 49 家。经过培育、引导和发展，已初步形成了电子信息、食品药品、交通装备及高端服务业四大产业。

对外开放的文化软实力更为雄厚。截至目前，高新区共引进各类项目 4 043 个，总投资 914.2 亿元，其中世界 500 强企业 19 家、国内 500 强企业 45 家。仅 2009 年就引进各类项目 167 个，实际引进市外资金 48.2 亿元，增长 43.2%；实际利用外资 1.2 亿美元，增长 83.1%。2009 年完成全社会固定资产投资 102.6 亿元，增长 63.5%，其中工业投入完成 60.3 亿元，增长 69.4%。重点项目建设进展顺利，发展后劲明显增强。

自主创新步伐加快，核心竞争力逐步提高。目前，已累计承担各类科技项目 2 294 项；共申请各类专利 1 358 件，获得专利授权 630 件；拥有省级以上企业技术中心、工程技术研究中心 37 家；已通过重新认定的高新技术企业 84 家，累计推出高新技术产品 930 项；拥有省级以上著名商标 11 件，省级以上名牌产品 20 个；孵化器面积达到 60 万平方米，累计孵化企业 413 家，孵化毕业企业 324 家。

专业园区形成特色，软硬环境日趋完善。按照“一区多园”的发展模式，先后规划建设了出口加工区、齐鲁软件园、创业服务中心、留学人员创业园、大学科技园等国家级专业园区，尤其是创建了全国独一无二的国家信息通信国际创新园（CIIIC）；还成为全国 10 个软件出口创新基地之一、20 个服务外包示范基地之一、13 个游戏动漫产业发展基地之一、8 个集成电路设计产业化基地之一。

济南高新区全面建设生态文明模式有着一些突出的重要特征：

——在经济结构中，信息产业、知识经济等非自然物质投入所创造的价值在 GDP 中占有相当比重，绿色 GDP 成为主流。

——在增长方式和财富积累上，高新技术、先进制造业和服务业三驾马车所创造的财富价值远远高于传统自然物质财富价值。

——在增长方式的根本动力和核心价值上，自主创新成为主流价值观。

——在园区企业结构中，企业品牌服务功能价值和企业无形资产价值远远高于传统工业资产价值。

——园区企业社会责任的承担价值中，对国家的贡献远远高于对地方的贡献。

——在生态文化上，园区不能变现的财富价值远远高于能够变现的财富价值。

——在文明成果的享有上，体现了以人为本，以民生为本的科学发展的核心价值观。

济南高新区成就的取得之路，是其站在与国际经济接轨的战略高度，以国际化的视野和全球视角，建立以产业集群规模优势、经济结构调整优化优势、总部经济管理品牌优势和人居环境和谐优势为基础的自主创新之路，是实现与国际成熟资本市场、管理市场规则接轨，吸收和借鉴先进管理经验和模式的对外开放之路。

生态文明建设的济南高新区模式，使得在世界各国特别是发达国家具有广泛代表性的传统工业园区，在经历了建立在工业生产力与资本主义制度基础上的工业生产方式给人类可持续发展带来空前严重威胁后，主动走出了一条以科学发展和自主创新为指导，以完善基础设施为先，以建设生态型科技园区经济为核心，以高新技术和信息科学为两翼，以打造高新技术产业基地、先进制造业基地和现代服务业基地三驾马车为主动脉，以生态财富和社会民生成果为体现，包含生产发展、生态良好、生活幸福三生共赢新文明的生态文明发展模式。

济南高新区模式是传统工业园区和高新技术园区落实科学发展观，建设生态文明的典型范例，具有生态工业和生态文明研究的双重案例效应，将为国内和国际范围内的其它重要生态功能区建设生态文明提供示范作用。

济南高新区模式为传统工业园和高新技术园区尝试走生态工业园区道路有益借鉴，也为全国探索以工业园区为重要载体之一，抓主要矛盾，率先实践生态文明，为生态文明由区域建设走向全国联合提供可能。

四、从传统工业向生态工业转变

1. 生态工业与传统工业的区别

生态工业与传统工业在本质上有区别。传统工业的生产过程是“资源—产品—废弃物”，即物质的单向流动，以高投入、高消耗、高排放为特征，是粗放型的生产方式。而生态工业的生产过程是“资源—产品—废弃物—再生资源”，即物质的反复循环流动，是一种循环型生产模式，生产产生的污染物很少或没有，是能源、环境与经济的协调发展。

具体来看，生态工业与传统工业有着以下方面的不同：一是追求目标不同。传统工业是典型的“产品经济”，生态工业则是一种“功能经济”；二是资源的开发利用方式不同。传统工业在利润最大化目标的驱使下，采取的是掠夺式的经营，在资源开发利用方面表现为明显的“三高”（高开采、高耗费、高排放）特征，生态工业依据工业生态学的基本原理，科学地指导资源的综合开发和利用，以最大限度地利用进入系统的物质和能量，从而形成了“三低”（低开采、低耗费、低排放）的最佳效果；三是产业结构和产业结构布局的要求不同。传统工业过分强调工业的专业化、区域化，而生态工业强调系统的开放性和相对封闭性；四是系统构成不同，传统工业由采掘业和加工业（主要是冶炼业、制造业）两大部门组成；而生态工业系统则是模仿自然生态系统，由资源开采、加工生产、还原生产三大部门组成；五是对技术、产品的要求不同，传统工业对工艺技术和产品只强调经济效益，而生态工业更强调经济效益、生态效益的有机结合；六是废弃物的处理方式不同，传统工业实行单一产品的生产加工模式，生态工业最大限度地开发利用资源，减少废弃物的排放。[①]

2. 由传统工业向生态工业转变

生态工业的发展理念是新的人与自然之间的物质变换关系，是一种既满足环境保护和人类健康要求，又最大限度发展工业生产的最优化模式。生态工业最显著的特点是，从人与自然的和谐发展出发，把工业生产过程放在生态环境建设中来考虑，把生态环境优化作为衡量工业发展的质量和程度的基本标志，并把产品在生产和消费过程中对生态环境和人体健康的损害程度降至最低，同时多层次利用废弃物，把终端治理转变为生产全过程控制的污染防治。

为此，可采取的措施可以有：

（1）交流、传播本地与外地实行循环经济的示范项目和龙头企业的经验。

（2）挖掘相关行业、专家的技术资源、商务信息资源和政府采购支持资源，以加大社会资本对循环经济的项目或企业的投入。

（3）对企业生产和提供的循环经济产品和服务进行统计、调研、评审，为政府采购、引导市场和企业的发展提供依据。鼓励、引导、支持循环经济科技项目的立项、研发、验收和推广。

（4）建立循环经济信息系统和公共服务平台，包括网站、刊物和专家队伍。以政府或社会重点工程为整合平台，通过集中推广使用循环经济企业的产品，运用循环经济技术，推动循环经济发展。同时，鼓励、引导和支持循环经济科技项目的立项、研发、验收和推广。

中国在“十一五”规划纲要中提出：单位 GDP 能耗在 5 年内降低 20%，主要污染物排放总量减少 10%的战略性目标。这两大目

① 严安. 生态工业——新型工业化的必由之路. 社科纵横，2008（12）：62.

标的进展如何，是检验科学发展观是否落实的重要标准，是衡量建设资源节约型、环境友好型社会进展状况，以及经济结构调整、转变增长方式是否取得实效的重要尺度。

延伸阅读：建设与生态文明相适应的工业发展新模式①

建设生态文明需要伦理价值观、生产和生活方式、制度和机制等多方面的转变。落实到生产方式上，就是要实现农业、工业、服务业三个产业的生态化转型。具体到工业生产上，就是要把握从矿物炼制向生物炼制过渡的时代发展趋势，在注重矿物炼制系统升级改造的同时，逐步加强生物炼制这一新兴发展方向，以废物炼制为重要补充，有层次、系统地大力发展生态工业。

十七大报告指出要使“循环经济形成较大规模”。目前在工业生产领域，主要依赖矿物资源。矿物炼制以煤、石油、天然气和天然矿物为基本原料生产能源、各种材料及产品，为人类社会的繁荣作出了巨大贡献。矿物炼制发展到今天，面临着自然资源稀缺、环境容量有限等种种制约性问题。生态工业要求从产品和产业结构、工艺技术、生产组织管理等层面对矿物炼制系统进行生态化改造升级。加强清洁生产和产业链接关键技术的研发与推广，采用生态工业园区、多联产系统等先进的生产组织形式，构建工业生态链网，实现工业过程副产物的资源化，以资源和能源的最小利用实现最大化的经济效益；围绕矿物资源“开采—加工—利用”生命周期的各个环节，全过程实现矿物资源产业的循环经济。

十七大报告指出要使“可再生能源比重显著上升”。可再生的生物质资源在农业文明时代是主要的能源和材料来源，在工业文明时代退出了“中央舞台”。在生态文明时代，科技进步促进资源演

① 金涌，陈定江. 建设与生态文明相适应的工业发展新模式. 光明日报，2007-11-23。

替，在创新科技和环保意识推动下，生物质资源的利用又将以生物炼制的崭新面貌回归人们的视野。生物炼制通过物理、化学或生物方法把生物质原料降解为一些中间化合物，然后再开发成能源、大宗化学品、精细化学品、药剂等化工产品。与矿物炼制相比，生物炼制由于其原料的可再生性决定了它在全生命期内可以实现二氧化碳接近零排放。以生物可再生资源为基础原料生产能源与化工产品的新型工业模式，表明数百年来以矿物炼制（炼铁、炼铜、炼油、炼焦等）为基础的工业经济正酝酿着根本的变化，或者说碳氢化合物炼制主导经济的时代已看到尽头，新的碳水化合物炼制主导经济的时代已现曙光。

以城镇居民消费过程中所产生的废物，如废电器、废塑料、废轮胎、厨余垃圾等为原料来生产材料和能源产品，通常称为资源再生，可以认为是废物炼制。废物炼制是缓解资源紧缺、减轻环境污染和生态破坏压力的重要途径。废物炼制是物质循环利用的过程，通过对城市消费废弃物的再次加工实现矿物炼制的部分功能，替代部分化石能源的消耗。日本、德国等发达国家的循环经济就是从废物炼制开始发展的。废物炼制要以先进的资源再生技术为支撑，按高效的现代工业而非家庭小作坊模式组织生产，避免二次污染。由于废物炼制的前端链接是城镇消费系统，因此还要发展十七大报告所说的“节约能源资源和保护生态环境的产业结构、增长方式、消费模式”，使“生态文明观念在全社会牢固树立”，并建立起规范化、社会化、信息化、专业运作的再生资源回收利用管理体系，与废物炼制相配合。

发展生态文明需要科学技术和思想方法的创新。可以预见，在相当长一段时间内，矿物炼制、生物炼制以及废物炼制将共同构成生态文明社会的工业体系支撑。由于原料特性、空间分布、系统构成要素等本质的不同，三种炼制各自有其最佳的发展模式。要将科学理性与生态理性相结合，加强生态工业工程、工业生态学、系统工程、技术创新、公共政策理论等相关领域的研究，通过深入的定性、定量分析，正确认识系统要素相互关系，识别主要矛盾，设计创新的产业发展和组织模式，将三种炼制的生态工业发展从经验式摸索上升为理性的自觉，提出三种体系下生态工业发展的科学方法以及协调发展的策略，指导生态工业的实践。

关联案例：由传统工业向先进制造业迈步：济变集团的生态文明建设之路

先进制造业是广泛采用先进技术和设备、现代管理手段和制造模式，科技含量较高的制造业形态。只有夕阳技术，没有夕阳产业。先进制造业不是非高新技术产业莫属，传统产业只要通过运用高新技术或先进适用技术改造，在制造技术和研发方面保持先进水平，同样可以成为先进制造业。先进制造业的先进，要冠以“先进”两字，在管理水平方面必须是先进的。不能想象，落后的管理能够发展先进的产业和先进的技术。济变集团是在 1952 年创立的济南变压器厂基础之上发展起来的股份制变压器生产企业。1967 年 9 月，自行设计制造了我国第一台 110 千伏 31 500 千伏安的三线圈铝线变压器。1973 年自行设计制造出我国变压器制造史上第一台最大容量的 SFL-150 000/110 变压器。至本书出版之时，总投资约 4 亿元，建筑面积 7.3 万平方米，以生产 500 千伏超高压电力变压器和 220 千伏大型电力变压器为主导产品，具备 750 千伏超高压电力变压器的生产和试验能力的济变集团新厂区在济南市长清区竣工。对于存续了近 60 年的传统制造业老厂，特别是在 2009 年美国经历的大萧条以来最严重的金融危机所导致的全球经济衰退背景下，如何走出一条从摸着石头过河的起点向发展是硬道理，继而转向硬发展肯定没有道理，构筑和谐企业价值观、企业科学发展价值观，实现从传统制造业向先进制造业转型，实现企业生产规模和生产能力的历史性、跨越式发展，实现以先进制造业体现生态文明，促进“两型”社会建设，济变集团的案例能够提供给公众另一种关于生态文明的想象和视角。

1. 在清洁生产、节能减排和循环经济上做好文章

2003 年 1 月 1 日，《中华人民共和国清洁生产促进法》正式实施。以此为契机，济变集团积极推进清洁生产审核，全方位提高环境管理的整体水平，确定了实现清洁生产目标的三个优化设计：轻量化设计以削减重量；缩小产品体积以节约用油；改进制造工艺以提高绝缘纸板利用率。清洁生产也为员工的工作创造有利的工作环境质量。济变集团在单位配备了中央集尘装置，使降尘量大幅度减低，改善了绝缘加工环境。

近几年来，节能减排和循环经济成为国家经济政治和社会生活中的一件大事。2008 年 4 月，《中华人民共和国节约能源法》正式生效，同年 8 月，《中华人民共和国循环经济促进法》又通过颁布。济变集团自觉顺应时代社会发展的趋势，坚决贯彻落实国家关于清洁生产、节能减排和循环经济方面的基本要求和法律法规，确立了三个降低优化流程：一是全面降低生产制造过程中的能源消耗，如蒸汽、水和电；二是最大限度地降低产品的材料消耗；三是降低变压器的噪声。在现场环境管理方面，每月公布综合能耗、水、气、声等污染因子排放、废弃物量削减等环境指标，对现场涉及环境管理的关键设施和场所的环境管理信息充分披露，以板栏通告的方式，不断促进环境管理水平的提升，使环境保护、生态文明成为全厂职工的基本意识。

2. 调整产业结构，推进产业融合与产业升级，建设生态文明

为从根本上实现由济变制造走向济变创造，自觉走出企业自主创新之路，实现产业结构调整，济变集团在广泛征求有关经济专家的意见基础上，结合济变集团实际，确立了推进产业升级转型的五个转变：（1）产业分工从单一加工集聚型向产业多途径协作型转变，不仅要实现循环经济，更要实现能量的循环利用。（2）产业结构从工业主导向制造业与高新技术服务业协调发展转变，由单一产品输出逐步走向品牌输出，由企业单一标准逐步走向行业标准。（3）产业组织形态从低端业态向高端业态转变，由单一产品制造走向资本运作，充分发挥资本在资源配置中的作用。（4）从业人员素质从体能型员工向技能型员工转变，由劳动密集型企业向知识、信息、技术密集型企业转变。（5）资源利用从耗能型向节约型转变，走绿色变压器生产之路。

2002 年到 2008 年是济变集团发展速度最快的阶段。六年间，济变集团按照“稳定才能发展，发展才能稳定，创新才能发展”的指导思想，坚持以科学的发展观统领发展，积极构建和谐企业，针对企业发展不同阶段和内外部环境的变化，适时调整经营战略和转变发展方式，创造了“稳定发展型”、“速度效益发展型”和“现金流—利润—速度协调发展型”三个针对企业不同发展阶段的重要理论模型，具有广泛的指导意义。

六年来，济变集团主要经济指标持续大幅度增长。2002—2008 年，销售收入年均递增 31.8%，实现利税年均递增 38.7%，为国家上缴税收年均递增 29.8%。国有资产保值增值率达到 225%，净资产由发行初期的 1.5 元/股提高到 2008 年年底的 3.74 元/股，国有资产实现了最大限度的保值增值，股东的利益得到了切实的保障，企业进入了良性循环发展的轨道。

六年来，在持续技术创新、管理创新和文化创新精神的引领下，济变集团有了自己标志性的精品工程。2006 年，举世瞩目的“天路”——青藏铁路，青海境内主变压器、所变压器全部采用济变集团产品。由于产品成功配套青藏铁路，济变集团因此成为国内第一家运行于海拔 4 000 米以上、零下 40℃的 110 千伏变压器供应商；2008 年北京奥运会，济变集团获得了北京市电力物资公司颁发的“第 29 届奥运会电力安全保障贡献”奖章。目前在首都北京天安门广场、前门、公前、文前等变电站，已有 500 多台大型电力变压器和干式变压器安全运行，无一台出现故障。

济变集团的生态文明观为[①]：

（1）生态文明本质上是和谐社会的文明构建问题。人与自然和谐是第一位的，人与人和谐，人与社会和谐，自然与自然和谐，自然与社会和谐，诸种和谐构成了生态文明。

（2）从根本上讲，建设生态文明还是要在科学发展观和和谐社会观指导下进行，通过生态文明建设，促进科学发展和和谐社会建设。

（3）文明是一种状态。传统制造业行业不能依靠制造的方式造出文明来，但能通过节能减排、清洁生产和循环经济的具体举措，首先做到环境友好、资源节约；自主创新是唯一出路，只有实现了产业结构调整，由制造走向创造，新的文明才会实现。

（4）济变有决心在维护空气的质量方面贡献企业的力量，也有决心在保证产品的质量方面保持过硬风格和对全社会的质量责任。

（5）济变新厂区不久要投产，规模更大，园区效应必将显现。济变愿意以这次案例入编为契机，调整产业结构，发展先进制造业，时时处处以文明的姿态展现生态文明。

---

① 本观点由济变集团董事长孟庆堂与读本案例编写组座谈时提出，编者注。

第四节　生态信息业提升和助推生态文明发展的水平

一、信息化生产方式的兴起

1. 信息化生产方式

20 世纪 40 年代以信息科学技术为基础、以美国为策源地的信息革命，把世界现代化进程推向一个新的发展阶段——信息化阶段。

信息技术在 20 世纪 60—70 年代接连发生了几个重大突破：

（1）1968 年大规模集成电路的开发，推动了传统工业的改造。

（2）1969 年创办了制造半导体的英特尔公司，它成为芯片之王，控制全球 90%以上计算机微处理器市场。

（3）1969 年计算机网络技术的开发，促进了“数字数据交换网”的建立，开始了以传真为基础的图像通信时代。

（4）1970 年研制出光导纤维，开始了光电通信时代。

（5）1971 年研制出世界上最早的微型计算机（PC）。计算机从此进入了家庭、办公室。

信息化生产方式是先进的生产方式，信息与知识生产力是先进的生产力，它是竞争力与经济成就的关键。信息业成为国民经济的主导产业。

2. 信息文明

信息文明的基础是信息化生产方式，它的物质技术基础是信息业，是信息与知识的生产、交换与使用，它的劳动工具是电子计算机，其生产过程的基本特点是：

以信息为劳动对象，信息与知识（非物质资源）是其主要资源；

以信息科学技术为手段，主要是信息科学（信息论、系统论、控制论）和信息及技术（遥测、通信、控制与人工智能）；

在不受制于自然条件的家庭、办公室、工厂中进行。

作为主导产业的信息业，它使用的资源是信息与知识，它既不是物质，也不是能量，是取之不竭，用之不尽的非物资资源。

信息业生产的环境与资源问题：信息与知识的生产造成的环境污染主要是电磁辐射和电子计算机工业的废品。但利用信息通讯与管理，可以减轻环境、资源与人口带来的压力。

二、生态信息业：以国土资源信息化管理为例

建设资源节约型与环境友好型社会，需要对资源进行控制与管理，生态信息业是提供资源控制与管理的强有力手段。

国土资源包括土地、矿产与海洋等自然资源。国土资源管理则是它的调查、评价、规划、管理、保护与合理利用。

国土资源信息化是在国土资源管理中应用现代信息技术，开发和广泛利用信息资源，加速实现国土资源工作现代化的过程。它主要包括三方面内容：国土资源调查评价信息化、政务管理信息化和信息服务社会化。

国土资源信息系统是促进国土资源高效管理、科学决策、依法行政和政务公开的重要手段，是国土资源合理地开发、利用、治理和保护的必然选择。

目前，遥测（RS）、地理信息系统（GIS）、地球定位系统（GPS）三者与计算机、通信和控制技术相结合，是资源环境观测的通用技术。

2004 年 10 月，国务院印发《关于深化改革严格土地管理的决定》明确提出“组织实施‘金土工程’。充分利用信息技术加强土地利用动态监测，建立土地利用总体规划实施、耕地保护、土地市场的动态监测网络”。通过“金土工程”的实施，建立起涵盖“耕地保护国家监管”、“矿产资源安全保障”、“地质灾害预警预报”的国家级信息化体系。

我国已建立的国内环境、灾害、气象信息共享的数据资源的基础主要有：

（1）环境、灾害方面的信息系统或数据库；

（2）信息共享的软硬件环境和管理经验；

（3）有利于信息共享的社会环境。

在上述基础上建立以下三个系统：

第一，环境保护和环境无害化技术信息共享系统；

第二，综合自然灾害信息共享系统；

第三，气候、气象信息共享系统。

三、发展生态信息业

在建设生态文明，转变经济发展方式、调整产业结构中，发展生态信息业是最强有力的手段。从信息业在自然生态环境中的地位和运行情况来看，第一，在信息工业中，要按循环经济的原理，采用清洁生产，有效地节约能源资源消耗、将废旧电子信息产品的回收与处理有效地纳入信息工业生产过程中。第二，在信息服务业中，建立农业网站，提供与农业有关的各类信息服务，包括种植、畜牧、水产、林业、加工、销售、生产和生活等方面。

生态信息业服务生态工业和生态农业，可以从两方面进行：

一是统筹区域发展。通过模拟自然生态系统的食物链和生态系，把两个或两个以上的区域的生产体系或环节耦合，建立区域循环生态经济系统，使得：（1）自然界再生产过程形成“生产者—消费者—分解者”的循环途径，形成互利共生的循环网络。（2）经济再生产过程形成区域、企业之间的循环途径，形成地区、企业之间原材料、能量及水等资源梯级利用，实现物质能量流的闭合式循环。

二是发展生态农业，建立农业网络，主要是：（1）大力开发农业信息资源，包括市场信息、农业科技信息、农业气象信息和农业政策信息等。（2）建设农业信息应用系统，包括农业资源数据库系统、农业管理信息系统、农业计算机辅助决策系统、人工智能和专家系统、地理信息系统和全球定位系统等。（3）建立农业信息网络。这是农业信息服务业的技术支柱，通过它可以远程直接存取大型数据库中的信息，能共享主机系统软件资源，在作物栽培管理、设施园艺管理、禽畜饲养、水产养殖、植物保护、育种以及经济分析等方面的应用。

1994 年启动的“金农工程”，可与各金字头工程相衔接，与科研网、教育网互联，与国家信息高速公路接轨，1998 年开通了“中国农业信息网络”。

关联案例：让生态文明接入现实　以中国电信山东分公司为例

在当前中国，生态文明建设的重点关键在于产业结构调整。产业结构调整的重要方向就是用信息化武装工业化，用信息化提升工业化发展的水平，走新型工业化道路。

在信息通信行业树立生态文明的典型，有助于借助信息通信业迅捷的信息文化传播方式，进一步促进信息通信业企业自觉履行企业社会公民责任义务，不断向社会弘扬生态文化，培养大众的生态文明意识。

中国电信集团公司是我国特大型国有通信企业，连续多年入选“世界 500 强企业”，主要经营固定电话、移动通信、互联网接入及应用等综合信息服务。截至 2008 年年底，拥有固定电话用户 2.14 亿户，移动电话用户近 3 000 万户，宽带用户 4 718 万户，集团公司总资产 6 322 亿元，全年业务收入超过 2 200 亿元，人员 67 万人。中国电信的生态文明之路，首要在于大力推进信息化与工业化融合，积极实施新阶段转型战略，着力开发和推广信息化应用；其次在于实现了企业公民与社会的和谐、与人的和谐、与自然的和谐，走出了一条符合生态文明基本内涵的生态文明之路。

发展节能产品和循环经济，积极使用环保材料。中国电信注重维护人类健康的生活环境，始终将环境保护的理念和措施贯穿于通信工程建设过程中。在电信设备选型时，精心筛选无噪声、无电磁辐射、无污染物产生的光纤光缆和传输系统设备。进行野外通信路由勘察时，有意避开矿藏、森林、草原、野生生物、自然遗迹、人文遗迹、自然保护区和风景名胜区等区域，敷设光缆一般均采用定向钻技术，光缆直接从障碍下方通过，无须改变周围环境。

创新通信与信息产品，助力资源节约。中国电信结合电信产业的特点，对环境的保护以技术创新为主，积极通过信息化解决方案，开发新型的产品来促进企业行业和整个社会的节能，为构建节约型社会作出应有的贡献。向个人、企业及行业提供全球眼、号码百事通等通信应用产品，使之取代传统的信息传递方式，由此推动办公资源和交通资源的节约，促进节约型社会的建设。

创建节约型企业，努力实现节能减排。为降低企业成本，提高资金使用效率，中国电信开展降本增效工作，从办公成本、营销成本、维修成本、人工成本和投资成本等方面分专业进行规范。在生产办公环境中大力使用节能灯具，适当调整电信机房和办公场地的环境温度，号召全体员工节约用纸、用水，形成了创建“节约型企业”的浓厚氛围。

山东电信公司是中国电信在山东的分支机构，承担并开创符合山东省情、民情，基于中国电信总体战略部署的业务。总经理刘平曾撰文阐述了他对生态文明的认识：

现在大家谈生态文明，主要着力点在统筹发展和保护的二者关系上。按照资源节约型、环境友好型社会的要求进行发展，生态文明建设要在节约、保护和发展三位一体中进行。山东公司目前正在进行 3G 市场较大规模的建设和市场开拓期，形势紧迫，任务较重。越是这样，越要合理规划、正确引导、加强监管，避免重复建设，减少资源浪费。方法准确，定位清晰，不重复建设，不折腾，就是对资源的保护。要做到这点，面临的最主要的问题是准确把握电信市场形势，抓紧进行前瞻性研究，找准破解难题的办法。

电信行业是服务性行业，工作是否体现科学发展，是否生态文明，关键看能否使老百姓得实惠，这是一个很重要的标准。作为电信运营部门，要结合工作实际，要加强服务监管，充分发挥用户申诉受理中心的作用，维护用户合法权益。

调整产业结构，建设生态文明。山东电信也面临主营业务的结构性调整问题。要优化固话、宽带等传统业务和电信重组后的移动和新型 3G 业务间的结构。山东电信将加快转型业务发展，将转型业务转化为核心优势。

企业与社会的和谐是生态文明所蕴涵的诸种和谐层面的一个重要方面。山东电信将以第十一届全运会为契机，加强应急通信和网络安全保障能力建设，形成管理和预防体系，积极参加社会救灾通信保障等工作，为社会公共服务。

包括中国电信在内的信息产业，以知识和信息服务为主要载体服务经济社会文化发展，较物质资源投入，是可再生的、无污染的环保资源。做好物联网的社会普及工作，以信息化提升工业社会发展的水平，以信息化促进产业结构升级和调整，以信息化减少自然物质资源的投入和消费，是建设生态文明必须思考的重要依靠力量和路径选择。

第五节　生态服务业体现生态文明社会国民经济结构的优化

一、现代服务业的概念

1. 现代服务业的定义

关于现代服务业，使用较多的一种定义是：现代服务业是伴随着信息技术和知识经济的发展产生，用现代化的新技术、新业态和新服务方式改造传统服务业，创造需求，引导消费，向社会提供高附加值、高层次、知识型的生产服务和生活服务的服务业，指那些不生产商品和货物的产业，主要有信息、物流、金融、会计、咨询和法律服务等行业。

2. 现代服务业的归类

现代服务业大体相当于现代第三产业。国家统计局在 1985 年《关于建立第三产业统计的报告》中，将第三产业分为四个层次：第一个层次是流通部门，包括交通运输业、邮电通讯业、商业饮食业、物资供销和仓储业；第二个层次是为生产和生活服务的部门，包括金融业、保险业、公用事业、居民服务业、旅游业、咨询信息服务业和各类技术服务业等；第三个层次是为提高科学文化水平和居民素质服务的部门，包括教育、文化、广播电视事业、科研事业和生活福利事业等；第四个层次是为社会公共需要服务的部门，包括国家机关、社会团体以及军队和警察等。

“现代服务业”的正式提法最早出现在 1997 年 9 月党的十五大报告中，2000 年中央经济工作会议提出：“既要改造和提高传统服务业，又要发展旅游、信息、会计、咨询、法律服务等新兴服务业”。

3. 现代服务业的时代特征

现代服务业的发展，本质上来自于社会进步、经济发展、社会分工的专业化等需求。具有智力要素密集度高、产出附加值高、资源消耗少、环境污染少等特点。现代服务业既包括新兴服务业，也包括对传统服务业的技术改造和升级，其本质是实现服务业的现代化。现代服务业的时代特征有：

（1）新服务领域。适合现代产业的发展需求，突破了消费性服务业的领域，形成了新的生产性服务业、智力（知识）型服务业和公共服务业的新领域。

（2）新服务模式。现代服务业通过服务功能换代和服务模式创新产生新的服务业态。

（3）高服务质量。高文化品位和高技术含量；高增值服务；高素质、高智力的人力资源结构；高情感体验、高精神享受的消费服务质量。

4. 生态服务业的定义和分类

现代服务业在中国国民经济结构中的地位不突出，现代服务业的提出时间短，其发展阶段落后于西方发达国家。生态服务业在当前中国，第一层含义应当包含现代服务业的全面内涵。

第二层含义，应当指：伴随着信息技术、知识经济和生物技术的发展产生，用生态化的新技术、新业态和新服务方式服务生态农业和生态工业等生态文明社会国民经济命脉，向社会提供高附加值、高层次、知识型、资源节约型、环境友好型的生产服务和生活服务的服务业。

本节就生态旅游和生态物流进行阐述。

二、生态旅游理论与实践

1. 生态旅游概述

（1）生态旅游的产生。生态旅游产生于 20 世纪 60 年代，是西方学者对传统自然旅游给生态造成的恶果进行反思的产物。1965 年美国学者贺兹特提出“Ecological tourism”即“生态性旅游”一词，标志着生态旅游的诞生。但是，生态旅游概念的正式确立则在 20 世纪 80 年代。1983 年，墨西哥生态保育专家 H. Ceballos Lascarain 提出“Ecotourism”即“生态旅游”一词，并于 1987 年在《生态旅游之未来》一文中指出，“生态旅游就是前往相对没有被干扰或污染的自然区域，专门为了学习、研究、欣赏这些地方的景色和野生动植物及存在的文化表现（现在和过去）的旅游”，首次对生态旅游的概念进行了界定。

（2）生态旅游的含义及特征。生态旅游是以大自然为舞台，以生态学思想为指导，以休闲、保健、求知、探索为载体，旅游者参与性强、品味高雅、形式多样，既能使旅游者获得身心健康、知识增益，又能增强热爱自然，珍惜民族文化、保护环境的意识，弘扬文明精神，实现可持续发展的旅游体系。 生态旅游以保护自然生态为核心，使自然生态既能满足当代人的旅游、娱乐需求，又不对子孙后代的发展能力构成威胁；生态旅游以现代科技和传统文化为发展理念，以多样化的生态资源包括景观、文化、科技等为基础，努力实现旅游业的生态、经济和社会三种效益的结合，实现旅游的可持续发展，其本质是一种可持续发展的旅游方式。

生态旅游具有以下特征：第一，旅游活动以大自然为舞台；第二，旅游内涵孕育着科学文化高雅品质；第三，旅游活动以生态学思想作为思想依据；第四，旅游活动载体具有多样化特色；第五，生态旅游是增强人类环境意识的高品质旅游。因此，生态旅游既有保护生态系统的保护性，也有旅游设施、旅游项目、旅游服务等方面的设计和管理的专业性。

（3）生态旅游的分类。生态旅游内容丰富，从旅游的对象来看，可以分为农业生态旅游、森林生态旅游、湿地生态旅游和草原生态旅游等。

农业生态旅游是指以农村自然环境、农业资源、田园景观、农业生产内容和乡土文化为基础，通过整体规划布局和工艺设计，加上一系列配套服务，为人们提供观光、旅游、修养、增长知识以及了解和体验乡村民俗生活活动；也结合季节性的果、菜、花实地自采现尝和趣味郊游活动以及将参与传统项目、观赏特色动植物和自娱等融为一体，将农业、农村、农事活动结合起来的一种特殊的生态旅游活动形式。

森林生态旅游是指在被保护的森林生态系统内，以自然景观为主体，融合区域内人文、社会景观为对象的郊野性旅游，旅游者通过与自然的接近，达到了解自然、享受自然生态功能的好处，产生回归自然的意境，从而自觉保护自然、保护环境的一种科学、高雅、文明的旅游方式。

湿地生态旅游是指以湿地生态系统，包括：湖泊、河流、沼泽、滩涂、近岸水域等湿地资源为旅游对象，亲近湿地、享受湿地并保护湿地的一种旅游方式。

草原生态旅游是指以草原生态系统，包括各种生物群落和草原环境为旅游对象，将游览草原景观、享受草原文化、保护草原生态相结合的一种旅游方式，包括草原观光、草原度假、草原越野以及骑马、摔跤、野营等生态旅游活动。

（4）我国生态旅游的发展历程。1993 年 9 月，我国召开“第一届东亚地区国家公园和自然保护区会议”，通过《东亚保护区行动计划概要》，首次确认了生态旅游的概念。

1995 年，“中国首届生态旅游研讨会”在西双版纳召开，会议对生态旅游的内涵、特征等各方面进行了研讨，并通过了《发展我国生态旅游的倡议》，生态旅游的研究在我国正式起步。

1999 年，国家旅游局确定该年为“生态环境旅游年”，全国各地借此开展了生态旅游的实践，如四川成都推出九寨沟、黄龙、峨眉山、乐山大佛等景点，湖南张家界国家森林公园推出武陵园等生态旅游区。以湖南和四川为起点，生态旅游逐渐在全国范围内发展起来。

2002 年，联合国将该年定为“生态旅游年”，我国积极响应联合国的倡议，加强生态旅游建设，逐步形成一股生态旅游热潮，生态旅游业在这股热潮下得到了很大的发展，表现在以下几方面：

首先，我国形成了各具特色、不同类型的生态旅游区。农业生态观光园方面，如北京朝来农艺园，深圳世界农业博览园等。森林生态园区方面，截至 2002 年年底，已有国家级自然保护区 197 处、国家级森林公园 439 处。湿地生态区方面，有海南东寨港、清澜港和三口等自然保护区。

其次，部分地区的生态旅游业已成为当地经济发展的支柱产业，带动当地居民脱贫致富，实现了经济效益和社会效益的结合。

我国生态旅游在发展过程中出现的主要问题是：首先，环境破坏严重。由于各地对生态旅游的开发与规划不当，不仅破坏了生态系统，而且因接纳过多的游客破坏了环境的承载力，游客乱扔垃圾的不文明行为也对生态环境造成了污染。

再次，生态旅游的服务质量差。很多旅游区基础设施落后，服务人员的素质较低，可供游玩的原生态项目很少。

此外，我国的生态旅游市场不成熟，管理混乱，各地政府在生态旅游的项目开发上盲目跟风，并且把自然保护区简单地贴上"生态旅游"的标签以吸引游客，片面追求短期内的经济利益，忽略生态与环境的保护。

最后，生态旅游的专业技术与人才缺乏，不能满足生态旅游产品开发的专业化需求。

2．我国生态旅游的发展对策

我国的生态旅游还处于初级阶段，需要采取各种措施，积极发展生态旅游业。

首先，要加强生态旅游立法，健全相关的法律保障体系，建立生态旅游资源的产权制度、环境侵权损害赔偿制度等。

其次，要加强环境管理，对生态旅游进行科学合理地规划，协调各利益主体，积极开发高端生态旅游产品。

再次，建立适合我国国情的生态旅游认证体系，对认证体系的制定机构和法律效力、认证的结构体系和内容设置、认证的收费制度和管理方式、认证的配套体系和相关制度等方面作出合理的规定。

此外，要加强对生态旅游的游客与当地居民的管理，加强生态旅游的宣传，提高生态旅游参与者的素质，实现生态旅游的本质要求。

最后，加强对生态旅游从业者的培训力度，提高旅游的服务质量。

生态旅游要实现可持续发展，就必须将环境保护、环境消费与经济效益结合起来，做到环境、旅游与经济三方面协调发展。

关联案例：九如山关于生态旅游的理论和实践

九如山位于泉城济南南部，毗邻泰山北麓。36 平方千米的连绵群山，峰峦叠嶂，峡谷纵横，森林茂密，山泉遍布，溪流交错，瀑布成群，这些令人震撼的景观由长度堪称世界第一的实木栈道巧妙连缀在一起，形成了以八潭、九瀑、二十四泉、三十六峰为核心景观，以山峰、栈道、山泉、溪流、瀑布、深潭为特色的中国北方极其罕见的大型自然生态景区，同时它又是泉城七十二名泉的发源地，济南南部山区锦绣川的源头。

九如山景区在 2005 年规划设计之初摒弃传统的国内景区建设常用的一些习惯性的做法，明确了差异化经营的思路。创造性地发挥生态意识，把生态旅游与生态体验合二为一，使用“贴近九如山，融入大自然”的理念来倡导新型生态旅游，探索具有个性和影响力的生态之路。

九如山关于生态旅游的基本发展观为：

（1）生态旅游必须是在相对未受到干扰的自然区域内为满足人们认识自然、欣赏自然、体验自然、融入并享受自然的需求而进行的一系列活动，这些活动应以增强人们关注生态保护环境的意识为最终目的。

（2）这些活动的利益相关方的行为相对于自然环境而言必须是友好的、负责任的。这些利益的相关者应包括政府、景区的规划建设者、经营者、当地居民和游客，等等。

天然的植物群落和良好的植被原貌是自然公园赖以生存的重要元素。九如山坚持“保护第一，修建第二”，在建设中大量采用修筑实木栈道。服务中心和游憩设施全部采用木制或石木结合的小体量建筑。在保护自然生态环境的同时，又营造了独具特色的景观效果。

利用生态景观向游人传递生态理念，是九如山生态景区的一个努力方向。生态旅游的对象是自然景物，游人到自然界和生态环境中参观游览，不但能够领略自然风光、享受自然之美，探索和认识自然奥妙，达到愉悦身心，健康身体的直接目的，还可以由此提高个人修养，产生生态保护的共鸣意识。九如山开发的生态景观，强调了激发人们的生态意识的功能，增进游人热爱自然、尊重自然、与自然为伴、同自然共生的情感，实现生态旅游的科学价值。这也是生态文明的一条培育之路。

三、生态物流

1. 生态物流的含义

生态物流又称绿色物流，是指以可持续发展理论、生态经济学理论、生态伦理为基础，减少资源消耗、抑制物流活动对环境的污染，实现经济利益、社会利益和生态利益统一的物流活动，包括生态运输、生态仓储、生态装卸搬运、生态流通加工、生态配送和生态包装等方面。生态物流是物流作业环节和物流管理过程的生态化。

生态物流在国外兴起的时间较早。欧洲是引进“物流”概念较早的地区之一，而且也是较早将现代技术用于物流管理，提高物流绿色化的先锋，如在20世纪80年代欧洲就开始探索一种新的联盟型或合作式的物流新体系，即综合物流供应链管理。美国则对生态物流给予更多的关注，制定了生态物流发展的近期与远期目标，确立了以生态物流带动本国经济发展的战略。

目前，世界绝大多数国家都把生态物流作为物流业的发展方向，积极加强现代物流技术开发，努力推进物流的生态化发展。

2. 我国生态物流的发展现状

我国的物流业原本起步就晚，在 20 世纪 70 年代末才有物流的概念，90 年代后期物流开始受到关注和重视，进入发展期。而生态物流更是一个新名词，国人对它的内涵以及基本特征等方面的认识非常有限，生态物流在我国完全处于初级阶段。具体而言，这种初级阶段表现在以下几个方面：

第一，从经营者和消费者来看，生态经营、生态消费的意识淡薄，基本没有生态物流的思想；第二，物流行业基本处于无序发展状态，社会资源的配置存在巨大的浪费；第三，生态物流技术落后，生态物流的服务体系基本不存在。第四，国家相关部门对物流的认识还很传统，没有生态物流的概念；对物流业的管理与监控也非常混乱，涉及物流的部门太多，如铁道部、交通部、民航局、国内贸易局、外经贸部、能源部和农业部等多方部门，统一协调难度较大。

生态物流在我国只是刚刚兴起，它的发展还有相当长的路要走。

3. 生态物流的发展对策

现阶段，发展我国的生态物流，尚需理论和实践两方面的深入探索。就城市生态物流而言，可以采取以下对策：

首先，进行必要的基础设施的建设，全面构筑现代化基础设施体系和良好的生态体系，政府部门应当交叉发展道路与铁路，大力发展绿色低公害公共交通运输方式；建立都市环状道路，制订道路停车规则，实现交通管制系统的现代化等；通过合理规划交通流线，减少交通阻塞，优化城市环境，加大环境建设力度；加快污水收集管网和大型污水处理厂建设，严格控制和治理机动车尾气和扬尘污染。

其次，通过培育专业的管理部门和行业协会组织规范物流市场，加强行业自律和协调，为物流业的发展提供政策支持并制定相关政策控制污染发生源，从源头上控制物流企业发展造成的环境污染。

第七章　精神文明为生态文明提供思想保证、精神动力和智力支持

第一节　精神文明的涵义及其与生态文明的关系

一、精神文明的涵义

精神文明是人类在改造客观世界和主观世界的过程中所取得的精神成果的总和，是人类智慧和道德的进步状态。

精神文明主要表现为两个方面：

一是科学文化方面，包括社会的文化、知识和智慧的状况，教育、科学、文化、艺术、卫生和体育等各项事业的发展规模和发展水平。

二是思想道德方面，包括社会的政治思想、道德面貌、社会风尚和人们的世界观、理想、情操、觉悟、信念以及组织性、纪律性的状况。

精神文明的作用是为物质文明的发展提供思想保证、精神动力和智力支持。

社会主义精神文明是人类精神文明发展的重要阶段。它以马克

思主义为指导，在社会主义制度下形成的人类历史上新型的精神文明，是社会主义社会的重要特征，是现代化建设的重要目标和重要特征。它包括思想道德建设和教育科学文化建设，渗透在整个社会主义物质文明建设之中，体现在政治、经济、文化和社会生活的各个方面。

二、生态文明与精神文明的关系

生态文明是反映精神文明状况的一面明镜。生态文明建设是精神文明建设的题中应有之义。生态文明对于保证人的身心健康，满足人的审美等精神需求，促进人际关系的和谐，帮助人们建构科学的思维方式、行为方式、生活方式和消费方式，实现人的全面发展，都有极其重要的价值。充分吸纳生态文明内容的精神文明是充满绿色的精神文明。创建绿色精神文明需要观念和制度的保证系统。精神文明建设少了生态文明建设的内容，是不完善的、残缺的精神文明。建设生态文明，精神文明为其提供强有力的思想保证、精神动力和智力支持。两者相互依存，不可分割。

利用精神文明建设生态文明，是生态文明建设的重要路径和建设生态文明的应有视角。

1．社会主义精神文明内在地包含着生态意识的树立和培养以及生态文化的弘扬和普及，生态文明是精神文明的必备内容

精神文明是人类改造客观世界和主观世界的精神成果的产物，通常把它划分为思想道德和教育科学文化两个方面。思想道德建设本身是包含生态思想、生态意识和生态道德等在内的思想道德建设；教育科学文化本身是包含生态学、环境伦理学、自然哲学和生态文化等在内的教育科学文化。

当前，思想道德教育必须补充生态道德教育的课程；教育科学文化建设必须更加重视生态教育科学文化体系的建立和全民生态教育的培育。

2. 生态文明建设进一步丰富和完善精神文明建设

生态文明下的精神文明，更提倡尊重自然、认知自然价值，建立人自身全面发展的文化与氛围。生态文明建设进一步促进和完善精神文明建设。

（1）生态文明建设有利于形成良好的社会道德环境。生态文明体现在生态意识和生态文化上，要求人们尊重环境和资源的价值，确认人与自然和谐统一的价值观，要求自觉保护自然资源，而不是无端破坏自然资源；有节制地开发和消费自然资源，而不是奢侈浪费自然资源。这有利于人们控制自己无限的物欲，用理性来约束各种非理性的破坏行为。同时，人与自然的和谐，必然还会促进人际之间的和平共处。全球目标一致，共同努力治理污染有利于加强国际间的生态援助与合作，也为全世界其他方面的“和谐发展”提供示范的窗口。

胡锦涛总书记2009年9月22日在联合国全球气候大会上的演讲，能够说明生态文明建设有利于促进世界的和谐，有利于和谐社会理念的国际化和全球化。

（2）生态文明建设有利于生态教育科学文化的繁荣和发展。生态文明建设，包含了物质文明、思想意识和社会制度三个基本层面的建设。生态文明观下的物质文明的发展，能够为精神文明提供物质保障；新的生态科技体系的发展，进一步丰富和完善现代生态学理论和实践建设，为科技哲学思想的发展提供论据，有利于人文社会科学生态化研究分支的发展；国家生态环保法律体系的建立，又促进生态法制思想在全社会的普及和生态法制思想的树立。作为精神文明建设重要组成部分的教育科学文化建设实现进一步繁荣和发展。

（3）生态文明建设的成果有益于人类的身心健康，最终有益于精神文明的进步。生态文明的一个最基本也是在当前中国很难实现的建设愿景是：喝上干净的水，呼吸上新鲜的空气。如前文所述，生态文明社会形成的一个重要表征就是生态环境质量的改善，宜居、舒适的生态环境质量。人们生活在卫生条件良好，空气清新的环境中，则会身体康健，更会产生精神上的愉悦。追求生态文明，已成为人类追求高质量的精神生活的一项重要内容。

第二节　生态意识和生态文明意识

一、生态意识是生态文明意识的前提和基础

1. 生态意识概念

生态意识是从生命与环境的整体优化目标来理解和追求社会发展的一类意识要素与观念形态，是生态规律的支配作用和生态条件的制约作用在人的观念上的反映。它注重维护社会发展的生态基础，强调从生态价值的角度审视人与自然的关系和人生价值。

生态意识成为现代环境意识的主导内容，对社会政治、法律、道德、哲学、宗教和艺术的影响逐渐增长。生态意识是对人与自然关系的反思，是对生态环境的观点和看法，包括生态忧患意识、生态科学意识、生态价值意识、生态审美意识、生态责任意识和生态道德意识等。

2. 生态意识的若干分类及其含义

（1）生态忧患意识。是指人类面对日益严峻的生态危机而产生的对自身未来的一种忧患意识。由于人类不合理的活动，导致生态系统的结构和功能遭到严重破坏，生命维持系统瓦解，生态危机爆发，人类的生存和发展受到危害。面对生态危机，人类既不能逃避，也不必畏惧，而是应该勇敢地正视它，冷静地研究它，提出解决方法，进而缓解和趋向消除危机。

（2）生态科学意识。是指人类以生态科学的眼光来审视自然环境、处理生态问题的一种意识。20 世纪 50 年代以来，随着生态科学的日益成熟以及人口、资源、环境之间矛盾的日益尖锐，生态科学技术不断受到人类的重视，广泛应用于生态环境保护。目前，生态科学在三个领域取得了长足的发展。第一，在传统自然科学的基础上，环境物理学、环境化学、环境生物学和环境医学等新学科相继形成，从而促成了综合性的大科学——环境科学的产生，为人类正确处理人与自然的关系提供了科学依据。第二，新兴的高科技与环境保护相结合，开辟了经济发展与生态保护的新途径，如太阳能、风能、微电子技术等在生产领域的应用。第三，以生态科学为纽带的自然科学与社会科学相结合，形成了环境经济学、环境美学等交叉学科。

（3）生态价值意识。是指人类在实践中形成的对生态环境的价值评价，也称生态价值观念。人类在改造自然、征服自然的过程中，产生了对生态环境意义的看法，形成了生态价值观。传统的生态价值观认为人是自然的主人，自然界的一切资源都是没有价值的，都是供人类驱遣的，人类可以无偿、无限度地使用。实际上，自然的承载力和资源都是有限的，也是有价的。人类向自然过度排放污染物，已经产生严重的环境污染问题；人类过度开发利用资源，已经造成资源的枯竭，影响了当代人和子孙后代的发展。必须把地球资源看成有价商品，在使用资源时付出相应的代价，才能有效地解决环境问题。

（4）生态审美意识。是指生态环境美的特性引发人的情感，使人奋进，激发人的生命力，或使人沉淀，净化人的心灵，是人类面对生态环境产生的一种美感。目前，生态审美意识正引导人们回归自然，创造自然美。

（5）生态责任意识。是指每一个国家、每一个人都负有保护生态环境的责任。每个社会成员不仅有保护生态不受破坏的责任，而且还负有建设生态环境，促进生态发展的责任。

（6）生态道德意识。是指在一定社会环境中的人们根据生态道德对自己或他人的行为进行评判，表达态度。生态道德把道德对象的范围扩大到整个生命界及其生态环境，是生态文化的核心，是协调人与生态环境之间、人与人之间的行为准则与道德规范。

生态意识是社会存在的一种反映，在一定的社会历史条件下形成和发展，与个人的教育程度以及社会伦理和社会的经济发展状况有关。

二、生态文明意识是落实科学发展观和推进和谐社会建设的必然要求

1. 生态文明意识是科学发展观蕴涵的时代文明意识

树立和落实科学发展观需要广大干部群众从人类经济社会发展和生态文明建设规律的高度深刻认识和全面把握人与自然和谐相生的关系，并转化为自觉行动。只有把握生态文明建设的根本目标，努力培养造就全面发展的“生态人”，才能更好地体现以人为本科学发展观的核心要求；只有把发展物质生产力与实现经济指标、社会指标、人文指标和生态文明指标结合起来，把提高人们改造客观

世界的能力与提高改造主观世界的能力结合起来，努力创造人全面发展的经济、政治、文化、生态条件，才能实现经济社会的全面、协调和可持续发展。树立和落实科学发展观是一个创新发展理念、增强发展能力和提升发展水平的过程，生态文明意识要求配套和构建落实科学发展观的可持续发展理念的创新、绿色发展能力和绿色发展水平的增强和提升。

2．生态文明意识是反映和体现和谐社会必然要求的时代文明意识

和谐社会是社会各种要素和关系相互融洽的状态，它涵盖了人与人、人与自然和人与自身等多重关系以及人们经济生活、政治生活和精神生活多重领域。构建和谐社会要求把生态文明建设提高到新的水平，要努力发展生态经济，提高全体人民的生活水平，创造社会和谐而丰盈的物质基础；要推进社会主义民主法制，完善社会和谐的调节机制；要大力倡导公民生态道德意识和规范，弘扬体现和谐精神的优秀传统文化、团结合作的社会氛围以及和睦相处的人际环境。构建和谐社会还要求创新生态文明建设的理论和实践。在理论上，要把公平作为社会主义的本质要求和社会主义的核心价值观，重新审视公平与效率的关系，全面理解社会公平的内涵和实现途径。在实践上，要努力探索社会主义市场经济条件下思想政治工作的新形式和新载体，提高解决人民内部矛盾的能力和水平，增强社会的向心力和凝聚力。

关联案例：河北省公众生态文明意识调查①

河北作为京畿人口大省，环抱京津，地处首都北京的上风上水

① 王晓霞．公众生态文明意识——以河北省为例．决策探索，2009（8）．

位置，是首都北京的生态屏障、城市供水源头、风沙源重点治理区，河北的公众生态文明意识直接关系到全省生态环境的状况和未来发展态势，同时间接影响到首都的生态环境和生态安全。

1. 公众生态文明意识的基本状况

（1）公众生态责任意识不强。生态责任意识反映了公众个人对生态环境保护的责任感。政府和企业固然是环保的主要责任者，但公众个人在其中也发挥着重要的作用。调查发现，公众对自己在环保中地位的认识不强，仅有 18%的公众认为“我对环境保护负有责任”。但具体负什么责任，公众能准确回答的仅为其中的 43%。

（2）公众生态认知素质尚待提高。公众个人的环保认知素质依然是环保的一片“洼地”，并成为制约全省生态文明建设的最大障碍。调查发现，有高达 72.2%的公众不知道 6 月 5 日是“世界环境日”；58%的公众不知道“12369”这个全国统一的环境热线；能够正确回答“对本辖区环境质量负责”的机构是地方人民政府的公众仅为 11.2%；了解“‘十一五’期间节能减排目标是全国单位 GDP 能耗下降 20%”的公众还不到 10%；能够主动关注环境事件的公众仅为 28%。

（3）公众的生态文明意识存在片面性。分析发现，公众对环境问题的关注存在片面性和自身利益局限性。一是缺乏长远观，片面关注眼前的环保问题。二是缺乏整体观，更关注与自己关系密切的环境问题。调查发现，对“温室气体及其危害”能够正确认识的人仅有 19%，只对自己所在城市和村庄的污染事件格外关心，对于其他流域较大的环境污染和生态破坏相对漠然。

2. 影响公众生态文明意识的主要因素

社会意识是社会存在的反映，公众的生态文明意识要受到经济发展水平和社会伦理道德的影响。影响公众生态文明意识的主要因素有文化程度、职业、年龄、收入水平及所处区域。

（1）公众的环保认知水平与知识水平基本呈正相关系。硕士、博士的生态认知水平很高，达到 86 分，小学及以下文化程度的生态认知水平不高，仅为 58 分。调查发现，环保责任意识与学历关系并不显著相关。随地吐痰者不乏高学历者和高级知识分子，而环保责任意识强的人也有许多没有接受高等教育。可见，环保认知教育与环保责任意识培养之间存在一些脱节。环保责任意识的培养仅靠环保认知教育的单一途径过于理想化，还必须积极寻找增进公众环保责任的实践途径。

（2）公众生态文明意识与职业关系密切。党政机关、事业单位干部对环境认知水平最高，达到 80 分以上；其次为企业管理人员和大中小学生，为 75 分；无业、失业、待业和农民工对环境认知水平和责任意识得分最低，仅为 52 分。主要是因为党政机关干部和重点企业，尤其是进入“双三十”的县市区和企业，实行省直接考核，要求在三年内必须完成节能减排任务，否则县市区长自动引咎辞职，国有企业法人代表就地免职，民营企业停产整顿。相关责任人必然高度重视环保教育，积极履行环保责任，因而生态认知水平普遍高，责任意识强。

（3）收入水平对生态文明意识的影响较为显著。总体来看，个人月收入水平在 2 000 元以上的对环境认知水平得分高于平均值，1 000 元以下群体、无固定收入群体得分低于平均值，其中无固定收入群体得分最低。在个人收入高于 2 000 元的群体中，随着个人收入水平的增加对环境认知水平出现了先提高而后降低的趋势，转折点出现在个人月收入水平为 6 000 元左右。分析原因，主要是由于部分职业的行业利润过高，造成这些行业职工的个人月收入水平居高。

（4）公众生态文明意识与所处区域密切相关。在中国公众环保民生指数绿皮书的调查中，华北地区公众对环境问题的关注程度得分明显高于其他大区。就河北全省而言，环京津和环省会的城市圈地区公众生态认知水平普遍高于其他区域。从城乡来看，城市和城镇的公众生态认知水平明显高于农村公众，这与知识水平和经济发展水平影响因素的分析是相吻合的。

第三节　深入推进当代中国的生态道德建设，提升生态文明建设水平

一、生态道德概述

1. 生态道德的含义

生态道德，是指生活在一定社会环境中的人们，依据社会的道德标准，通过舆论或个人内心活动，对他人或自己的行为运用生态意识进行善恶判断，表明态度的精神、语言、素质及行为的诸要素的统一。

生态道德基本内涵包括：一要热爱自然、尊重自然、保护自然（包括人化自然）；二要珍惜自然资源，合理地开发利用资源，尤其是珍惜和节制非再生资源的使用与开发；三是维护生态平衡，珍惜与善待生命，特别是动物生命和濒危生命；四要有节制地谋求人类自身发展和需求的满足，不以损害环境作为发展的代价；五要积极美化自然，促进环境的良性循环。

判断生态道德行为的善恶标准是以人类的整体利益为基础，即改变以生态环境破坏为代价的生产，谋求以人类生存为根本利益出

发点的新道德准则。它提倡人类在满足追求健康而富有生产成果的生活权利的同时应当努力保持人与自然关系的和谐，而不应是凭借人们手中的技术和投资，采取耗竭资源、破坏生态和污染环境的方式来追求这种发展权利的实现。它也强调当代人在创造与追求当代人发展与消费的时候，应承认并努力做到使自己的机会与后代人的机会平等，不对后代人的生存和发展构成危害。总之，当代环境与发展问题的尖锐化，除了要不断完善人类生产模式这一根本的硬手段之外，还需环境道德评价机制的介入。环境道德作为人与自然和谐关系的反映以及社会的共同长远利益的反映，定会使道德含义更丰富和完善，并促进新时代的社会文明。

2. 生态道德的特点

传统道德观是关于调整人与人、人与社会之间相互关系的行为规范的总和，它的适用范围只限于人与人、人与社会，没有涉及与人相关联的自然，排斥人与自然之间的道德关系。它只关注人的利益、人的权利，而忽视非人类的自然界的生存权利，把人对自然的征服和掠夺看成是天经地义的；只承认人类是权利主体，自然界不具备权利主体的特性，只有人类才是唯一值得尊重的物种，因而必然造成人类自以为是，凡事以人作为出发点和最终目标，而不是以人与自然是否和谐发展为衡量准则，使得传统道德观陷入“人是目的”的误区而不能自拔。

与传统道德相比，生态道德具有以下几方面特征：一是全球性，不分国度，不分地域；二是进步性，以科学为先导，超出阶级、集团、民族利益；三是广泛性、整体性，它把道德对象范围由人、社会扩大到整个生命界及其生态系统；四是趋向性、人为性，生态道德以人为主体，对全人类行为进行调节；五是持续性、震荡性，少数人违反生态道德将殃及多数人，它的影响跨越时空，影响人类生存的空间及其子孙后代的生存环境。

除此之外，生态道德作为道德观在自然生态环境领域的深化、扩展和具体运用，是用来约束和规范人类对待自然、对待生态、对待环境的行为。因此，和传统道德观相比，生态道德具有以下两个方面的鲜明特点：

首先，道德评价依据、评价标准日益朝着生态化的方向发展。人类社会发展的各个时期，都存在着与之相适应的社会道德，这些道德有何意义与作用，其标准就看它对社会生产和社会生活是否具有指导性，与社会历史的发展趋势是否相统一，同人类文明的进步是否相联系。道德不是空洞的说教，是同社会发展的实践紧密地联系在一起的。既然当今人类的困惑源于人与自然的矛盾冲突，那么消除困惑的根本途径也应以人与自然关系的和谐为准则，把道德视野投向人以外的自然，这种道德视野的扩张是由社会实践的不断深入而引起的，因而必然要求评价实践的道德标准发生与之相适应的变化，要求人们树立崭新的生态意识，培育生态道德，规范人对自然的行为，启迪人们的道德悟性，让人类能够用生态智慧和理智素质来预见、控制、驾驭发展，使之能与自然之间趋于和谐有序，从而进行正确的道义选择、道德选择。

其次，人们的价值导向也朝着生态化的方向发展。随着人与自然关系的紧张及解决途径的日益增多，人们在思考问题的思维方式、技术处理的手段方法及发展成果的评价上都把是否增加对自然的关注与热爱，是否具备生态道德，是否促进人与自然协调发展作为首要的价值选择。在人们的道德观视野中，人类如果不把自己看做是一个负有特殊道德使命的成员，就不会以强大的道德力量来约束人对自然的盲目行为，就不会自觉地限制破坏自然的行为。由此可见，生态文明的道德观不能把思考问题的出发点和落脚点落在人身上，而是要把人与自然是否和谐作为一种新的思维方式来指导人们的社会实践活动。道德导向的这些变化决定和影响着道德选择、道德判断，使道德的发展不断跟上时代前进的步伐，并最终起到规范人类对自然行为的作用。

二、深入推进当代中国的生态道德建设①

马克思主义认为，任何一种道德最终能否为社会所接受，能否转化为社会成员的风俗习惯和道德实践，关键在于它能否反映社会伦理关系的本质，是否体现社会发展的必然性。而这种道德究竟能够在多大范围、何种程度上为人们所信奉和遵循，则取决于道德教育的广度和深度。

深入推进当代中国的生态道德建设，应着力解决好三个重要问题，即以马克思主义的需求理论和科学发展观为指导，在深刻把握人对自然需要关系的基础上，选准生态道德建设的立足点；在科学认识发展上，科技、消费与生态平衡的矛盾关系的基础上，把握生态道德建设的期望值；在树立正确的生态伦理观，把握生态道德作用于生态问题的规律的基础上，掌握生态道德建设的科学方法论。

1. 生态道德建设的立足点：人们合理节制自己对自然环境的需求

改革开放以来，面对全球性的生态危机和我国严峻的生态形势，人们在深刻反思自己的观念和行为时，也从人与资源、人与环境两个方面进行了深刻的道德思考。毫无疑问，这是人类认识上的一次飞跃。那么，当代中国生态道德问题的实质是什么呢？就是人

---

① 陈寿朋. 生态道德建设浅谈. 求实，2005（14）.

们应当如何运用科学理性和道德规范来指导、约束自己的需求，提升自身的文明水平，最终实现人与自然的和谐统一与协调发展。这也是我们研究和推进生态道德建设的基本立足点。

人类对自然的依赖，从根本上说，是出于人类自身生存的需要。马克思主义创始人的需要理论科学地阐明了这一问题。他们指出："任何人类历史的第一个前提无疑是有生命的个人的存在。因此第一个需要确定的具体事实就是这些个人的肉体组织，以及受肉体组织制约的他们与自然界的关系。"[①]没有一定的物质条件的生产与再生产，就没有人自身的生产与再生产；缺乏物质条件的不断改善与进步，人类就不能满足自身日益增长的物质和精神需要。马克思恩格斯正是从人类生存和发展的实际入手，把需要区分为一般需要与高级需要、物质需要与精神需要、现实需要与长远需要、个人需要与整体需要。人类这些需要的满足，绝对不是可以随心所欲或唾手可得的，在不同阶级、集团、个体之间，不同需要的背后隐藏着极其复杂的利益关系，因此必须通过一定的法律、道德、习俗等手段进行必要的约束与调节。人与自然的关系，说到底还是人与人的关系，因而生态道德作用的对象不是"物"，而是"人"。只有解决好人与人的关系，才能解决好人与自然的关系；只有解决好节制人的过度需求的问题，才能解决好生态环境日益恶化的问题。

造成当前生态危机的原因，从根本上可以归结于人的欲望和行为的畸形发展。纵观世界，无论是发达国家还是发展中国家，一些人由于受享乐主义和极端利己主义价值观的影响，沉溺于那些既无益于身心健康，也无益于自然生态平衡的"享受性"生活方式不能自拔。为此，他们暴殄天物，任意糟蹋自然资源。这种奢侈无度的生活方式对社会产生着不良的示范效应，加剧了人们急功近利的行

---

①《马克思恩格斯全集》，第3卷第23页。

为，使得生态危机日趋严重。

人们认识自然、改造自然的目的，不仅是为了满足物质享受，更是为了人的全面发展。自然不仅是人的“直接的生活资料，而且是人的生命活动的材料、对象和工具”，甚至可以说是“人的无肌的身体”。因此，我们要善待自然，像爱护生命一样爱护自然。马克思说：“人同自然界的完成了的本质的统一，是自然界的真正复活。”①这种直接统一的实现，虽然是一个漫长的历史过程，但我们现在就必须朝着这个方向努力。否则，人类将失去生存、发展的家园。

2．生态道德建设的期望值：促进发展、科技、消费与自然生态的和谐共生

人与自然关系的历史演变，是一个从和谐到失衡再到新的和谐的螺旋式上升过程。这个发展过程的根本动因是人的需要的无限性与自然界满足人的需要的有限性之间的矛盾。在当代社会，它主要表现在三个方面，即发展与生态平衡、科技与生态平衡、消费与生态平衡之间的矛盾。因此，发挥生态道德的调节或抑制作用，促进发展、科技、消费与自然生态的和谐共生，便成为生态道德建设的重要目标。

（1）生态道德与发展。胡锦涛同志在论述科学发展观时指出：“发展是以经济建设为中心、经济政治文化相协调的发展，是促进人与自然和谐的可持续发展。”这一论断的基本伦理意义就是，衡量经济社会发展应以人类的可持续发展和长远利益为根本尺度。任何急功近利的短期行为，任何仅为今天而不惜牺牲明天，“吃祖宗饭、断子孙路”的行为，都是极不道德的行为。发展是一个复杂的矛盾运动，始终存在着人与自然、人与社会和人与人的矛盾，存在

① 《马克思恩格斯全集》，第42卷第122页。

着人类自身的欲望和理智的矛盾。控制和调节这些矛盾有多种方法，其中重要的一种就是进行生态道德建设，这是其他方法所无法替代的。可以说，在现代社会发展中，任何国家、群体和个人如果只是为了自己的眼前利益，而不顾及别的国家、集体和他人的利益，甚至不顾及子孙后代的长远利益，盲目、野蛮地毁坏生态、浪费资源和污染环境，都不仅要受到法律的制裁和社会舆论的谴责，而且还将受到历史的指责。

（2）生态道德与科技。现代科学技术的使用具有两重性，它既给人类带来了巨大的物质财富，提高了社会文明程度，同时也造成了严重的生态破坏和环境污染，直接或间接地危害人类的生活和健康。但是，我们绝不能因噎废食，更不能像西方现代主义那样否定、排斥科技理性，因为科学技术本身并没有错，错的是人，是错误地使用科学技术的人。要采取相应的对策，尽可能减少人为的负面作用。首先是要确立正确的科学技术价值观。科学技术的发展，必须能够为社会的全面、协调、可持续发展提供正确的指导原则、实现方法及具体措施，而不能把科学技术作为损人利己甚至荼毒生灵的工具。二是技术的应用要符合可持续发展的要求。技术作为人类改造自然界的重要手段，最起码的要求就是服从自然本身的属性，与自然的法则相一致。三是科学研究和技术应用要着眼于解决生态问题，保护自然、建设自然，促进人与自然的和谐共荣。四是引导人们以综合效益（包括资源、环境价值）的眼光评价科技成果，防止和纠正以“单一”的经济效益评价科技成果的倾向。

（3）生态道德与消费。消费是人类生存发展的基本条件，也是体现人与自然关系的基本领域。在社会生活中，人们通过对各种劳动产品的使用和消耗来满足自己的生活需要。这一过程，就是消耗一定资源并产生各种废弃物的过程。要有效解决资源浪费、环境污染和生态失衡问题，人们就要在消费观念上进行深刻的革命，不仅要把人的消费行为同国家和社会相联系，还应同自然环境相联系；不仅要同当代人的需要相联系，还应同子孙后代的利益相联系。我认为，在生态道德的消费指向上，应着重强调两点：一是倡导适度消费，崇尚节俭生活。适度消费就是对环境友好的合理消费，它要求我们以获得基本需要的满足为标准，而不是鼓励对物质资源的无止境占有。无节制的高消费是一种脱离现实生存环境与合理需求的消费方式，它以享乐、挥霍为特征，使人们对物质与能量的消耗最终增加到自然界无法承受的程度，既有害于自然生态，也有损于健康。因此，我们必须在全社会大力倡导“节欲”，使人人做到适度消费，反对一切挥霍性、奢华性、铺张性的消费观念和行为。无论我们的国力是否允许，都不应当将“鼓励高消费”作为经济社会发展的价值导向。相反，应当让艰苦奋斗、勤俭节约的精神永放光芒。二是积极参与“绿色消费”，这应该成为人类实践消费道德的一种新境界。在消费过程中，我们应当自觉抵制对生态环境有消极影响的物质产品和消费行为，主动购买对环境友好、对健康无害的绿色产品，用正确的消费导向引导生产经营者向着保护生态环境的方向转变，在全社会大力营造生态道德的良好氛围和风尚。

3. 生态道德建设的方法论：强化生态道德的教育、约束和实践

生态道德建设是一项复杂的系统工程。要使其目标有序地得以实现，就必须选择和运用与社会主义市场经济和科学发展观相适应的行之有效的科学方法。从生态道德建设的现状来看，开展全民教育、实施规范约束和推动社会实践，不失为生态道德建设的有效途径。只要我们将这三者协调起来，形成合力，就能推动生态道德建设健康、持续地向前发展。其中，开展生态道德的全民教育是生态

道德建设的首要任务。

4. 生态道德教育

生态道德教育是整个道德教育的一个重要组成部分，是填补道德真空最直接、最有效的手段，是构建和谐社会的可靠保障。

全社会都应重视并不断深化生态道德教育。从儿童到老人，从文盲到知识分子，全社会每一个有行为能力的人，都应接受生态道德教育。其中，从娃娃抓起，培根固蒂，帮助和辅导他们学会判断与自然关系中的是非、善恶，正确地调节自己的行为，更具有基础性、长远性的意义。从小学到大学，都应当配备专门的生态道德教材，并纳入教育内容结构体系。“政府有关部门要在经费投入和工作安排上加大面向全社会宣传、普及、推广等软环境建设的力度。”“利用大众传媒和网络广泛开展国民素质教育和科学普及。加快培育一大批熟悉优生优育、生态环境保护、资源节约、绿色消费等方面基本知识和技能的科研人员、公务员和志愿者。”①随着生态保护运动的蓬勃发展，人们对人与自然关系的认识不断深化，逐步认识到：谋求人与自然和谐，解决生态环境恶化的问题，最重要的是要从“治本”入手。“本”就是深藏于人们心灵的理性特别是道德意识，就是让人人心中都筑起保护生态的绿色屏障，从而在全社会形成保护生态的强大合力。

关联案例：大黑熊事件引发的生态道德教育思考②

2002年，北京动物园5只黑熊惨遭一名大学生的伤害，原因只是想验证一下黑熊是否如书上说的那样嗅觉灵敏。这虽然是个别人

---

①《中国21世纪初可持续发展行动纲要》。

② 王淑军. 生态道德教育 不容回避的话题. 人民日报，2002-03-04（9）.

的一种极端行为，但受过十几年教育的大学生竟有如此行为，发人深思。如何使学生树立起一切自然存在物都有按照生态学规律持续生存的权利观，以及不仅对他人、社会，也对包括其他生命形式自然承担责任的义务观？专家指出，新形势下生态道德教育已不容回避。

1．为了人类自身的持续发展

当前，世界生态环境问题日益严峻，严重威胁着人类的健康，制约着经济社会的发展。越来越多的人们开始认识到人与自然的和谐共进，才是人类作为一个物种持续发展的关键所在；作为地球上唯一具有理性的自然存在物，人类有权利利用自然，满足自身的生存发展，但也有义务尊重自然，保持生态的稳定性。为此，越来越多的国家以行政、法律手段限制破坏自然生态的行为。然而，尽管环境科学日益发达，环境立法日趋完善，现实生活中却仍旧存在着大量有法不依、破坏生态环境的现象。

有学者指出，人类社会的可持续发展，必须以培养现代人的生态伦理意识为前提。而教育作为人的发展的有效途径，将生态伦理纳入学校德育，帮助学生学会判断人与自然关系中的是非善恶，正确选择、调节自己的行为，从而最终通过人的发展来促进社会的持续发展，无疑具有必然性和紧迫性。

只要道德地对待自然界的规范一旦成为人的内在需要，它就会在解决生态问题中起到根本性的作用。基于对传统“经济人”概念的批判，“理性生态人”是生态伦理学家提出的一种新的人类行为模式，它要求在社会生活中，人们除了成为某一行业的专家外，还应具备与其职业活动及生活方式相关的自觉环境保护意识。

生态道德教育长期被忽视。1998 年国家环保总局与教育部共同组织了一次全国公众环境意识调查，调查显示有 1/3 的人认为“人应征服自然来谋求幸福”，近一半的人对我国环境状况变化趋势表示乐观，仅有 8.3%的人较多地参与环境保护活动。这意味着仍有很多人不能正确认识人与自然的关系，更多的人则对我国的环境状况认识欠缺，对自身的环保责任不明确。

数字也暴露出学校生态道德教育的尴尬处境。长期以来我国学校德育内容主要围绕如何处理人与他人、集体和社会的关系组织的，而相对忽略了如何处理人与自然，包括人与其他生命体的关系的教育内容。虽然从20世纪80年代起我国的环境教育就已经起步，但也基本上停留在知识的传授上，而没有自觉地把其纳入德育内容中、渗透进学校的各个环节里，更谈不上对塑造“理性生态人”最为重要的情感体验、习惯养成及价值观的培养。

2. 重新构建学校德育

将生态伦理纳入学校德育，使如何处理人与自然的关系成为新的道德对象，必然引起德育内容的重新构建。有学者认为这主要体现在三个方面。

价值观的重建。道德对象从人与人扩展到人与自然，传统德育价值观的内涵被大大拓展，增添了新的内容：从地球生态系统的整体性出发，当代人要自觉维护后代人的发展权利，尊重并维护自然界的权利。在学校德育中，要使学生形成既要对他人和社会承担责任，也要对后代、其他生命形式乃至整个自然界承担责任的道德观。

道德原则的增加。应使学生内化三个新的原则：所有人享有生存环境不受污染和破坏、过上健康生活的权利，并承担保护子孙后代持续生存发展的责任；地球上所有生物物种享有其栖息地不受污染和破坏、能够维持生存的权利，人类承担保护生态环境的责任；每个人有义务关心他人和其他生命，破坏、侵犯他人和生物物种生存权利行为是违背人类责任的不道德行为。

道德行为习惯的新要求。不随地吐痰、不摘折花木、爱护小动物等道德行为习惯，以往都是从社会公德的角度提出的，而将生态道德教育纳入学校德育后，可使学生从人与自然的关系，从一切自然存在物的价值，从生态可持续发展等生态道德角度，进一步体会这些道德行为习惯的价值。同时，生态伦理的融入也对学生行为习惯的养成提出了以往没有的新内容，如购买物品时考虑耐用性、可循环利用性，垃圾袋装和分类投放，回收废旧电池等，也体现了德育内容与时俱进的特点。

为使生态道德教育在学生中得到长期、有效的进行，加强与现有德育课程及各学科的渗透，开设相关选修课，同时从学生的生活经验和身边的生活环境出发，通过建设生态校园、社区服务等方式，开展丰富多彩的生态德育实践活动，从而使学生在学习知识和参与活动的过程中，树立起可持续发展的生态伦理观，并最终转化为自觉的行动。

第四节　加强生态文明建设的宣传教育和人才培养

一、生态教育概述

1. 生态教育的含义

生态教育，是指以保护生态、促进人与自然的和谐共生为宗旨，将生态学原理和生态规律与教育过程紧密结合，采用多种教育手段，培养人们的生态意识、生态道德和生态能力的现代教育方式，是教育的生态化。

生态教育具有明显的跨学科特征，广泛地涉及生物学、化学、物理学、地理学等自然科学，逐渐涉及哲学、人文等社会科学，它主要以生态文明观为指导，构建教育的理论、观念、目的和方法内容等，致力于综合环境素养和生态意识的培养，提高社会公众参与生态环保的自觉性，积极参与解决生态危机。①

2. 生态教育的内容

生态教育的内容不仅包括生态意识教育、生态哲学教育、生态价值教育、生态伦理教育、生态文明与生态文化教育，还包括生态立法教育和生态美学教育。

生态意识教育是生态教育的首要内容，要通过生态意识教育，培养和激发学生的生态危机意识、生态文明意识、生态哲学意识、生态审美意识，更新全民意识、提高文化素质；生态哲学教育是从人与自然的相互作用出发，将人类现今奉行的人征服自然的哲学改造为理解自然、尊重自然的哲学；生态价值教育则是通过培养学生的生态价值观，影响和引导经济建设，寻求生态、经济和社会三大效益的和谐统一；生态伦理教育，就是使地球村的每个成员从人道主义出发，树立生态伦理观和权利观，承认有生命和无生命的自然物生存或存在的权利和价值，倡导人与自然建立和谐的伙伴关系，改造人类对自然的态度和不良行为规范；生态文明教育就是树立正确的生态善恶观，以强烈的生态正义感承担生态义务，建设社会主义生态文明；生态文化教育就是使学生树立正确的生态文化观，将自己和自己拥有的职权、知识、技能、事业及成就都视为社会系统的一个组成部分，从思想意识领域中抛弃带有唯意志论色彩的人类中心论；生态立法教育是采用法律形式和法制的手段改造人与自然

---

① 陆荣胜. 论生态教育之必然性. 科技信息，2007（27）：141.

交往过程中的种种不道德行为，强制人们遵循自然生态法则；生态美学教育就是以新的生态审美意识引导科学技术和工业创造出自然美与人工美融为一体的生态环境。①

3. 生态教育与环境教育的关系

生态教育与环境教育既有区别又有联系。

区别表现在两者的含义不同。环境教育是随着人类环境保护的发展历程而产生的，是教育领域对环境问题的一种应对。环境教育一词最早出现在 1970 年的《美国环境教育法》，被定义为"环境教育是处理人与其周围自然环境和人工环境关系的教育过程，这种关系包括人口、保护、交通、技术和城市以及对整个人文环境的区域规划"。环境教育是针对环境问题展开的教育，以环境保护教育为首要内容，以改善环境为目的。环境教育具有几个本质特征：① 环境教育是一种跨学科性的整合教育，必须对各学科进行整合，对不同学科内容进行引导，对集中引起环境问题的所有相互影响的因素进行分析；② 环境教育是一种综合素质教育，培养受教育者的感知、意识、认识、批判性思维能力、思考和解决问题的技能；③ 环境教育是一种持续性的终身教育，始于学前教育阶段，贯穿正规教育和非正规教育的各个阶段；④ 环境教育是重视实践的教育，培养受教育者解决实际环境问题的能力。②

生态教育是关于保护自然和保护环境的教育。它涵盖了生态意识教育、生态哲学教育、生态价值教育、生态伦理教育和生态文明与生态文化教育等多个方面，其范畴远大于环境教育。

生态教育和环境教育又有密切的联系。生态教育是在环境教育

---

① 方创琳. 论生态教育. 中国教育学刊，1993（5）：23-25.
② 陈丽鸿，孙大勇. 中国生态文明教育理论与实践. 中央编译出版社，2009：69.

的基础上发展起来的，是环境教育在生态问题日益恶化的背景下的一种自我突破与升华。因此，生态教育涵盖了环境教育的全部内容，环境教育是生态教育的一部分。

发展生态教育，必须明确生态教育的内涵，明确生态教育的研究范畴和领域，才能采取针对性措施加强生态教育。

二、世界生态教育的兴起与发展[①]

世界生态教育是在生态危机逐渐演变为全球问题，人类不得不改变发展模式、走可持续发展之路的国际背景下兴起的，是人类生态意识觉醒的产物。

世界生态教育始于 20 世纪 70 年代，自 1972 年以来，联合国环境规划署和教科文组织在生态及环境保护、教育方面召开了一系列国际会议，从而为全球生态教育起到极大的推动作用。[②]

自 1975 年起，联合国教科文组织又承办了 31 个示范性研究项目，在全球高校及研究所中建立了 13 个地区性师资培训中心机构和 37 个国家级培训中心，130 个国家中 26 万中小学生和大约 1 万名环境管理人员和生态教育工作者参与了这项活动。

1975 年，联合国环境规划署在贝尔格莱德召开国际环境专家会议，通过《贝尔格莱德宪章》，提出了环境教育的目标。

1977 年，世界政府间环境教育会议在第比利斯召开，共 68 个国家与会，会议通过了《第比利斯宣言》，对生态教育的目的、内容以及教学原则和方法都作了规范性说明。

1987 年，联合国教科文组织在莫斯科召开国际环境教育培训大

---

① 因为环境教育是生态教育的一部分，因此，此处追溯生态教育的发展历程时，以环境教育的兴起为源头。

② 温远光. 世界生态教育趋势与中国生态教育理念. 高教论坛，2004（2）：53.

会，制定了国际生态教育和培训计划，并倡议将 20 世纪的最后 10 年定为“国际环境教育的十年”。

1992 年，联合国在斯德哥尔摩召开联合国环境与发展大会，会议通过《21 世纪议程》，对环境及生态教育问题进行了详细的论述，使国际生态教育迈向一个新的台阶。

进入 21 世纪以后，国际生态教育逐渐向终身教育、全民教育跨越，极大地推动了国际环保事业的发展。

三、我国生态教育的发展历程

我国的生态教育基本与世界同步。

1973 年，第一次全国环境保护会议召开，会议通过《关于保护和改善环境的若干规定》，该《规定》要求“大力开展环境保护的科学研究工作和宣传教育”。“这次会议标志着中国环境保护事业和环境教育事业的发端，也奠定了中国环境教育概念的基本框架。”①

1980 年和 1981 年，国务院环境保护领导小组办公室连续两年发出开展环境保护宣传活动的通知，促进了社会环境教育的积极开展。

1983 年，第二次全国环境保护会议召开，会议确定了环境保护的基本国策，使环境教育向深度和广度扩展。

1989 年，第三次全国环境保护会议召开，会议提出“要加强环境保护的宣传教育，提高全民族的环境意识，特别要提高各级领导的环境意识”，并强调：“要把环境保护作为精神文明建设的一个重要组成部分来抓，教育广大群众自觉地保护环境。”这次会议大幅度地提高了环境教育的地位。

1992 年，首次全国环境教育工作会议召开，时任国家环保局局长曲格平提出“走有中国特色的环境保护道路”的思想，并指出：

① 黄宇. 中国环境教育的发展与方向. 教育与教学研究，2003（2）.

“环境保护，教育为本”，确定了未来环境教育的方针。

1994 年，中央政府出台《中国 21 世纪议程》，全面阐述了环境宣传教育的重要性。

1996 年，国家环保局、中宣部、国家教委联合下达《关于印发〈全国环境宣传教育行动纲要〉的通知》，确立了我国未来 15 年的环境保护目标，并要求深入开展环境教育。

2003 年，国务院出台《中国 21 世纪初可持续发展行动纲要》，指出要“利用大众传媒和网络广泛开展国民素质教育和科学普及”，我国的环境教育在该文件精神的指引下向规范化方向发展。

2005 年，国务院下发《国务院关于落实科学发展观加强环境保护的决定》，提出要加强环境宣传教育，弘扬环境文化，倡导生态文明。我国的环境教育向生态教育迈进。

2007 年，胡锦涛在中国共产党第十七次全国代表大会上提出建设生态文明的目标，要求到 2020 年“生态文明观念在全社会牢固树立”，为我国的生态教育指明了新的方向。

自此，我国的生态教育以在全社会树立生态文明观念为中心任务展开，环境教育完成向生态教育演变的过程。

当前，我国的生态教育无论是广度上还是深度上，与国外相比，都存在很大的差距。因此，必须完善生态教育体系，推进全民生态教育。

四、生态教育体系建设

1. 生态教育体系概述

生态教育具有全面性、全民性、整体性、持续性和实践性等特征。生态教育是一项系统工程，必须建立完善的生态教育体系，才能将生态教育向前推进。

生态教育体系包括生态教育内容体系、生态教育目标体系、生态教育方法体系、生态教育效果评价体系等内容，要建设生态教育体系，必须兼顾生态教育体系的全面性和系统性，全方位地进行构建。

（1）构建生态教育内容体系

生态教育的内容包括生态意识教育、生态哲学教育、生态价值教育、生态伦理教育、生态文明与生态文化教育、生态立法教育、生态美学教育，涉及哲学、伦理、文学、法律、美学等多个学科。

在教育的过程中，必须将生态学与这些学科有机地结合起来，科学合理地设置生态课程，采用形式多样的生态教学方法，落实生态教育的内容，构建完整的生态教育内容体系。

（2）构建生态教育目标体系

生态教育的目标是由生态教育的内容引发出来的，与生态教育的内容紧密相关。生态教育的目标是要通过生态意识、生态哲学、生态价值、生态伦理、生态文化和生态美学等方面的教育，培养公民正确的生态意识、生态知识、生态态度、生态能力以及生态行为。

生态教育培养的生态意识是人与自然和谐相处，了解自然、尊重自然的观念，包括生态责任意识、生态价值意识和生态审美意识等。个人要用生态意识规范自己的行为，养成科学的生活方式和消费方式。

生态教育培养的生态知识是个人对环境、生态基本规律的了解，对环境与经济、社会之间的辩证关系的把握，对环境保护法律法规常识的掌握。

生态教育培养的生态态度是个人对生态有正确的态度和价值判断力，对自然环境施以人文关怀，有人道主义精神，要热爱自然、尊重自然、保护自然，平等、公平地对待自然以及自然界一切生物。

生态教育所要培养的生态能力是个人解决生态实际问题的能力，是开发生态技术并用生态技术正确处理资源、环境、经济和社会矛盾关系的能力。

生态教育要培养的生态行为是个人按生态规律的要求，在日常生活和工作中自觉保护生态的行为。

（3）生态教育形式体系

生态教育具有全民性、持续性，生态教育不仅需要学校承担教育责任，而且需要政府、企业、传媒、公众和家庭等共同参与。

学校是生态教育的重要阵地。生态教育应该从学前教育开始，贯穿基础教育、高等教育的全过程。学校系统应包括幼儿园、中小学、职校和高校。应该提高学校管理者的水平，完善学校管理，设置科学的生态教育课程体系，完善生态专业化教育。

政府是生态教育的主导者。政府应该制定相应政策包括生态教育的近景、远景规划，教育人才的培训计划，资金投入计划等指导生态教育的发展。

企业是生态教育的重要执行者。企业应该加大对员工的生态知识宣传，强化对员工的生态教育；培养生态科技人才。

传媒的宣传是生态教育的重要途径。电视、网站、报纸、广播、报刊等现代新闻传媒的宣传报道对舆论有重要的导向作用，特别是对生态社会教育有重要的促进作用。

生态教育需要公众参与。公众对生态教育的内容、形式有批评权，对政府和学校生态教育的实施有监督权，民间环保团体的参与对生态教育也有直接的推动作用。

家庭是生态教育的另一个重要阵地。父母对孩子的教育是潜移默化的，也是影响深远的。父母应该对孩子的消费行为进行正确引导，培养孩子的生态保护责任意识。

生态教育形式是多种多样的，实现途径也是多样化的。生态教育形式体系的构建，直接影响到生态教育的成效，应该大力构建和完善。

（4）构建生态教育效果评价体系

构建生态教育效果评价体系能够更好地推进生态教育，因此应该将生态教育效果评价体系纳入生态教育体系之中。

生态教育效果评价体系主要是通过问卷调查的方式来检验公众的生态意识和公众对生态环境的满意度。

2．完善生态教育体系的举措

完善生态教育体系，需要从政治和法律等多方面加强。

首先，应该完善立法程序，加快制定生态教育方面的专门法律。

其次，转变政府职能，加快行政体制改革，完善政府对公共事务的管理机制，建设服务型政府，加大对生态教育的资金支持力度以及对绿色科技人才的培养力度。

再次，建立管理生态教育的专门机构，对全国的生态教育进行监督和管理。

第四，健全生态教育的民主监督机制，发挥公众在生态教育领域的主动性和创造性。

此外，加强生态教育的师资队伍建设，提高生态教育的教材编写水平，完善学校的生态教育课程设置。

另外，要加强企业参与生态教育的力度，促使企业承担生态教育的义务，发挥企业在生态教育方面的示范作用。

最后，要加强民间环保组织和团体建设。“要发挥社会团体的作用，鼓励检举和揭发各种环境违法行为，推动环境公益诉求。”①

① 国务院关于落实科学发展观加强环境保护的决定. 人民日报，2006-02-15.

五、基础教育中的生态文明教育[①]

1．基础教育阶段生态文明教育的重要性

基础教育是包括学前教育、小学教育、中学教育在内的教育体系，教育的对象是幼儿和中小学生。基础教育是生态文明教育的奠基阶段，直接关系到民众生态文明素养的提高，对生态文明教育的成效具有决定性的影响。因此，必须加强基础教育中的生态文明教育。

2．基础教育阶段生态文明教育的内容、原则、形式和方法

基础教育的对象是幼儿和中小学生，这个群体的特点是思维活跃，接受能力强，但思维的逻辑性与严密性不够。因此，基础教育阶段生态文明教育的内容主要有以下几个方面：第一，自然生态的基础知识，要帮助学生认识自然，了解自然，懂得人与自然和谐发展、共存的重要性，具备初步的自然环保知识；第二，社会生态的和谐关系，要帮助学生了解社会、认识社会，懂得处理好社会中人与人关系、个人与社会关系的重要性，知晓社会关系的基本道德规范；第三，生态道德规范，要帮助学生在具备一定生态知识的基础上，遵循相应的生态道德准则和道德规范；第四，生态循环的意识教育，要帮助学生了解生态循环的作用与意义，自觉主动实践生态节约行为。

基础教育的对象还决定了生态文明教育必须采取以下原则：① 激发和培养兴趣为主的原则，采用课堂教育与课外教育相结合的方式，激发学生对自然的热爱，培养他们关注自然、思考自然现象的兴趣。② 连贯性、系统性原则。学前教育与小学教育、中学教育的内容应该有内在连贯性，由浅到深，由易到难，自成体系，使学生接受高等教育前掌握比较系统的生态知识。③ 理论与实践相结

① 陈联俊．基础教育与师范教育中的生态文明教育比较研究．中国电力教育，2008（5）上：16.

合原则。基础教育应该将课本知识传授与课外实践结合起来，在实践中传递生态知识，培养学生的兴趣。

3．我国基础教育中生态文明教育的现状

目前，我国基础教育中的生态文明教育很薄弱，表现在以下方面：学校总体上没有充分重视生态文明教育，没有在基础教育阶段形成连贯、系统的教育体系，缺乏专业的生态文明教育师资，教育内容比较单调，教育方法、手段较少，没有形成家庭、社会、学校良好的教育联动氛围等。①

4．加强基础教育中的生态文明教育的举措

针对基础教育中的生态文明教育的现状，可以采取以下措施来改进基础教育阶段的生态文明教育：

首先，改变应试教育体制，将学生从机械式考试的压力下解脱出来，关注自然，关注自身的健康发展。

其次，加强基础教育的师资队伍建设，提高师资水平。

再次，加快课程改革，科学合理地进行生态文明教育课程的设置与开发；尽快编写集趣味性、科学性、丰富性于一体的生态文明教育教材。

最后，发动家庭、学校和社会等多种力量，联合培养学生的生态文明观念。

六、高等教育中的生态文明教育

1．高等教育阶段生态文明教育的重要性

高等教育是以大学生为教育对象的专业化教育，不仅承担着培养

① 蒙睿，周鸿．我国生态教育体系建设．城市环境与城市生态，2003（4）：76.

环境和生态保护所需的高科技的专业人才的责任，担负着在深度和广度上普及非环保专业的大学生生态文明观念的任务，而且还担当起推动社会生态文明教育的重任，是我国生态文明教育的重要阵地，也是生态文明建设的重要领地。高等教育阶段的生态文明教育对我国的精神文化的发展以及经济和社会的可持续发展有着重要意义。

2. 高等教育阶段生态文明教育的目标、原则和方法

高等教育阶段生态文明教育的目标是在生态意识的指引下使大学生具备资源与生态的基本知识，树立正确的生态态度、生态道德和生态伦理，掌握解决生态问题的基本技能，并积极参与环境和生态保护行动，促进生态文明建设。

高等教育阶段的生态文明教育应该遵循以下原则：一是针对性原则。高等教育阶段，教育对象既有自考生、专科生、也有本科生、硕士生、博士生，涉及不同的文化层次，生态文明教育应该针对不同层次的学生采用不同的方法开展不同的内容。二是实践性原则。大学生是国家的栋梁，是社会主义现代化建设的未来力量，代表了国家的希望和将来，是生态文明建设最有活力的参与群体。高校的生态文明教育必须通过环保实践活动，在实践中培养大学生的生态能力，培养他们解决实际生态问题的技能。

高校的生态文明教育在教学模式上可以采用单科模式、多学科模式、专题教育模式。单科模式又称跨学科模式，是从各领域中选取有关环境科学的概念、内容方面的论题，将它们合并成一体，发展成一门独立的课程。多学科模式，也称渗透模式，是指“将环境教育的内容（如概念、态度、技能）融入现行的各门课程中去，通过各门学科的课程实施，化整为零地实现环境教育的目的与目标”①。

---

① 范思源，马东元. 环境教育与可持续发展. 北京理工大学出版社，2005：13.

专题教育模式是在各学科渗透环境教育的基础上，通过专题教育的形式，引导学生欣赏和关爱大自然、关注家庭、社会、国家和全球的环境问题，正确认识个人、社会和自然之间的相互关系，帮助学生获得人与环境和谐相处所需的知识方法与能力，培养学生对环境友善的情感、态度和价值观，引导学生选择有益环境的生活方式。①

在具体的教学方法上，高校的生态文明教育可以采取显性教育法和隐性教育法。“显性教育是指开设必要的环境课程，通过课堂教学、课后实验、专业实习、课程设计等环节完成教育任务；隐性教育是通过校园文化和环境建设，将生态环境教育内容隐含其中，通过潜移默化的影响，使学生在不知不觉中受到生态环境教育。”②

3. 我国高等教育中生态文明教育的现状

我国高等教育阶段的生态文明教育包括环保专业和非专业的公共基础教育。

我国在20世纪70年代就开始了环境保护的专业教育。20世纪70年代，各重点高校相继成立环境专业，环境工程专业等专门化的专业，到20世纪80年代初，“全国约有30多所高等院校设置了20多个环境保护方面的专业，培养的人才包括从专科到本科、硕士各个层次”③。到2005年为止，我国共有200余所高校开设各类不同层次（含大专、本科、硕士、博士、博士后）的环境专业点，而且专业设置呈现出以污染控制和生态保护类为主体的特征，向社会输送了数以万计的环境科学专业人才，为我国的环境保护事业作出了重要贡献。

---

① 国家环保总局宣传教育司编. 环境宣传教育文件汇编（2001—2005）. 中国环境科学出版社，2006：315.
② 梁仁君，林振山. 高校生态教育的现状及体系构建的思考. 黑龙江高教研究，2006(3)：22-23.
③ 陈丽鸿，孙大勇. 中国生态文明教育理论与实践. 中央编译出版社，2009：36.

然而，在实际环保工作中也暴露出了我国高等环境教育中所存在的问题，诸如环境类专业设置以及学科分布不甚合理，学生知识结构不尽合理，专业实践能力较弱，社会适应性较差，就业渠道单一等。

公共基础生态文明教育方面，则呈现明显的落后状态，“我国对于大学生公共生态教育是非常薄弱的”[①]。目前，我国并没有将生态文明教育课程纳入高等学校非生物、生态专业的公共基础课，生态教育在高校中的地位比较低，经费的投入也相对较少，生态文明教育的普及率相应也很低，公共基础教育非常欠缺，更谈不上生态文明教育的全民教育、全程教育和终身教育。

因此可以说，高等教育中生态文明教育无论是方法还是成效上，也不论专业教育还是公共基础教育，都显现出滞后性，迫切需要改进。

4．加强高等教育中生态文明教育的举措

要加强高等教育中的生态文明教育，必须做好以下几方面的工作：

第一，完善与高等教育中的生态文明教育相关的法律法规建设，为高校中的生态文明教育提供法律保障。

第二，加大对高校生态文明教育的投入，完善生态文明教育体系的建设和专业师资队伍的建设。

第三，改革高校现行的教育体制，打破学科间不相往来的传统，加强生态学与其他学科之间的交流与合作，整合有效资源，最大限度地利用现有资源对大学生进行生态文明教育。

第四，提高高校公共生态教育的地位。教育部应尽快将生态学设置为全国高校非环境、生态专业的公共基础必修课，提高老师们

① 王愉，周鸿．大学生生态教育现状调查研究．云南环境科学，2002（2）：61.

的教学积极性，提升学生对生态教育的重视程度。

第五，改革传统的生态文明教育教学方法，使生态环境教育"贴近社会生活，通过教育、培训、网络、大众传媒等提高全体大学生可持续发展意识和参与能力，使生态环境保护成为一种自觉的行动"。①

第六，建设生态环境教育基地，可设置生态环境展示室，大量收集和展示反映大家共同关注的生态环境问题的图片、录像、影碟等资料以及国内外生动的生态环境保护的实例、生态教育的情况等资料；设置环境监测实验室、污水处理实验室、环境生物实验室、大棚培栽室；相邻高校之间还可以采用资源共享的方式，将这些生态教育基地充分利用起来。②

第七，加强我国的生态环境教育与国际间的合作，学习国外先进的教学模式和教学方法，争取发达国家在资金、技术转让、管理经验等方面的支持与合作。

第五节　弘扬生态文化，倡导绿色生活，发展绿色消费

一、弘扬生态文化

1. 生态文化的内涵

生态文化，是用生态学原理去处理人与自然的关系，旨在实现人与自然友好相处、和谐共生的文化，是人类的物质文明、精神文

① 张庆彩，吴椒军. 论我国环境教育体系构建的思路、原则与对策. 四川环境，2004（2）：94.
② 刘文良. 当前高校生态教育的困境与超越. 教育与现代化，2008（4）：33.

明和政治文明在人与自然关系上的反映和体现，是自然生态与人文生态的统一，包括生态物质文化、生态精神文化和生态制度文化等。

生态文化是人类文化发展的历史新阶段，是一种新兴的文化形态，是21世纪人类社会的文化选择。

2．生态文化与可持续发展

可持续发展要求实现生态、经济和社会的可持续发展，要求正确处理好人与自然、人与社会的矛盾关系。但处理这两类矛盾的关键是承认自然价值，因为它的根本问题是“公平”，即公平地分配自然价值的问题，这是生态文化的基本问题，也是生态文化的基本目标。[①]因此，生态文化与可持续发展在本质上是同一的，是相辅相成的。生态文化是可持续发展的必然选择，可持续发展呼唤生态文化。

可持续发展的要求推动了人类文化的纵深发展，催生了生态文化，同时，文化所具有的“化人”功能也必然会作用于人类的可持续发展，为可持续发展提供持续的发展动力；用生态文化的“化人”功能来塑造人，提高公众的可持续发展意识，是成功实施可持续发展的关键，因此，生态文化既是可持续发展的成果，也是可持续发展的价值尺度。[②]

3．弘扬生态文化的原则

弘扬生态文化有五个基本原则：

一是科学性原则，不管是生态环境保护，还是生态机制建设，都要综合应用环境学、生态学、经济科学以及人文社会学等知识，

① 余谋昌．人类21世纪新文化．新视野，2003（4）：67.
② 黄百成，张保伟．略论生态文化与可持续发展．湖北社会科学，2005（5）：120.

都要遵循自然、经济和社会的发展规律；二是群众性原则，即要用生态建设的科学知识武装群众，引导激励群众积极投身生态建设，从而形成具有强大群众基础的生态保护力量；三是借鉴性原则，要结合中国实际，将批判继承与创新发展结合起来，充分汲取古今中外生态文化的精华和成功的经验，在相互交流、借鉴和融合中形成具有中国特色的生态文化；四是时代性原则，生态文化并不是一成不变的，需要在继承和吸纳的基础上，不断向前发展，反映时代要求，体现时代精神；五是方向性原则，要始终围绕提升生态生产力、促进经济社会持续协调健康发展这一目标，提高政府科学决策水平，增强全社会生态意识，丰富群众文化生活，满足群众物质享受和精神需求。

4．弘扬生态文化的基本举措

生态文化涉及物质文明、精神文明和政治文明等多个方面，需要从经济、思想、政策和法律等多个角度制定措施予以弘扬和建设。

首先，要大力发展生态经济，促进经济生态化。经济生态化是生态文化的经济基石，是生态文化在经济领域最直接的体现。要大力推行资源集约化、推行清洁生产、建设生态型工业园区。

其次，要大力宣传生态道德意识，强化生态理念。要通过环保科普知识、环境道德伦理知识教育，以及义务植树造林等生态实践活动唤起群众的生态道德意识，提高群众生态环境建设的主动性和创造性，调动群众参与生态建设的积极性。

再次，要完善相应的政策机制，保障生态文化建设有序进行。具体而言，要建立政策导向机制，出台的各项政策与措施都要有利于生态文化的弘扬；要建立绿色 GDP 机制，将经济发展成绩与生态建设结合起来；要建立绿色考核机制，将环保成绩列入党政领导政绩的考核内容；要建立相应的鼓励机制，对个人、企业的环保行为进行奖励。

最后，要完善相应的法律法规建设，通过法律法规优化管理体制，规范人们的社会行为，引导人们有意识地内化生态文化观念，养成自觉的生态意识，切实保障生态文化建设。要转变政府职能，强化执法力度，将生态文化建设真正纳入法制轨道。

二、改变生活和消费方式，发展绿色消费

1. 当前我国民众生活中的不文明行为与消费方式的误区

当前，我国民众的生活中存在很多不文明行为，在衣、食、住、行方面都有体现；其中，最集中的体现还是在民众的旅游活动中。根据国家旅游局公布的“中国公民旅游不文明行为表现”和“提升中国公民旅游文明素质建议”征集结果显示，我国民众在旅游中的不文明行为主要表现在以下几方面：① 不爱护公共卫生，随地吐痰；② 不尊重他人健康，在公共场所甚至禁烟区随便吸烟；③ 不使用文明语言，乱暴粗口；④ 缺乏公共空间意识，在公共场所大声喧哗；⑤ 不知礼让，坐公交车不会给老人、小孩主动让座；⑥ 不遵守秩序，不排队办事，乱挤公交，不遵守交通规则；等等。

以上不文明行为已经使中国游客在国外成为“低素质”和“不文明”的代名词，各国的旅游景区都在醒目位置用汉语提醒中国人遵守社会礼仪，中国人的国际形象大打折扣。

民众在旅游中的行为恰恰是他们日常生活方式的集中显现与暴露，因此，游客的不文明行为也正是我国民众生活中的主要不文明现象。

除生活方面的不文明行为外，我国民众的消费习惯也极不科学、不健康，消费方式存在很多误区。表现在：第一，追求消费数

量，在消费数量上盲目攀比，追求奢华，造成铺张浪费，比如购房时一味追逐大户型、豪华型；第二，消费时不注重身体健康，比如抽烟、酗酒、暴饮暴食等，不良习惯盛行；第三，民众在消费的同时，缺乏保护自然资源的责任意识，认为消费是个人行为，不考虑不良消费造成的社会影响。比如我国居民节约用水的意识不强，生活中浪费用水、污染水质的现象大量存在；在饮食方面大量食用野生动物、野生植物，破坏了生态平衡；大量使用一次性木筷，造成森林资源紧缺；频繁使用一次性餐饮盒和各种不可降解的塑料袋，造成了白色污染。

消费对生产起反作用，消费方式的健康与否直接关系到生活水平的提高和经济生产的进步，因此，就我国而言，消除不合理的消费行为，倡导科学健康合理的消费行为势在必行。

2. 发展绿色消费

在我国资源、环境与经济、社会发展之间的矛盾日益紧张的情形下，个人和社会的消费方式必须朝有利于环境保护、生态恢复的方向发展，消费必须与生态、环境保护相结合。而要做到消费与生态、环境保护相结合，就必须摒弃传统的不良消费观念和消费方式，走可持续消费之路。

可持续消费也称绿色消费，是实现保护资源、环境与满足当代人和后代人的消费需求之间平衡的新型消费方式，是科学发展观的必然选择，是建设生态文明的必然路径，是我国必须提倡和发展的消费方式。

（1）绿色消费的产生。绿色消费是人类对资源环境与经济发展的矛盾不断反思的结果，是在国际环境保护运动的发展历程中产生的。

1992 年，联合国在里约热内卢召开“环境与发展大会”，会议通过了《21 世纪议程》，在《21 世纪议程》中提出了可持续消费的理念。

1994 年，联合国环境署发表《可持续消费的政策因素》报告，对可持续消费作了明确的说明：“提供服务以及相关的产品以满足人类的基本需求，提高生活质量，同时使自然资源和有毒材料的使用量最少，使服务或产品的生命周期中所产生的废物和污染物最小，从而不危及后代的需要。”可持续消费即绿色消费作为一种新的理念逐步为国际社会所接受。

（2）绿色消费的含义。绿色消费是指以消费者和自然协调为前提，在消费的过程中，兼顾人的健康和环境保护两方面的要求，科学、健康、合理、适度的消费行为和消费方式。具体来说，绿色消费包括三层含义，一是指在消费时选择未被污染或有助于公众健康的绿色产品；二是在消费过程中注重对废弃物的处置；三是引导消费者转变消费观念，崇尚自然、追求健康，在追求生活舒适的同时，注重环保、节约资源和能源，实现可持续消费。

绿色消费包括资源、能源的有效使用与回收利用，还包括生存环境、物种的保护等，包含生产行为和消费行为的各个方面，如节水、节纸、节能、节电等。

国内外学者将绿色消费概括为“5R”和“3E”。“5R”指节约资源，减少污染（Reduce）；重复使用，多次利用（Reuse）；分类回收，循环再生（Recycle）；绿色生活，环保选购（ Reevaluate）；保护自然，万物共存（Rescue）。“3E”是讲究经济实惠（Economic）；讲究生态效益（Ecological）；讲究平等、人性（Equitable）。

（3）我国推行绿色消费的重要意义。绿色消费是国际消费大势所趋，推行绿色消费是顺应国际潮流。同时，推行绿色消费对我国的经济和社会发展都具有重要的意义。

首先，推行绿色消费是落实科学发展观、建设生态文明的本质要求。科学发展观是以人为本，实现人的全面、协调、可持续发展的科学理念；绿色消费则以保护消费者的健康为宗旨，以促进消费者与自然协调为核心。绿色消费是科学发展观的本质体现，倡导绿色消费，是落实科学发展观、建设生态文明的本质要求。

其次，推行绿色消费将有效扩大我国消费需求，促进我国经济可持续发展。表现在：第一，绿色消费会进一步加大住宅消费对我国经济增长的拉动，如果全面启动建筑节能，每年新增有效需求 2 500 亿元人民币，拉动国民经济增长 0.5 个百分点；第二，绿色产品消费需求日益增大，市场前景广阔；第三，绿色消费会进一步促进环保产业的发展；第四，绿色消费将极大提高我国产品的竞争力，减少“绿色贸易壁垒”的影响。①

此外，绿色消费是提升国民素质，建设精神文明的重要举措。绿色消费是对传统消费观念和消费行为的扬弃，是对生活中的陋习的一次革新，将会改变我国民众不合理、不文明的消费行为，促进国民素质的提高，促进国民整体精神风貌的改观。

（4）我国推行绿色消费面临的难题。当前，我国推行绿色消费面临一些障碍，主要表现在：第一，消费者环保意识薄弱，绿色消费的理念还未深入人心；第二，消费者的收入水平整体不高，难以消费价位比较高端的绿色、环保产品；第三，绿色产品存在以次充好现象，售后服务体系不健全；第四，绿色产品的开发技术薄弱，绿色产品的认证和管理体系不科学，缺乏公信力。我国的绿色消费还处于起步阶段。

（5）我国推行绿色消费的对策。绿色消费原本涉及生产、消

---

① 冯良. 树立科学发展观 倡导绿色消费. 中国人口·资源与环境，2004（6）：133-134.

费的各个环节，加上我国的绿色消费处于起步阶段，面临很多障碍，因此需要多方向、多视角地采取多种措施切实推进绿色消费。

第一，要建立和完善有关绿色消费的法律、法规，用法律手段倡导绿色消费，禁止反绿色消费行为。

第二，要努力培育绿色消费环境。绿色消费环境，是指没有污染，消费行为与自然和谐统一、具有可持续发展潜力的环境，包括自然环境和社会环境。绿色消费环境是污染的消除、生态的恢复与平衡。培育绿色消费环境，需要完善环保法规，规范绿色生产，弘扬绿色消费文化，增强环保意识，打造文明有序的社会环境；同时要加强农村和城市生态建设，恢复植被，增加森林覆盖率，营造良好清新的自然环境。

第三，加强政策支持，引导绿色消费。具体来讲，一是加快建设绿色 GDP 核算体系，建立绿色发展机制；二是加强宣传教育，倡导绿色消费；三是利用税收、财政等经济杠杆，鼓励绿色消费；四是大力推进与绿色消费有关的标准及市场准入制度等建设，政府带头采购绿色产品，培育和引导绿色消费；五是加大对绿色发展的支持力度，大力发展循环经济和清洁生产，培植绿色产业。

第四，强化消费者协会职能，维护消费者绿色消费权益。消费者协会应该从维护消费者权益出发，继续深化绿色消费主题活动，注重活动效果，积极受理消费者在绿色消费中的投诉，加大维权力度，增强消费者的绿色消费信心。①

第五，加强绿色产品的生产。绿色产品，又称生态产品，是指在生产过程中和产品自身对环境少有污染或者没有污染的产品，以及符合保护生态环境和社会环境要求的服务。绿色产品包括绿色食品、绿色洗涤用品以及绿色建筑材料、染料、化妆品、机动车、照

① 柳彦君. 浅析我国绿色消费存在的问题及发展绿色消费的对策. 商业研究，2005（2）：163.

明、家电、服装等无公害、无污染、安全、优质的产品。其中，绿色食品最受广大消费者关注。

绿色食品是指无污染、无公害、安全营养优质的食品，分为 A 级绿色食品和 AA 级绿色食品两种。我国农业部于 1990 年 5 月正式规定了绿色食品的标准，规定绿色食品必须符合以下四个要求：① 产品或产品原料的产地必须符合绿色食品的生态环境标准。② 农作物种植、畜禽饲养、水产养殖及食品加工必须符合绿色食品的生产操作规程。③ 产品必须符合绿色食品的质量和卫生标准。④ 产品的标签必须符合中国农业部制定的《绿色食品标志设计标准手册》中的有关规定。

绿色产品的生产必须符合农业部发布的绿色食品标准。绿色食品标准以"从土地到餐桌"全程质量控制理念为核心，包括绿色食品产地环境标准、绿色食品生产技术标准、绿色食品产品标准、绿色食品包装和贮藏运输标准。

倡导绿色消费，应加强绿色产品的生产。首先，应完善绿色产品的认证体系，强化产品的品质管理，增强消费者的信心；其次，应加强监督，促进企业按绿色产品标准来生产；再次，要加大技术开发力度，完善开发绿色产品所需的技术支持体系；此外，建立绿色产品生产基地，建立和完善绿色蔬菜、绿色肉类、绿色水果以及绿色粮食等绿色食品基地，为消费者提供放心食品；最后，建立绿色营销体系。促进绿色营销，为消费者提供绿色服务，通过满足消费者的绿色消费需求来提升企业的经济效益。

第八章　生态文明建设的制度与体制创新

第一节　政治文明建设是生态文明制度和体制创新的坚实保障

一、政治文明概述

1. 政治文明的含义

政治文明是人类政治生活积极成果的总和，包括政治主体、政治理论、政治关系、政治制度、政治行为和政治传统等内容。政治文明是人类社会发展到近代的产物，无疑是人类社会发展进步的标志，反映了人类在合理有效地配置和运作政治权力方面的科学探索和积极成果。

近代以来，人类政治文明的演进大体上有如下特点：从暴力政治走向协商政治、从权力政治走向权利政治、从无序政治走向有序政治、从单一垂直政治走向多元平面政治，等等。就此说来，当代社会政治文明的建设理当包括如下内容：以法治理念为核心的价值取向、以公平正义为支撑的制度设计和安排和以民主政治为导向的政治文化等。

党的十六大报告，把发展社会主义民主政治，建设社会主义政治文明，确定为全面建设小康社会的一个重要目标。十六大通过的新党章也作出了建设社会主义政治文明的规定。这是我国生产力发生深刻变革，生产关系不断发展之后对上层建筑领域发展提出的必然要求。

2. 建设政治文明是历史和现实的客观必然

政治文明是社会文明结构中不可或缺的组成部分。在当代中国，社会主义现代化建设已经全面地表述为经济建设、政治建设、文化建设、社会建设、生态文明建设和党的建设六个基本方面，其文明结构也表现为物质文明、政治文明、精神文明和生态文明。政治建设和政治文明与其它三个建设和三个文明共同构成全社会的统一体和四个文明建设，这是由社会主义的本质要求和内在规定性决定的。

从历史角度来看，人类社会的现代化，政治文明获得应有的战略地位，既是对历史经验和政治发展规律的总结，更是基于现实和未来政治发展的要求。21 世纪是人类走向政治文明的世纪，21 世纪的人类政治文明是与社会主义的发展连在一起的，改革为社会主义带来勃勃生机，也极大地推动着社会主义民主的发展，为人类政治文明增添了新的内容。社会主义民主就其本质和发展前途来说，代表着人类政治文明的发展方向。

3. 社会主义政治文明的特征①

社会主义政治文明是人类政治文明发展史上的崭新阶段和重大进步，是根据人民是社会主人的政治理念所设置的社会主义政治制

① 王孔雀. 我国社会主义政治文明建设理论综述. 党政干部学刊，2005（1）：252.

度和社会主义法治方法的运用，是比资本主义民主政治更高的社会主义民主政治的发展和完善，是人类历史上最高的政治文明，属于现代政治文明的范畴。

社会主义国家的出现，从根本上使人类政治文明的发展发生了具有本质意义的革命：在政治文明的制度变革上，社会主义否定了人剥削人、人压迫人的政治制度，被剥削、被奴役的无产阶级和广大人民群众上升到了统治阶级的地位，使人类政治文明的制度形态推进到了更高层次；在政治文明的价值选择上，社会主义否定了崇尚强权、剥削，张扬两极分化的政治理念，以社会公正、社会平等、社会共同富裕的鲜明价值取向，使人类政治文明的价值选择趋向表现社会进步和时代要求的道路，奠基于马克思主义政治学说基础之上的先进政治理念，反映了社会绝大多数人民群众的意志和愿望；在政治文明的主体地位上，社会主义否定了社会政治生活中少数人对多数人的专政，第一次实现了由多数人对少数人的专政，使人类政治文明的主体真正确保了占人口绝大多数的统治地位；在政治文明的客体上，一系列反映人民当家做主的政治法律制度和体制安排，使社会主义政治真正有可能建立起高度发达的、充分体现人民群众利益的民主政治模式；在政治文明的发展趋势上，社会主义以其对以往旧的政治活动原则和政治运行格局的极大批判勇气和以对新的政治文明构成的极大创造精神，证明和展示了社会主义政治文明的远大发展前景。

共产党的领导、人民当家做主和依法治国的辩证统一和有机结合，具有鲜明的时代感和中国特色，是社会主义政治文明区别于以往一切政治文明的根本特征。社会主义政治文明为社会主义政治发展提供了合理的价值定位，也规定了社会主义政治文明的基本内容。

二、生态文明是日益完善的政治文明的体现者[①]

生态文明是政治文明发展的基础，政治文明建设不能忽视生态文明建设，生态文明建设反过来又促进政治文明建设。健康的政治文明推动和促进生态文明建设发展，例如国家实施的“长江防护林建设工程”、“三北防护林建设工程”和“退耕还林工程”等十余个生态防护林工程以及“加强生态环境建设，再造秀美山川”的倡导，这些都是文明的生态政治行为，推动生态环境条件改善，向生态文明发展进步。不文明的政治行为会造成生态环境破坏，让生态环境向恶化方向发展，哪怕不是针对生态做出的决定，也会给生态环境带来灾害性的破坏，比如大炼钢铁的运动不是针对生态环境做出的决定，但造成大量的森林被砍伐，给生态环境带来毁灭性的破坏；2004 年的“黄河污染事件”中地方政府明知稀土企业的排放物不能达标排放，却上了大量的稀土加工企业，给黄河造成严重的污染；战争不是解决矛盾和冲突的最好办法，战争不仅对生命造成屠杀，而且给环境带来地表及植被破坏、毒气污染、化学污染、核污染、石油污染、金属污染等，并且这些污染还要长期对人及其它生命造成伤害，这些是不文明行政所带来的生态灾害。

1. 生态法规的日益完善加快了政治文明制度建设的进程

生态问题已经直接影响到一国的国家安全。作为支撑国家稳定和安全的法律，必然会受到生态问题的影响。健全和完善法制，包括健全和完善生态保护方面的法制，是政治现代化的内在要求。改革开放以来，我国政府在生态环境保护问题上，加快了立法进程。

---

① 向赤忠. 生态文明与物质文明、精神文明、政治文明. 绿色大世界。2008（1）//姬振海. 生态文明论. 人民出版社，2007。

短短的二十多年间，先后制定了多部环境法律和相关资源法律；修改《刑法》，增加了“破坏环境资源保护罪”条文；发布包括《国务院关于落实科学发展观加强环境保护的决定》等多部环境法规和环境规章，初步形成了生态保护及管理的法制体系。这一系列政策法规是生态文明建设的制度化和法治化的重要表现，它在使生态文明建设有法可依的同时，也加强了政治文明制度的进程，体现了政治文明高度的生态自觉。可以预见，随着我国可持续发展战略的实施，生态保护的法制化进程将越来越快。

2. 生态环境问题的日益突出，促进公众的政治参与，有利于政治文明意识的发展

人是天生的政治动物，政治参与是人生活的一部分。当生态环境问题从自然向人类社会领域转移，生态环境问题也相应地成为政治问题。人们通过各种努力，保护生态环境，提高生存质量的行动，无疑也成为具有政治意义的行动。公众通过政治选举、投票及环保宣传等方式影响政府的决策，这不仅有助于壮大环境保护的社会力量，而且还有助于实现对政府的监督，制止政府从“自身利益最大化”出发而做出的短期行为，避免政府失灵，从而促进政府公共决策朝着更为科学、民主的方向迈进。因此，促使公众对生态政治运动的广泛参与，将有助于民主政治建设的拓展和深入。

三、政治文明是生态文明的支撑和保障[①]

当今的环境问题已经不仅仅是高能耗、高污染、低效益增长方式的经济问题和涉及价值观和伦理观的社会问题，而且是牵涉政府

① 陈海勇. 社会主义生态文明与政治文明关系探析. 中共贵州省委党校学报，2008（5）（总117期）.

判断和决策的政治问题，不能孤立地看待和解决环境问题，而是需要运用经济的、文化的、技术的和制度的综合手段来解决，而这些手段都离不开政治行为作为的运行。政治文明具有决策性、调控性和督导性，执行力强且影响面广，是生态文明建设的有力保障措施，起到推动和促进生态文明建设的重要作用，生态文明建设应该成为政府的自觉行为。具体地讲，就是生态文明的践行需要政治文明为其提供意识、行为和制度上的保证。一方面，要把“生态文明”作为中国特色社会主义理论体系中的一个基本概念，把有关生态文明的理论作为中国特色社会主义理论体系的组成部分。增强党和政府可持续发展执政理念以及对生态问题的认识和建设生态文明的自觉性。另一方面，党和政府应把生态文明同物质文明、政治文明和精神文明相并列，提高到战略地位，作为社会主义现代化建设总体布局的一个组成部分。要把生态文明作为中国特色社会主义的硬指标，作为全面建设小康社会和构建社会主义和谐社会的硬指标。政府要坚守权力边界，调动一切社会力量，建设资源节约型、环境友好型社会。最后，生态文明建设最大的问题还是体制问题没有彻底解决。政府要加强环境立法，特别是加大环境立法的执行力度，从而为生态文明建设提供法律和制度保障。

第二节　生态文明的制度建设与体制安排

一、建立以绿色 GDP 为核心的政绩观

1. GDP 概述

GDP 是英文 Gross Domestic Product 的缩写，是指一定时期内一国或地区生产的全部最终产品和提供劳务的市场价值的总值，简

称国内生产总值。一定时期，一般以一年为限，强调本时期新生产出来的产品；最终产品则强调排除用于生产的原材料等中间产品。GDP 是衡量一个国家或地区经济发展综合水平最重要的一个指标。

GDP 有三种形态，即价值形态、收入形态和产品形态。从价值形态看，GDP 是“所有常驻单位在一定时期内生产的全部货物和服务价值与同期投入的全部非固定资产货物和服务价值的差额，即所有常驻单位的增加值之和”。从收入形态看，GDP 是“所有常驻单位在一定时期内直接创造的收入之和”。从产品形态看，GDP 是“货物和服务最终使用减去货物和服务进口”。

GDP 有三种测算法，即生产法、收入法和支出法。用生产法算，则 GDP＝Σ各产业部门的总产出－Σ各产业部门的中间消耗；用收入法算，则 GDP＝Σ各产业部门劳动者报酬＋Σ各产业部门固定资产折旧＋Σ各产业部门生产税净额＋Σ各产业部门营业利润；用支出法算，则 GDP＝总消费＋总投资＋政府支出+净出口（C+I+G+X－M）。目前最常用的是支出法和收入法。

2. 绿色 GDP 含义

绿色 GDP 也称可持续收入，其含义有狭义和广义之分。狭义的绿色 GDP 是指传统的 GDP 扣除环境成本、资源成本以及环境资源的保护费用之后的剩余部分，即绿色 GDP=GDP 总量－（环境资源成本+环境资源保护服务费用）。

广义的绿色 GDP 是指可持续经济福利指标，是以全社会的幸福状况为核心的核算指标，是在经济成果中将社会因素造成的成本损失如财富分配不公平、失业率与犯罪率的上升对社会的损失扣除后的部分。目前所通称的绿色 GDP 一般是从狭义的角度而言。

绿色 GDP 有总值和净值之分。绿色 GDP 总值是现有 GDP 扣除具有中间消耗性质的自然资源耗减成本的剩余部分，绿色 GDP 净值是绿色 GDP 总值扣除固定资产折旧和具有固定资产折旧性质的资源耗减和环境降级成本后的剩余部分。

3．我国实行绿色 GDP 的必然性与迫切性

我国自 1978 年实行改革开放以来，国民经济一直保持高增长的态势，年平均 GDP 增长率达到 9.83%，是全球经济增长最快的国家之一。国家经济总量得到巨大提升，目前已跃居世界前列。

但是，我国经济的高增长率是以自然资源的巨大消耗和环境的污染为代价的。当前，日益严重的环境污染和自然资源的日益耗竭已经对社会的生产生活形成阻碍。但传统的 GDP 并不能反映出环境污染、资源消耗和生态破坏的情况，不能反映出我国经济发展的真实状况。因此，中国的经济和社会要想持续发展，就必须转变唯 GDP 论的发展观念，在经济活动中考虑自然资源、环境和生态因素。

而绿色 GDP 将自然资源和环境因素纳入核算体系中，在一定程度上反映出经济活动中自然和环境的状态，反映出经济和环境之间的相互作用，符合可持续发展和科学发展观的思想。我国必须实行绿色 GDP 核算体系，才能更好地保护自然资源和环境，才能实现资源、经济和社会的可持续发展。

4．树立以绿色 GDP 为核心的政绩观的必然性

政绩，“指领导干部在一定岗位和一定任期内做出的工作业绩”。所谓政绩观，“一方面，是说党组织如何正确看待干部政绩，科学衡量其政绩；另一方面，就领导干部个人而言，是指自己对待政绩的态度和观点。”①

① 姚恒．领导干部要树立正确的政绩观．党建研究，2004（2）：21.

过去，我国对各级领导干部的政绩考核都以 GDP 作为唯一的衡量指标。这种衡量方式对各级干部产生了错误的导向作用，使各级干部为追求政绩而不惜以牺牲环境为代价，片面追求 GDP 的增长，对我国的资源和环境造成了极大的压力。

唯 GDP 论的发展思路也是我国的环境污染治理至今收效不大的一个重要原因。在 GDP 的考核体制之下，领导干部不可能将资源、环境与经济的协调发展作为目标，不可能真正将环境治理工作落到实处。

此外，用 GDP 作为干部考核的指标，“容易导致一些官员只抓表面的‘政绩’工程，对与 GDP 无关、涉及群众切身利益的‘小事’却漠不关心”[①]，与科学发展观“以人为本”的要求相违背。

因此，我国必须转变现行的干部政绩考核机制，树立以绿色 GDP 为核心的政绩观，建立以绿色 GDP 为衡量标准的新型考核机制。

绿色 GDP 为核心的政绩观与科学发展观是辩证统一的。“一方面，科学发展观决定以绿色 GDP 为核心的政绩观；[②]另一方面，以绿色 GDP 为核心的政绩观强调的是用正确的方法和途径创造政绩，落实以绿色 GDP 为核心的政绩观也就是积极实践科学发展观。”

党和国家领导人已经认识到以 GDP 为核心的政绩观的弊端，认识到树立正确的政绩观的紧迫性，胡锦涛同志在党的十六届三中全会上的讲话《领导干部要树立正确的政绩观》中指出，“要教育干部树立正确的政绩观，包括正确看待政绩，科学衡量政绩。”正确的政绩观就是以绿色 GDP 为核心的政绩观。

从 GDP 到绿色 GDP，并不只是一个指标的转变那么简单，而是以科学发展观为思想武装的发展思路的真正转变，是向“以人为

---

① 丘丽云. 绿色 GDP 与干部政绩考核. 广东社会科学，2006（2）：91.
② 詹玉华. 科学发展观与以绿色 GDP 为核心的政绩观之间的辩证关系. 中国社会科学院研究生院学报，2008（6）：96.

本”的价值观、注重经济和社会效益统一的发展观的跨越。

5. 树立以绿色 GDP 为核心的政绩观面临的困难

政绩观的转变不是短期内就能实现的，特别是在我国的经济建设全面向前推进的关键时期，要树立以绿色 GDP 为核心的政绩观，将环境因素纳入干部政绩考核机制，更是困难重重。首先，相关法律体系不完善，而且执法力度不够，法律对政府的约束作用有限；其次，用经济手段推动环保的新机制还未建立，目前仅仅是中央政府采用行政命令、政策对地方政府以及企业的环保行为进行调节。而在以 GDP 为衡量政绩的指标下，一些地方政府官员因此在项目决策中任意降低环境门槛，引入大量高污染、高风险的企业；在环境管理中为污染大户撑起保护伞，干扰当地环保部门的环境执法；环境污染了，而当地官员却因高的 GDP 发展数字而纷纷升迁，盲目追求 GDP 增长的政绩观因此更加强化。

因此，推广以绿色 GDP 为核心的政绩观面临很大的困难，仅靠宣传手段是难以实现的。

6. 以绿色 GDP 为核心的政绩观的实现途径

目前，要树立以绿色 GDP 为核心的政绩观，除了加强宣传，用科学发展观武装干部头脑外，还必须采用法律、经济和行政等综合手段，切断 GDP 与地方各级干部政绩之间的联系，才能促进地方官员科学政绩观的树立。

（1）必须尽快加大环保执法体制改革。建议实行直管的方式，以减少地方保护主义对环保的压力，使环保部门的“腰杆”硬起来，彻底解决执法力度不够、监控力度偏软的问题，用法律手段对政府在环保事业中的不作为进行惩罚。

（2）完善环境保护方面的法律法规，建立环保部门和有关部门联合办案的机制，加大对重大环境污染事件的查处力度。

（3）要完善市场机制，推行“绿色信贷”和“绿色税收”等经济手段，促使绿色GDP观念在政府和企业人员头脑中牢固树立。

（4）要完善公众参与环保事业的制度建设，发挥公众的监督作用，使政府的行为置于强有力的监督之下，迫使政府在制定政策、作出行动时考虑环保因素。

（5）要建立科学合理的干部政绩考核机制，要把资源与经济、社会协调发展作为考核的内容，要把群众评价作为考核干部政绩的重要参考尺度。

（6）建立官员环保问责机制，强化政府官员的环保责任，加大对领导干部的约束力度与监管力度，依法追究领导干部的环保责任。

关联案例1：慢的魅力和美的速度——生态北碚建设的新思维

北碚是重庆市主城九区之一，全区面积755平方千米，人口70万，是重庆乃至西部地区有名的科教文化区和生态产业区。近几年来，北碚区深入贯彻落实科学发展观，大力实施生态经济发展战略，推动经济社会全面协调可持续发展，2003年以来先后获得国家园林城区、中国最佳人居环境范例奖、国家卫生城区、全国绿化模范城市、国家环保模范城区、全国生态示范区、全国可持续发展示范区等称号，并被联合国人居环境署授予迪拜国际改善人居环境良好范例奖，被誉为重庆市的“后花园”。其建设生态文明的新思维、新举措主要有：

1. 树立科学的执政理念。北碚是老工业区，历史包袱重，经济总量小，加快发展的要求十分迫切，由于处在重庆主城近郊，是承接产业转移的聚合地。项目转移必将带来就业、财政收入等“乘数效应”。北碚区对纷至沓来的投资项目冷静分析，科学判断，于2002年就组织有关人员深入调研，形成了重庆市“十五”科技攻关课题成果——《重庆市北碚区生态经济发展战略研究》，为北碚生态文明建设提供了理论支撑，使四大班子牢固树立了“环境也是生产力”、“绿水青山就是金山银山”的执政理念。

2. 增强全民的生态环境意识。发展生态经济、关闭“十五小”企业、拒绝污染项目入驻，坚持一手抓经济发展，一手抓生态环境保护知识的宣传、教育和培训，通过开展环境实绩考核，制定环境保护规划，引导广大干部正确处理经济发展与环境保护的关系；通过开展国家环保模范城区、国家绿化模范城市、全国生态示范区等创建活动，增强了市民生态文明意识，提升了市民综合素质。北碚区不仅在学校、企业、机关宣传环保工作，而且广泛开展绿色学校、绿色社区、绿色教育基地和绿色志愿者的活动，形成了多位一体独具特色的环境教育格局。

3. 丰富和完善科学发展思路。提出坚持以科学发展观为指导，积极打好“生态牌”，大力实施“工业强区、科教兴区、旅游活区、生态靓区”以及城镇化和重点项目带动的“4+2”发展战略，发挥生态环境、科教人文、资源禀赋、特色产业、后发空间五大优势，在聚集生产要素、吸纳转移人口的“三大洼地”，打造“三条生态产业走廊”的发展思路，努力把北碚建设成为重庆主城西北部的重要增长极、重庆市全面建设小康社会先行区和国家可持续发展先进示范区。

4. 建立完善法规保障机制。制定和完善节能减排、防治大气污染、城市绿化、市容整治、保护水源和森林、资源综合利用等方面的规范性文件和强制性措施。建立环境与发展综合决策制度和协调推进工作机制，把生态环境保护作为审批建设项目的前提条件之一，并实行环保责任终身负责制、“清洁生产审计”、节能责任制等制度，为生态环境保护工作提供了制度保障。

5. 建立生态环境整治机制。通过开展“蓝天、碧水、绿地、宁静”四大活动，大力发展清洁能源，实施水环境保护工程，开展噪声达标区建设工作。通过加强重点污染源企业监控，对“十五小”等污染重、能耗高的企业进行节能减排专项整治，并对嘉陵江小三峡进行了植被恢复。

6. 建立招商项目环保准入机制。实行严格环保准入制，对有意向投资北碚的企业，严把考察关、评估关、终审关，由区领导召集有关部门根据考察情况和环保评估最终确定企业能否迁入。

7. 建立生态建设投入补偿机制。按照建立公共财政的要求，把污染防治、环境整治、节能降耗等有关生态建设资金优先纳入财政预算，重点支持环境保护公共基础设施、生态环境重大工程和环境执法监管能力建设，生态投入占财政总支出及 GDP 的比例逐年增加。同时，按照“政府组织、专家指导、公众参与、社会兴办”的运作原则，调动社会各界积极性，多渠道筹措生态建设资金。

8. 完善党政干部环保考评机制。进一步完善了体现科学发展观的考核指标体系，注重绿色 GDP 的考核，将节能减排、生态环境保护、城镇绿化美化、社会保障、教育、文化、卫生、安全生产、基础设施等全面纳入考评体系，以科学的考核评价体系引导广大干部牢固树立正确政绩观。

9. 坚持城乡统筹，大力发展生态经济。针对北碚资源禀赋的特色，把构建“生态高效农业、生态工业、生态城镇、生态旅游”四大体系作为发展生态经济的重要抓手。

10. 坚持创新城市管理和社会事业建设，不断提升群众的幸福指数。实现人的全面发展，提高人民幸福指数是生态文明建设的目的。在发展生态经济的同时，积极创新城市管理和社会事业建设，着力推动人的全面发展。

关联案例 2：小县域建设大绿色、大生态：河北临城县建设生态县实例

临城县拥有 5 000 多年的文明史和 2 400 多年的建城史，2002 年被确定为国家级扶贫开发工作重点县，地处太行山东麓，山区、丘陵、平原分别占总面积的 38.4%、49.5%、14.8%，素有“七山一水二分田”之说。近年来，县委、县政府始终坚持把生态文明建设作为最大的基础建设工程，牢固树立“发展是硬道理、生态建设也是硬道理”的工作理念，既要金山银山，更要绿水青山，坚决不要冒着黑烟、流着污水、浪费资源的 GDP，围绕“小县域”建设“大绿色、大生态”，大力实施“绿满临城”工程，实现了生态文明建设与经济发展的共赢。2009 年临城万元生产总值（GDP）能耗同比降低率为 9.1%，入统企业单位工业增加值能耗同比降低率为 9.22%，COD、二氧化硫排放量在 2005 年基础上分别削减 8.9%和 8%，临城的天更蓝了，水更清了，山更绿了，空气更清新了；2006—2008 年，全县 GDP 年均递增 14%；全部财政收入和地方一般预算收入年均分别递增 22.9%、23.1%；城镇居民人均可支配收入和农民人均纯收入年均分别递增 10.6%、6.4%。

1. 增强生态文明建设意识。临城县紧密结合实际，坚持把生态文明建设放在首位，全方位加大教育宣传力度，开展“建设生态临城、推动科学发展”思想大讨论。从县委、人大、政府、政协四大班子领导，到乡镇、部门干部职工，再到广大群众，思想意识上做到了“三个转变”：从传统的“向自然宣战”、“征服自然”等理念，向树立“人与自然和谐相处”的理念转变；从粗放型的以过度消耗资源破坏环境为代价的增长模式，向增强可持续发展能力、实现经济社会又好又快发展的模式转变；从把增长简单地等同于发展的观念、重物轻人的发展观念，向以人的全面发展为核心的发展理念转变。

2. 科学制定发展规划。坚持统筹长远、统筹城乡、统筹经济社会发展，按照有关要求，及早谋划规划，出台《临城县关于加强生态文明建设的意见》，明确了2020年总目标和政策措施；制定《临城县“小县域、大生态”建设规划》，规划了2015年中期发展目标和主要工作；编制实施了《“绿满临城”发展规划》和临城县一二三生态产业发展规划及县城区域统筹发展规划，为生态县建设提供了科学指导。

3. 实施“生态靓县”战略。在贯彻落实科学发展观的背景下，县委、县政府通过“访民情、问民计”大调研，邀请专家论证，认识到绿色、生态是临城最靓的“名片”、最大的财富、最强的吸引力和优势。工作中，坚持把生态文明建设作为落实科学发展观、实现可持续发展的重要内容，把绿色生态产业作为引导经济腾飞、实现富民强县的有力抓手，围绕“小县域”建设“大绿色、大生态”，实施“生态靓县”战略，举全县之力打造生态临城。

4. 严格考核抓落实。临城县确立了“既要考核GDP，又要考核COD”的生态优先发展理念，积极探索绿色GDP考核机制，将环境代价计入发展的成本；强化规划调控手段，严格按照规划实施生态环境保护和建设工程，对规划确定的基础设施建设、生态环境营造、循环经济发展等超前安排，优先实施。同时，在全县创新确定了“三十”工程，选定3个乡镇、10家企业，制定两年减排目标，落实责任。对达不到目标要求的，对乡镇实行“一票否决”，并追究政府有关部门的责任，对企业实行关闭整顿，充分调动了乡镇和部门抓好节能减排工作的积极性。目前，退耕还林、荒山造林 21.1 万亩，占全县宜林面积的 85.9%，森林覆盖率达 35%，其中西部 50 平方千米的蝎子沟原始次生林达 85%以上，被誉为“太行山最绿的地方”，被评为国家森林公园；崆山白云洞、岐山湖、天台山等被评为国家地质公园；优质薄皮核桃发展到 9 万亩，成为北方最大的生产基地。

5. 大力实施“绿满临城”工程。按照“规划突出特色，建设突出经营，管理突出机制，发展突出融资”的基本思路，以建设北方丘陵特色旅游精品县城为目标，以完善城镇基础设施为重点，全面加大城市开发经营力度，有力推动了城镇化进程。按照县城区域规划突出“绿色、生态”的要求，规划了一条 17.2 千米，宽 500 ~ 1 000 米的环城林带；并大力实施圣景植物园、圣景公园和人民大街绿化带，南游园、息波亭公园以及普利寺广场绿地景观，新区临城大道标志性地段建筑景观等工程建设，努力形成环城林带、风景林地、道路绿地相互交融，点、线、面相结合的绿地系统。同时，对县城西部、南部的泜河河道和北部的小槐河道进行清淤治理，在泜河河道环城段谋划建设三道截流工程，橡胶坝拦水蓄水。届时，县城将四面环水、绿荫包围，形成“城在绿中，绿在城中”，四季常青、蓝天碧水、宜居宜游的精品县城。

6. 构筑符合临城实际的现代产业。坚定不移地走新型工业化道路，坚持把经济发展建立在提高质量、优化结构、增加效益、节能降耗、保护生态的基础上，确立了从单纯依赖资源开采、破坏生态环境的粗放型“黑色”产业发展模式，转向科学利用、节约资源能源、保护生态环境的集约型“绿色”产业发展模式，确立了“由散变聚、由黑转绿、轻重并举、变粗为精”的十六字产业发展方针，有力地推动了全县产业结构的优化升级。

7. 狠抓节能减排。一是抓源头。按照“管住增量、调整存量、上大压小、扶优汰劣”的思路，倾力淘汰落后产能，拆除了年产15万吨焦炉一座，年可削减二氧化硫170吨，新上了符合国家产业政策的年产70万吨焦炉生产线；拆除机立窑14座，可削减二氧化硫240吨；拆除了黑城建材区内的88根烟囱，使区域大气环境有了根本性好转。二是抓重点。成立了以县长为组长的节能减排工作领导小组，出台了《临城县节能减排集中行动实施方案》、《黑城建材焦化工业集中区节能减排实施方案》、《临城镇钢铁工业集中区节能减排实施方案》、《赵庄乡、郝庄镇工业集中区节能减排实施方案》等文件，把涉及“双三十”工程的重点乡镇明确任务，分解落实到人头，加强监督管理，加快了技改步伐，提高了用能水平。三是抓准入。加强项目能评和环评工作，做到“五个不建”，即不符合国家产业政策的项目不建、没有环评的项目不建、没有区域环境容量的项目不建、能耗超标的项目不建、盲目重复建设的项目不建，坚决杜绝新上高能耗、高污染项目，坚决不以牺牲环境为代价换取经济的一时增长。四是抓整顿。积极引导企业加大技改投入，支持重点能耗企业实施节能改造，达到国家节能减排标准。

二、完善环境危机应急机制

1. 环境危机应急机制的内涵

危机，“从系统论的角度来看，危机是一种改变或破坏系统平衡状态的现象，也可以视为系统的失衡状态。从危机管理的角度来看，危机可以被认为是一种决策形势，在此情势下国家的利益受到威胁，严重的对抗可能因失控而导致暴力冲突，而管理者做出决策和反应的时间相当有限。透过千差万别的环境，可以看出，危机的本质似乎是不一致、矛盾和冲突而导致的一种紧张状态。”①

危机应急是危机管理的一种，是政府采用应急处理方法有效处理已经发生的危机，以减轻危机给社会造成的损失，恢复社会常态，维护人民群众的生命财产以及国家安全。

环境危机应急机制，属于公共危机应急机制的范畴，是针对突发性的环境事件建立的应急机制。

具体而言，环境危机应急机制包括三方面的含义：第一，环境危机应急机制“是应急机构、应急计划、应急体系、应急措施和应急制度等的集合”；第二，环境危机应急机制“是非常机制，只能运用于非常时期，平时体现为静态，只有当突发环境事件发生时，虚拟资源被激活，根据需求快速凝聚和运转，形成实际应对的动态运行，并且当突发事件发生后，又迅速转变为静态”；第三，“环境危机应急机制必须得到法律授权，在法律限度范围内予以运行”。②

2. 我国的环境危机应急预案体系

目前，我国的环境危机应急法制不健全，尚无统一的环境危机应急法，只有环境危机应急预案体系。我国的环境危机应急预案体系由四部分组成：第一，国家突发性公共事件总体应急预案；第二，国家专项应急预案，包括《国家突发公共卫生事件应急预案》、《国家突发环境事件应急预案》、《国家自然灾害救助应急预案》、《国家突发地质灾害应急预案》、《国家地震应急预案》、《国家安全生产事故灾难应急预案》、《国家核应急预案》、《国家海上搜救应急预案》、《国家防汛抗旱应急预案》、《国家处置重、特大森林火灾应急预案》和《国家处置民用航空器飞行事故应急预案》等，这些预案

① 许文惠，张成福. 危机状态下的政府管理. 中国人民大学出版社，1998：22.
② 袁岳霞，张润昊. 论突发环境事件应急机制的基本范畴. 襄樊学院学报，2007（3）：42.

对可能爆发环境危机的绝大部分领域都作了应急处理说明；第三，国务院部门应急预案；第四，地方政府部门应急预案。

目前，我国的环境危机爆发频率日益升高，对环境危机应急的要求也越来越高，我国的环境危机应急预案体系已不满足处理环境危机的需求。

3. 我国环境危机应急处理存在的问题

我国的环境危机应急处理缺乏法律保障，也缺乏各部门的协调配合，更缺乏公众的积极参与，存在很多问题。

这些问题具体表现在以下方面：一是应急措施的采取与否往往不是依照法律的规定，而是依靠地方甚至国家领导人的认识水平和判断能力，缺乏法定的科学评估机制和预警机制；二是应急行政权力的自由裁量权太大，虽然可以弥补现行法律规定的空白，填补现行法律之间的不衔接性，但由于缺乏相应的法律对抗规定，容易造成应急权力失控和资源浪费；三是在信息报告、通报和公布的过程中，隐瞒伤亡、损害甚至整个突发事件的现象时有发生；四是应急措施的采取缺乏相应的应急预案，往往过分依靠临场发挥，人力、物力、运力、技术力量和资金难以全部按要求及时到位，各方面的行动难以协调地开展和协调；五是许多干部和群众因为有生命、健康、财产和抚育、赡养方面的后顾之忧而缺乏必要的应急行动积极性；六是不能有效地消除社会谣言，安置或疏散居民，平抑物价，维护社会的稳定；七是一些受灾群众难以从国家和社会得到充分有效的生活、生产救助和医疗救治，存在因灾致贫和因灾更贫的现象；八是一些领导干部责任心不强，滥用权力或消极履行职责，给国家和人民群众造成了重大的损失而得不到法律的制裁。①

① 常纪文. 我国突发环保事件应急立法存在问题及其对策. 宁波职业技术学院学报，2004（3）.

我国的环境危机应急处理显然无法满足解决当前环境问题的需求，建立科学的环境危机应急机制已迫在眉睫。

4. 建立环境危机应急机制的对策

环境危机应急机制建设是的系统工程，需要从思想认识、法制建设等方面积极努力。

首先，深化对环境危机的思想认识。各级党政官员首先要培养环境危机意识，充分认识到环境问题的严峻性和解决环境问题的迫切性，对环境危机高度重视，从思想、心理上做好环境危机应急处理的准备。

其次，加快立法进程，完善环境危机应急法制体系。目前，我国环境危机应急立法方面存在不少缺陷。要立足我国国情，同时借鉴国外经验，对环境危机应急立法的目标、实现途径以及立法工作的基本方针、基本内容等作出科学的规划，完善环境危机应急法制体系，为环境危机应急提供法律保障。

再次，完善政府环境危机应急管理的组织体系。建议设置一个拥有决策权的常设性的综合管理部门，协调政府各部门的关系，促进各部门在环境危机应急处理方面的沟通与合作。

第四，建立科学的应急预警机制，完善环境危机爆发的预警监测。

此外，加强应急储备建设，注重应急资源的积累。应急资源包括以下几方面：一是专业的应急救援队伍；二是具体的应急物资，如水、电、石油、煤和天然气等；三是应急设施，如防灾抢险装备和检测仪器等；四是应急专项资金。

最后，建立环境危机应急的信息交流机制，实现环境危机的信息公开，拓展信息交流的渠道与方式，保障公众的知情权，实现政府与公众双向的信息交流。

环境危机应急机制是在环境危机爆发后的处理机制，就环境保护而言，带有被动性。要防止环境危机的爆发，应该立法明确个人、企业以及政府机关的环保责任，实行环保责任追究制度，才能有效地缓解环境危机的发生频率。

三、实施环保责任追究制度

1. 环保责任追究制度的含义

环保责任追究制度属于问责机制的范畴，带有惩戒性，是指对政府、企事业单位和个人在环境保护事业中的违法或不当行为，根据情节轻重，追究相应的行政责任、党纪责任、民事责任和刑事责任等的一种制度。环保责任追究制度是一种强制机制，也是一种监督机制。

2. 建立环保责任追究制度的必然性和重要性

建立环保责任追究制度是生态文明建设的必然要求。生态文明是资源、环境、经济与社会协调发展的文明形态，包含生态文明的制度安排内容，要求完善经济、政治、文化和法律等各领域的制度建设。

建立环保责任追究制度还是保护环境、恢复生态的强有力保障。当前，我国的环境问题日趋严重，环境治理成效不大，环境问题已严重影响人们的生产和生活，妥善解决环境污染事件，切实保障人民群众的生命安全，是我国目前面临的一项艰巨任务。建立环保责任追究制度，将环保责任明确到人，用法律法规对人们的行为进行约束，强制人们履行保护环境的义务，能够有效地防止环境危机的爆发，是解决环境问题的一个有效措施。

3. 环保责任追究的内容

政府是环保事业的推动者，在环保事业中起主导作用。政府的环保责任主要有以下几方面：第一，依据宪法、法律制定保护环境的行政法规、规章的责任。政府要在宪法和法律规定的范围内，制定行政法规和地方性政府规章，对环境保护法律责任进行细化，体现可操作性和执行性；第二，对环境法律、法规的实施进行监督；第三，用行政和经济手段引导或强制责任主体履行环境保护的义务；第四，处理环境危机的责任，包括公开环境危机信息、提高环境危机应急管理水平等方面的责任。

根据国家环保部的有关规定，各级政府领导干部在环境危机应急方面有下列情形之一的应予以追究：第一，拒绝履行突发环境事件信息报告职责；第二，不认真履行职责而导致延误报告突发环境事件信息；第三，不按规定报告或通报突发环境事件真实情况，致使可以避免的损失未能避免；第四，谎报、瞒报突发环境事件真实情况；第五，因其他违法违纪行为而造成严重后果。

此外，对企业不按生产标准生产、规定排放污染物以及违法生产造成重大环境事件的行为都要依法追究其刑事责任。

最后，对个人不遵守法律、法规的有关规定，不履行环保义务，造成重大环境污染事件的行为也要依法追究其民事、刑事责任。

4. 完善环保责任追究制度的对策

完善环保责任追究制度，必须做好以下几方面的工作：

首先，通过立法完善法律法规对政府责任的规定。要完善宪法、环境保护法以及单行法对政府责任的规定，明确中央和地方各级政府在环境保护中的责任，细化政府环保职责，提高环保责任追究的可操作性。

其次，建立环保目标责任机制，将环保目标责任完成情况纳入政府官员的政绩考核中，将环保目标责任完成情况与干部的升迁直接挂钩。

再次，建立政府信息透明机制，实行政府政务公开，让公众了解政府的环境保护政策，保障公众的知情权，提高政府信息的透明度。

此外，建立有公众参与的环保监督机制，对环境行政部门进行监督，对政府的不作为或不法行为进行举报。

最后，对政府在环境保护中的重大决策失误、干预环境执法、不履行环境责任、不作为等行为依法作出处罚，维护环保责任追究机制的公正性。

四、生态补偿制度

1. 生态补偿的内涵与目的

综合来看，生态补偿是指“通过一系列经济手段和法规、行政措施，对已在人类活动影响下丧失自我反馈与恢复能力的生态系统进行物质、能量的反哺和调节机能的修复”。①生态补偿有广义和狭义之分，“广义的生态补偿包括环境污染补偿和生态服务补偿两方面，狭义上仅指生态服务补偿”。②

生态补偿的目的是为了恢复生态系统的平衡，保护生态环境，促进资源、环境与经济、社会的协调发展，最终实现人类社会的可持续发展。

① 毛锋，曾香. 生态补偿的机理与准则. 生态学报，2006（11）：3842.
② 李宗明. 一个不容回避的话题——资源开发的生态补偿. 环境经济，2005（11）：27.

2. 生态补偿的构成要素

生态补偿包括补偿客体、补偿主体、补偿依据、补偿标准和补偿方式五个要素。补偿客体是自然生态客体部分[①]，包括自然生态、接受补偿的主体和当地居民。补偿主体是负生态责任的行为人、企业和政府。补偿依据目前还没有明确的统一的规定，可以采用生态补偿临界值为补偿依据。补偿标准方面，“生态系统服务及其价值评估，是制定补偿标准必要的科学依据”[②]。补偿方式主要有三种，“一是财政转移支付。如国家通过加大对西部重要生态功能区域的财政转移支付，补偿该地区保护生态环境而导致的财政减收。二是项目支持。如对各种生态环境保护与建设项目、生态环境重点保护区域替代产业和替代能源发展项目以及生态移民项目等的资金支持。三是征收生态环境补偿税（费）或要求生产者、开发者、经营者支付生态环境保护的信用基金。”[③]

3. 我国的生态补偿实践

我国的生态补偿实践始于 20 世纪 80 年代，以《森林法》等法律法规以及生态环境补偿费政策为标志。

1992 年，中共中央办公厅、国务院办公厅和国家环保局联合发布《关于出席联合国环境与发展大会的情况及有关对策的报告》，提出“按照资源有偿使用的原则，要逐步开征资源利用补偿费，并开展对环境税的研究”。同年，林业部提出要尽快建立森林生态补偿机制。

---

① 宋鹏飞，张震云，郝占庆. 关于建立和完善中国生态补偿机制的思考. 生态学，2008（10）.
② 赵景柱，罗棋姗，严岩，等. 完善我国生态补偿机制的思考. 宏观经济管理，2006（8）：54.
③ 姚明宽. 建立生态补偿机制的对策. 中国科技投资，2006（8）：50.

1993 年，国家环保局颁布了中国生态环境补偿费政策纲要，并“先后在河北、辽宁等 11 个省（自治区）的 685 个县（单位）和 24 个国家级自然保护区开展了征收生态环境补偿费的试点”①。

1994 年，“广东省率先以立法形式对全省森林实行生态公益林、商品林分类经营管理；福建、江苏、广西、云南等省（区）也建立了相应的生态补偿管理办法，如通过对矿山开采企业征收补偿费用，以实现资源保护与生态恢复的目的”。②

1998 年 7 月，国家出台新的《森林法》，指出要建立森林生态效益补偿基金。

2001 年，国家开始生态公益林补偿金政策，扶贫政策中的生态补偿政策、生态移民政策，矿产资源开发的有关补偿政策，耕地占用的有关补偿政策等生态补偿政策的试点。③

2005 年环保总局联合财政部、国土资源部制定《关于逐步建立矿山环境治理和生态恢复责任机制的指导意见》，并展开中国生态补偿机制与政策研究。

2007 年年底，环保总局又在自然保护区、重要生态功能区、矿产资源开发、流域水环境保护四个领域推行生态补偿试点工作，探索我国重点领域的生态补偿标准体系建设。

4. 我国的生态补偿存在的问题

目前，我国的生态补偿在理论研究和实践方面尚存在一系列的问题。理论研究上，对生态补偿的依据、标准、方式以及补偿机制的建立等方面的探讨还处于浅层，需要从横向和纵向两方面加强生

---

① 陈湘静. 环保总局将在四领域开展生态补偿试点. 中国环境报，2007-09-12（1）.
② 毛锋，曾香. 生态补偿的机理与准则. 生态学报，2006（11）：3842.
③ 孔凡斌. 完善我国生态补偿机制理论、实践与研究展望. 农业经济问题，2007（10）：51.

态补偿的理论研讨。

生态实践方面存在的问题，集中表现在以下几方面：

第一，生态补偿法律制度不健全，使生态补偿缺乏法律保障。

第二，还未形成全国范围内规范管理生态补偿的管理体系，国家用于生态补偿的专项资金的使用缺乏监督。

第三，生态补偿的依据不明确，生态补偿标准过低；生态补偿的主体与客体划分不明晰；补偿方式也过于单一。

第四，现有生态补偿政策普遍带有较强烈的部门色彩　。

第五，征收和使用方式不合理，目前，基本上是采取“搭车收费”的方式，收费和使用主要以部门或行业为界，如水利部门收取水资源费、环保部门收取排污费、国土资源部门收取资源费，部门间各自为政，不能形成合力，也没有真正实现收支两条线。①

我国生态补偿还处在初步阶段，还未建立有效的生态补偿制度。在环境污染事件频发不断的现实情形下，建立有效的生态补偿制度，以恢复和保护生态，显得尤为紧迫。

5. 建立生态补偿制度的对策

要建立科学有效的生态补偿机制，建议采取以下方面的措施：

首先，加快生态补偿立法，完善生态补偿法律机制，加快森林生态补偿、草原生态补偿、流域生态补偿、矿产资源生态补偿等具体领域的生态补偿法制建设，确保生态补偿实践有法可依。

其次，确定合理的实施方案，一要确定补偿依据；二要结合当地社会经济发展实际状况和居民参与程度，制定补偿原则、标准和补偿比例；三要在资金发放、实时监督和有效管理方面真正做到补

---

① 姚明宽. 建立生态补偿机制的对策. 中国科技投资，2006（8）：51.

偿到位。①

再次，拓展生态补偿的资金来源，促进生态补偿资金来源多元化发展。一要建立生态补偿保证金制度；二要设立生态补偿专项基金；三要建立生态环境补偿税制度，促进生态补偿市场化。

此外，建立健全政府间财政转移支付制度，加大对中西部地区、生态效益地区转移支付力度，改进转移支付办法，突出对生态地区的转移支付；设立对重点生态区的专项资金支持模式，将中央因改革所得税收入分享办法增加的收入，全部用于对地方，主要是中西部地区的一般性转移支付；引导省级政府完善省以下财政转移支付制度，如东部沿海省份向对口支援的西部省份予以各种形式的实物转移支付（如技术、设备、资产转移等）和价值转移支付，东部地区开征生态环境费（税）设立“西部生态补偿与生态建设基金”。②

另外，积极支持和鼓励地方探索有效的生态补偿机制模式，在国家生态补偿机制的整体框架下，环保总局考虑对国家现有补偿政策进行整合的同时，各地政府也应该在辖区范围内进行适度的探索。③

最后，建立生态补偿的配套机制，包括生态补偿制度的约束机制、生态补偿的收费机制、生态补偿的政府管理机制以及生态补偿的核算机制等，完善生态补偿制度。

五、公民的环境权

1. 环境权的含义

环境权是指“环境法律关系的主体享有适宜健康和良好生活环

① 宋鹏飞，张震云，郝占庆. 关于建立和完善中国生态补偿机制的思考. 生态学杂志，2008（10）：1817.

② 姚明宽. 建立生态补偿机制的对策. 中国科技投资，2006（8）：51.

③ 邹红美. 生态补偿机制的实践与反思. 经济与管理，2007（7）：29.

境，以及合理利用环境资源的基本权利”[①]，包括环境知情权、环境参与权与环境监督权。

环境知情权，又称环境信息权，“是国民对本国乃至世界的环境状况、国家的环境管理状况以及自身的环境状况等有关信息获得的权利”[②]，是公民参与环境保护的前提和基础。

环境参与权，“是指人们通过参加决策、制定政策等活动参与国家环境管理的权利”[③]，是公民参与环境保护的重要保障。

环境监督权，是指公民对破坏和污染环境的行为主体有权提出检举和控告，对政府的环境决策和执行环境政策的力度有权进行监督。

2. 环境权的产生与发展

环境权是国际环保运动不断发展的产物。1972 年，联合国在斯德哥尔摩召开的人类环境会议通过《人类环境宣言》，其中指出：“人类有权在一种能够过尊严的和福利的生活的环境中，享有自由、平等和充足的生活条件的基本条件，并负有保护和改善当代和未来世世代代的环境的责任。”首次明确规定公众享有环境权。

1992 年，联合国在里约热内卢召开的环境与发展大会通过《里约宣言》，其中第 10 条指出：“当地环境问题只有在所有有关公众的参与下才能得到最好的解决，每个人应有适当途径接触政府掌握的环境资料，包括关于他们的社区的危险物质和活动的材料，并有机会参与决策过程。各国应广泛传播信息，促进和鼓励公众知情参与。应使公众能够有效地利用司法和行政程序，包括补救和补救程

① 陈泉生. 环境权论. 跨世纪环境资源法学的思考和探索，1999（11）.
② 江伟钰，陈方林. 资源环境法词典. 中国法制出版社，2005：609.
③ 江伟钰，陈方林. 资源环境法词典. 中国法制出版社，2005：20.

序。”《里约宣言》得到了绝大部分联合国成员国的认同，环境权的原则为国际社会普遍接受。

1993 年，联合国环境规划署理事会通过《蒙特维的亚方案》，该《方案》中包括“环境觉悟，教育信息和公众参与”的内容，对公众参与环境保护作了说明，指出了人类环境法的发展方向。

1998 年联合国欧洲经济委员会通过《公众在环境事务中获得信息、参与决策和诉诸司法权利的奥胡斯公约》，进一步阐明了公众在环境决策方面的参与权。

在国际性宣言和方案的导向下，各国也制定了相应的法律对公民的环境权进行规定，如俄罗斯、德国、法国、英国、奥地利、加拿大、美国和日本等国家都在宪法或专门法律中确认了公民的环境权。

3. 我国法律、法规、规章对公民环境权的规定

对公民的环境权，我国宪法有明确规定：“公民享有在良好（或适宜或健康）的环境中工作和生活的权利。”“公民有权对政府部门、单位、个人有关破坏环境的活动进行检举公告，并提起诉讼。”

1989 年，我国出台《中华人民共和国环境保护法》，其中第六条对公民的环境监督权作了简明规定：“一切单位和个人都有保护环境的义务，并且有权对污染环境的单位和个人进行检举和控告。”

2002 年，我国制定《中华人民共和国环境影响评价法》，其中第五条规定：“国家鼓励有关单位、专家和公众以适当方式参与环境影响评价。”明确指出公民享有环境参与权。

2008 年实施的《环境信息公开办法（试行）》中规定，政府和企业必须向公众公布相关的环境信息，维护公民、法人和企业组织获取环境信息的权益，推动公民参与环境保护；并对信息公开的主

体、范围、程序和责任等作了规定。《环境信息公开办法（试行）》是我国第一部有关环境信息公开的综合性部门规章，在推动公民环境权发展方面具有里程碑意义，表明我国公民的环境权有了长足的发展。

4. 促进我国公民环境权发展的措施

首先，加强公民环境权的立法体系建设，完善宪法、环境法以及行政法等法律对公民环境权的规定，使公民的环境权获得法律支持和保障。

其次，完善政府信息公开制度，推动政府政务公开，建立透明型政府，保障公民的环境知情权的实现。

再次，建立有效的公民参与环境保护机制，维护公民参与环境保护，推动环境保护事业的发展。

此外，发挥非政府环保组织的作用，扩大公民环境权知识的宣传，使公民牢固树立环境权意识。通过发挥非政府组织对政府行为的监督来维护公民环境权益。

最后，完善环境权救济制度，维护弱势群体的利益。

第三节　生态文明视角下的法律体系重构

一、法律体系概述

1. 法律体系的概念

中国学术界对法律体系的认定源于前苏联，一般认为，法律体系“指由一个国家的全部现行法律规范分类组合为不同的法律部门而形成的有机联系的统一整体”。

而西方国家对法律体系的认识与前苏联和中国不同，“一是将法律体系视为法系，二是习惯上将法律体系分为公法和私法的‘两分法’”。“以公法和私法划分为基本前提，有的法学家建构了‘五法体系’或者‘六法体系’。‘五法’即民法、商法、民事诉讼法、刑事诉讼法和刑法；‘六法’即宪法、民法、刑法、行政法、民事诉讼法和刑事诉讼法。把法律体系划分为公法和私法，其划分标准的各种理论虽然不尽相同，但基本认识前提是一致的，即承认经济社会关系具有公和私的不同性质，法律只是这种公私关系的一种表现形式、一种调整手段。把法律体系再划分为‘五法’、‘六法’或者若干种类‘法’，都是以承认私人领域和私有制经济关系为基础和前提的。”①

2．法律体系与法制体系的区别

法律体系与法制体系有着根本的不同，法律体系是法律自身的构成体系，而法制体系是指法律的运转机制和运转环节构成的运转系统，包括立法体系、执法体系、司法体系、守法体系和法律监督体系等。法制体系包含了法律体系。

3．中国法律体系的构成

中国的法律体系是部门法体系，由法律、行政法规和地方性法规三个部分组成，内容包括宪法及宪法相关法、刑法、社会法、民法、商法、行政法、经济法及诉讼与非诉讼程序法等。

二、生态文明视角下法律体系变革的必然性

完整的法律体系是经济和社会稳定发展的前提与基石。生态文明建设，需要法律体系提供原则与规范，促进经济、政治、文化等

① 李林．中国法律体系构成．社科文学出版社，2008．

方面的有序、健康发展。离开了法律的支持与保证，生态文明建设不可能顺利展开，其目标也不可能顺利实现。

然而，我国目前的法律体系是工业文明的产物，是以工业文明为目标的。“传统的法律体系中，生态文明是没有立足之地的，甚至压根儿就没有其一丝踪影。”①

因此，在生态文明建设的视野下，我国现有的法律体系必须作出相应的变革，“将以往忽略于制度调整之外的环境、生态利益纳入调整的范围”②，才能保障生态文明建设顺利实现。

三、生态文明视角下我国法律体系重构的对策建议

我国法律体系的重构，必须按生态文明社会的要求对宪法、刑法、民法、商法和行政法等法律进行系统变革，才能建立符合生态文明建设的法律体系。

1. 调整对法律体系的认识

中国学者关于法律体系的观点，实际上仅强调了对现行法律规范的部门划分及其整体性，而忽略了法律体系本身是一个母系统，它由若干个子系统组成的基本事实。因此，要重构法律体系，首先必须改变对法律体系的传统认知。

改变对法律体系的认知，主要是指改变中国目前法律体系的构成认知。中国目前的法律体系只是部门法体系，没有明确的公法、私法之分。若从社会实际需要出发来建构法律体系，则中国法律体系的构成，除了法律规范的部门划分以及划分后的整体性外，还应当包括法律的渊源体系、法律的构成体系、法律的规范体系和法律

① 张忠民. 生态文明的法律审视. 绿叶，2007（9）：47.
② 张慕津、贺庆棠、严耕. 中国生态文明建设的理论与实践. 清华大学出版社，2008：199.

的效力体系等。

法律渊源主要指法律的形式渊源，是指由法律取得权威和效力的方式所决定的法律的存在方式，即法律是由何种主体、通过何种方式创立的，必须为何种具体法律形式。法律的渊源体系主要指直接法律渊源。宪法在中国法律渊源体系中具有最高的法律地位，主要体现在宪法解释和监督方面。法律的构成体系主要指由法律的格式和体例所构成的布局合理、结构完整、逻辑严密、搭配得当的表现法律形式的有机整体。法律精神、法律价值和法律原则等是法律体系的内在属性，蕴涵着法律的本质、价值和灵魂。法律格式、法律体例、法律文本等是法律的文字表现形式，是法律体系的载体和外在属性，标示着法律内在属性的定性、定向和定量的指向。法律规范是指由国家颁布的并受国家强制力保障实施的、有普遍约束力的行为规则。法律效力是指法律约束力和法律强制性，不论是规范性法律文件，还是非规范性法律文件，对人们的行为都发生法律上的拘束和强制作用。

对法律体系的认识是一个漫长的过程，在我国法制体系不健全的情形下，要变革对法律体系的认识，还需要走很长一段路。必须以生态文明社会的总体要求，结合我国的国情，在借鉴西方法律体系的基础上，弥补对法律体系的认知缺陷，使我国的法律体系朝统一性和完整性发展。

2. 推进现有法律体系的变革

我国现有的法律体系，是宪法、民商法、刑法、经济法、行政法、环境法、社会法和程序法等法律构成的部门法体系，在生态文明视野下，要推进法律体系变革，必须对各个子法律都进行变革。

宪法层面，首先，应该对公民的环境权作出明确规定，促进公民环境权的宪法化。应从立法上明确环境权，确立其宪法地位，在

《宪法》“公民的基本权利和义务”一章中明确规定：“中华人民共和国公民有享用适宜环境的权利和保护环境的义务。”[①]其次，应该在发展权的基础上创设可持续发展权，确定可持续发展战略的宪法地位。

民法层面，应该“将环境保护义务确立为民事主体的当然义务，比如规定‘民事主体有环境保护的义务’、‘民事法律行为的实施应当符合环境保护的要求’等。还可以通过法律解释的办法，将民法的基本原则予以扩大解释，比如在公平原则、诚实信用原则、权利不得滥用原则中加入生态利益的考虑和环境保护的衡量。”[②]此外，“在民法典中引入可持续发展的理念，承认环境资源的生态价值、人格利益属性，确立特殊侵权行为规则，为建立专门的环境资源准物权制度、环境合同制度、环境人格权制度以及环境侵权行为制度留下空间；同时，提供对传统权利进行有利于环境保护解释的一般性条款，为民法与专门环境立法建立沟通与协调的基础与管道”。[③]

刑法层面，“刑法中法益的保护范围应当进一步扩大，加入生态环境的内容，更加注重对生态环境犯罪的打击力度。”可以借鉴德国、俄罗斯等国的刑法典中对环境犯罪的规定，将生态犯罪独立出来，设立“危害生态安全罪”。“根据生态犯罪主体违反生态法规的不同，加之对原有传统环境犯罪的完善，可以将生态犯罪分为如下几类：① 危害国土安全的生态犯罪。包括土地荒漠化罪、破坏森林罪和非法占用农用地罪等。② 危害水安全的生态犯罪。包括饮用水污染罪和破坏防洪工程设施罪。③ 危害环境安全的生态犯罪。包括噪音污染罪和重大环境污染事故罪等。④ 危害生物安全的生态犯罪。包括

① 陈泉生. 环境时代与宪法环境权的创设. 福州大学学报（哲学社会科学版），2001（4）：28.
② 张忠民. 生态文明的法律审视. 绿叶，2007（9）：47.
③ 吕忠梅. 绿色民法典：环境问题的应对之路. 法商研究，2003（6）：6.

引入有害外来物种罪、非法猎捕杀害珍贵、濒危野生动物罪等。”①

生态犯罪人负有刑事责任，应采用刑罚手法加以处置；同时，要“辅助适用生态恢复和生态补偿的非刑措施：其一，教育性非刑措施，即公开悔过；第二，民事性非刑措施，即责任令补救和限制活动；第三，行政性非刑罚措施，即限期治理和勒令解散”。②

经济法层面，应当将实现“代际公平的可持续发展”明确列入经济法的立法目的，明确将公平的内涵延伸至代际公平；财政收入法中，可以开征环保税，对生态友好型企业给予税收减免的法律待遇作为鼓励，对污染性企业征收高额费用，以国家债券的方式来支持生态事业的建设等；财政支出法中可以加大对生态环保事业的资金投入，对生态恶化地区加大财政的转移支付力度；金融法中，可以由中国银监会和中国人民银行通过引导而鼓励商业银行对生态友好型企业提供贷款；限制破坏生态环境的企业的贷款数额。

行政法层面，“要拓宽行政法中行政行为的考量因素，把生态指标加入政府的政绩考核标准体系，在中国社会具有重要的现实意义”③。同时，要建立和完善环境行政诉讼制度，建立检察院作为公益代表人提起环境诉讼制度。

环境法层面，应该将环境法、自然资源法、环境资源法进行整合，制定出全新的生态法。目前的环境法、自然资源法、环境资源法都存在严重的缺陷，“均以狭隘的人类中心主义生态伦理观为归依，在对待人与自然的关系问题上，片面强调人类的价值和权利，无视自然界本身的价值和权利，认为环境无价值，环境的价值只是人的利益投射和影射的产物，是人的利益的反射；认为人对自然不

① 刘晓莉，贾国发. 生态犯罪立法论要. 东北师范大学学报（哲学社会科学版），2006（2）：30.
② 马克昌，丁慕英. 刑法的修改与完善. 人民法院出版社，1995：629.
③ 张慕津，贺庆棠，严耕. 中国生态文明建设的理论与实践. 清华大学出版社，2008：199.

负有义务，人对自然的义务只是人对人的间接义务的产物；认为非人类存在物没有权利，动物、植物的权利只是道德权利而非法律上的权利。因而在立法的目的上，反映为保护环境和自然资源是为了人类自身的功利，绝非是为了动物、植物和自然界本身的利益。并且存在着严重的人类沙文主义和物种歧视主义倾向。”①因此，必须改变人们传统的价值观，在尊重自然的理念下，在摒弃人类中心主义与非人类中心主义两种错误思想的基础上，制定生态法，并将自然资源法、国土整治法等法律进行整合，构建生态法律体系。

法律体系中各项子法律的变革，要通过变革立法程序，确立最高立法权力的程序性规范才能实现。因此，必须完善立法程序，确保立法过程中民主化，推动各项法律的生态化变革。

① 曹明德. 论生态法律关系. 中国法学，2002（6）：56.

参考文献

[1] 周生贤. 积极建设生态文明[J]. 求是，2009（22）.

[2] 周生贤. 机遇与抉择：松花江事件思考 [M]. 北京：新华出版社，2007.

[3] 张文台. 生态文明建设论[M]. 北京：中共中央党校出版社，2010.

[4] 曲格平. 曲格平文集[M]. 北京：中国环境科学出版社，2007.

[5] 陈学明. 生态文明论[M]. 重庆：重庆出版社，2008.

[6] 姬振海. 生态文明论[M]. 北京：人民出版社，2007.

[7] 张慕萍，贺庆棠，严耕. 中国生态文明建设的理论与实践[M]. 北京：清华大学出版社，2008.

[8] 陈丽鸿，孙大勇. 中国生态文明教育理论与实践[M]. 北京：中央编译出版社，2009.

[9] 章家恩. 旅游生态学[M]. 北京：化学工业出版社：环境能源出版中心，2005.

[10] 中国 21 世纪议程管理中心，环境无害化技术转移中心. 生态工业园规划与管理指南[M]. 北京：化学工业出版社，2008.

[11] 王国生，郭郦. 生态人的理论蕴涵与当代价值[J]. 经济研究导刊，2008（2）：16.

[12] 邓海建. 生态文明是科学发展观的最强音[J]. 环境经济，2007（11）：61.

[13] 丁晋清. 建设生态文明是中国特色社会主义的本质要求[J]. 理论与当代，2007（12）：30-33.

[14] 屈振辉. 论生态文明以及道德与法律支撑[J]. 常熟理工学院学报：哲学社会科学版，2008（9）：68-71.

[15] 孙健. 生态文明视野下中国的政府治理探析[J]. 求是，2008（10）：37-39.

[16] 何煦. 和谐社会的生态文明解读及制度建设启示[J]. 思想政治教育研究，2008，24（3）：41-42，48.

[17] 杨立新，张新宇，屠凤娜. 论生态道德的内涵及建设体系[J]. 环渤海经济瞭望，2009（6）：34-37.

[18] 廖小军. 大力发展循环经济[J]. 发展研究，2004（12）：52-54.

[19] 习近平. 大力发展循环经济，建设资源节约型环境友好型社会[J]. 管理世界，2005（7）：1-4.

[20] 穆琳. 大力加强青少年生态道德教育[J]. 天津教育，2007（9）：33-34.

[21] 刘文良. 当前高校生态教育的困境与超越[J]. 教育与现代化，2008（4）：29-34.

[22] 谢剑斌，何承耕，钟全林. 对生态补偿概念及两个研究层面的反思[J]. 亚热带资源与环境学报，2008，3（2）：57-64.

[23] 蒋国平，尤大鹏. 发达国家发展绿色物流的成功经验及启示[J]. 环境经济，2008（4）：102-104.

[24] 李铁映. 发展必须节约，节约才能发展——对节约节能问题的几点思考[J]. 求是，2007（4）：15-19.

[25] 杨文举，孙海宁. 发展生态工业探析[J]. 生态经济，2002（2）：56-59.

[26] 谢真. 发展有中国特色的生态渔业[J]. 中国渔业经济，2003（3）：50-51.

[27] 黄正福. 高校生态教育浅析[J]. 黑龙江教育学院学报，2007，26（2）：36-37.

[28] 陈丹红. 构建生态补偿机制实现可持续发展[J]. 生态经济，2005（12）：48-50.

[29] 黎丁嘉，刘秀华. 关于完善我国环境知情权制度的思考[J]. 法制与社会，2008（3）：42.

[30] 陈湘静. 建立重点领域生态补偿标准体系，探索多样化的生态补偿方法模式[N]. 中国环境报，2007-09-12（1）.

[31] 余道先，杜兰英. 环境质量经济增长与科学发展观[J]. 现代经济探讨，2006（6）：10-13.

[32] 陈寿朋. 加强生态道德建设促进人与自然和谐[J]. 求是，2006（24）：48-

50.

[33] 董小君. 建立生态补偿机制关键要解决四个核心问题[N]. 中国经济时报，2008-01-03（5）.

[34] 田文富. 建设资源节约型环境友好型社会的问题与对策思考[J]. 学习论坛， 2007，23（7）：64-66.

[35] 刘荣茂，张莉侠，孟令杰. 经济增长与环境质量：来自中国省际面板数据的证据[J]. 经济地理，2006，26（3）：374-377.

[36] 陈俊，王强. 可持续发展文化——科学与人文融合的文化[J]. 前沿，2008（12）.

[37] 安冬风. 可持续消费模式与构建和谐社会[J]. 特区经济，2006（1）：315-316.

[38] 朱丹果. 论生态补偿法律制度的现状与完善[J]. 内蒙古环境科学，2009，21（3）：5-8.

[39] 陈叶兰. 农民的环境知情权、参与权和监督权[J]. 中国地质大学学报：社会科学版，2008，8（6）：18-22.

[40] 杜力卿，刘楚琦，彭大鹏. 企业在生态文明建设中的角色定位[J]. 法制与社会，2008（10）：250.

[41] 段宁. 清洁生产生态工业和循环经济[J]. 环境科学研究，2001，14（6）：1-4，8.

[42] 钱易. 清洁生产与可持续发展[J]. 节能与环保，2002（7）：10-13.

[43] 回良玉. 全面推进集体林权制度改革切实加强生态文明建设[J]. 求是，2009（16）：5-8.

[44] 吴未，黄贤金，林炳耀. 什么是循环经济[J]. 生产力研究，2005（4）：13-15，25.

[45] 严安. 生态工业——新型工业化的必由之路[J]. 社科纵横，2008，23（12）：61-63.

[46] 朱蓓，王焰新，肖军. 生态工业园的发展与规划[J]. 中国地质大学学报：社会科学版，2005，5（3）：47-51.

[47] 邓伟根，陈林. 生态工业园构建的思路与对策[J]. 工业技术经济，2007，26（1）：31-38.

[48] 李周. 生态经济理论与实践进展（续）[J]. 林业经济，2008（10）：8-10.

[49] 亦冬. 生态文明：21 世纪中国发展战略的必然选择[J]. 攀登，2008，27（1）：73-76.

[50] 洪涛. 生态与文明——生态文明的含义[J]. 武汉理工大学学报（社会科学版），2009，22（3）：16-17.

[51] 赵景柱，罗祺姗，严岩，等. 完善我国生态补偿机制的思考[J]. 宏观经济管理，2006（8）：53-54.

[52] 孔继君，郎南军，和丽萍，等. 我国可再生能源的发展现状和策略[J]. 安徽农业科学，2009，37（16）：7581-7584.

[53] 郭丹. 我国可再生能源发展的障碍因素与应对政策[J]. 科协论坛（下半月），2008（10）：99-100.

[54] 国务院发展研究中心课题组. 我国可再生能源发展现状与政策取向[J]. 发展研究，2009（1）：4-8.

[55] 秦书生. 我国企业生态文明建设的困境与对策分析[J]. 沿海企业与科技，2008（10）：20-21，19.

[56] 李国成，周江梅，徐慎娴，刘荣章. 我国生态工业园的发展现状及对策[J]. 台湾农业探索，2009（3）：23-26.

[57] 宋马林. 我国生态工业园发展现状及存在的主要问题[J]. 中国环保产业，2008（12）：26-28.

[58] 薛惠锋，刘欢. 中国可再生能源面临的挑战与对策[J]. 阳光能源，2009（1）：32-33.

[59] 张天柱. 中国清洁生产的十年[J]. 产业与环境，2003（1）增刊：21.

[60] 李长健，张磊，董芳芳. 生态文明理念下我国农业生态保护法律制度研究[J]. 青岛科技大学学报：社会科学版，2008，24（3）：62-65.

后 记

《生态文明简明知识读本》在历经半年的选题、选材、论证和编著后，于建国 60 周年国庆长假期间完成出版送审稿，并于此间收到了原中共中央组织部部长张全景同志为本书所作的序言。在此后的半年多时间里，中国环境科学出版社《全民环境教育系列读本》课题组全体同仁，以对党的环境保护宣传教育事业高度负责的责任感和使命感，对该书进行了一审、二审和终审工作，数易其稿，做了大量校审工作，特别是得到了环境保护部自然生态保护司的指导，就本书的框架结构，逻辑主线和基调把握，提出了真知灼见；对于其中部分引用数据，提出了建设性的修改意见。

对于定位于面向全民的普及读物，其基调的定格使我们对其分寸难以把握，难以驾驭，难以拿捏。忠实于党的十七大关于生态文明的基本表述，忠实于胡锦涛总书记关于生态文明实质的专门论述，忠实于社会各界建设生态文明的基本共识；坚持做到不把生态文明同与之适应的物质文明、政治文明和精神文明相割裂，不把生态文明当作一项政治运动来推进；最大限度地体现生态文明是重要的治国方略的战略地位，体现生态文明建设的严峻性、危机性和紧迫性，体现生态文明理论创新的前沿性和前瞻性，体现和反映生态文明实践的具体性和可操作性，等等。我们生怕学习不够深入、理解不够到位，武断立论，断章取义，失之偏颇，从而使本书普及性不强。我和本书编写组反复斟酌参阅资料中的观点立场和言辞表述。如学界普遍地使用了生态制度文明、生态意识文明和生态行为文明的提法，并以此剖析生态文明的建设路径，考虑到本书是面向公众的普及读本，这些提法尽管有一定共识，但未予采纳，等等。

总体来讲，生态文明在中国还处在一个初级阶段。建设生态文明，关键在于调整产业结构，转变发展方式，形成有利于节约资源和环境保护的消费模式、消费观念、增长方式和产业结构。对生态文明的研究和实践，还是要从身边的点滴做起。文明就在身边。生态文明，时时在，处处在，事事在。只有树立这样一种认知观，才能更好地促使社会公众从身边小事做起，从自我做起，开展生态文明公众教育的目的也会实现，全面建设生态文明也会逐步迈出更为坚实的步伐。

借此后记，感谢十届全国人大常委会副委员长何鲁丽，十一届全国人大环境与资源保护委员会副主任委员张文台上将，原中共中央组织部部长张全景，中国生态道德促进会理事长陈寿朋，原中国矿业联合会常务副会长郭振西等在京领导和山东方面的人士为本书编撰和出版所给予的关怀。

再次感谢环境保护部自然生态保护司庄国泰司长，朱广庆副司长及综合处李红兵处长、韩鸿飞等，感谢中国环境科学出版社、《全民环境教育系列读本》编写组全体同仁及其他社会各界为本书的最后出版所作的不懈努力和付出的辛勤劳动。

我们将以此为契机，更加努力地投身和致力于生态文明理论研究和实践探索，不断开创生态文明建设的新路子。

黄承梁

2010年6月5日